攻略！共通テスト

数学

購入者限定特典冊子

CONTENTS

攻略！共通テスト

入試制度の変革が行われる中，大学入試に向けて，どのような対策を，いつから始めればよいのか，皆さんの不安も大きいのではないかと思います。

共通テストは，大学への入学志願者を対象に，高校段階における基礎的な学習の達成の程度を判定し，大学教育を受けるために必要な能力について把握することを目的としています。そのため，教科書レベルの知識を正確に習得した上で，**傾向に合わせた，アウトプット学習の演習をすること**が必要になります。

本特典冊子では，共通テストの攻略に向けて，Z会からいくつかアドバイスをお伝えしていきます。

CONTENTS

Next

Point 1

共通テストとは

2021 年度入試から，センター試験に代わって大学入学共通テスト（以下，共通テスト）が実施されました。センター試験においても，共通テストにおいても，各教科・科目の基礎力の積み上げが必須であることに変わりはありません。あわせて，すべて客観式（マーク式）であることはセンター試験と同様ですが，これからの社会で必要な力を見据えて，より深い思考力・判断力・表現力が求められる問題，学習の過程を意識した場面設定がなされた問題が出題されています。

◆共通テストの特徴

① 大学教育の基礎力となる知識・技能や思考力，判断力，表現力

高等学校学習指導要領を踏まえ，知識の理解の質を問う問題や，思考力，判断力，表現力等を発揮して解くことが求められる問題が出題されます。

② 「どのように学ぶか」を踏まえた問題の場面設定

授業において生徒が学習する場面や，社会生活や日常生活の中から課題を発見し解決方法を構想する場面，資料やデータ等を基に考察する場面など，学習の過程を意識した問題の場面設定が重視されます。

（「令和４年度大学入学者選抜に係る大学入学共通テスト問題作成方針」（大学入試センター）より）

◆共通テスト出題教科・科目の出題方法

下の表の教科・科目で実施されます。なお，受験教科・科目は各大学が個別に定めているため，各大学の要項にて確認が必要です。

※解答方法はすべてマーク式。
※以下の表は大学入試センター発表の『令和４年度大学入学者選抜に係る大学入学共通テスト出題教科・科目の出題方法等』を元に作成した。
※「 」で記載されている科目は，高等学校学習指導要領上設定されている科目を表し，『 』はそれ以外の科目を表す。

教科名	出題科目	解答時間	配点	科目選択方法
国語	『国語』	80分	200点	
地理歴史・公民	「世界史Ａ」，「世界史Ｂ」，「日本史Ａ」，「日本史Ｂ」，「地理Ａ」，「地理Ｂ」 「現代社会」，「倫理」，「政治・経済」，『倫理，政治・経済』	1科目60分 2科目120分	1科目100点 2科目200点	左記10科目から最大2科目を選択（注1）（注2）
数学①	「数学Ⅰ」，『数学Ⅰ・数学Ａ』	70分	100点	左記2科目から1科目選択
数学②	「数学Ⅱ」，『数学Ⅱ・数学Ｂ』，『簿記・会計』，『情報関係基礎』	60分	100点	左記4科目から1科目選択（注3）
理科①	「物理基礎」，「化学基礎」，「生物基礎」，「地学基礎」	2科目60分	2科目100点	左記8科目から，次のいずれかの方法で選択（注2）（注4） Ａ：理科①から2科目選択 Ｂ：理科②から1科目選択 Ｃ：理科①から2科目および理科②から1科目選択 Ｄ：理科②から2科目選択
理科②	「物理」，「化学」，「生物」，「地学」	1科目60分 2科目120分	1科目100点 2科目200点	
外国語	『英語』，『ドイツ語』，『フランス語』，『中国語』，『韓国語』	『英語』 【リーディング】80分 【リスニング】30分 『ドイツ語』，『フランス語』，『中国語』，『韓国語』 【筆記】80分	『英語』 【リーディング】100点 【リスニング】100点 『ドイツ語』，『フランス語』，『中国語』，『韓国語』 【筆記】200点	左記5科目から1科目選択（注3）（注5）

（注１）地理歴史においては，同一名称のＡ・Ｂ出題科目，公民においては，同一名称を含む出題科目同士の選択はできない。
（注２）地理歴史・公民の受験する科目数，理科の受験する科目の選択方法は出願時に申請する。
（注３）数学②の各科目のうち『簿記・会計』『情報関係基礎』の問題冊子の配付を希望する場合，また外国語の各科目のうち『ドイツ語』『フランス語』『中国語』『韓国語』の問題冊子の配付を希望する場合は，出願時に申請する。
（注４）理科①については，１科目のみの受験は認めない。
（注５）外国語において『英語』を選択する受験者は，原則として，リーディングとリスニングの双方を解答する。

Point 2

先輩の共通テスト学習法

共通テスト対策について，先輩はいつから，どのように始めたのでしょうか。先輩の成功体験を参考にしてみましょう。

◆共通テスト対策を始めた時期

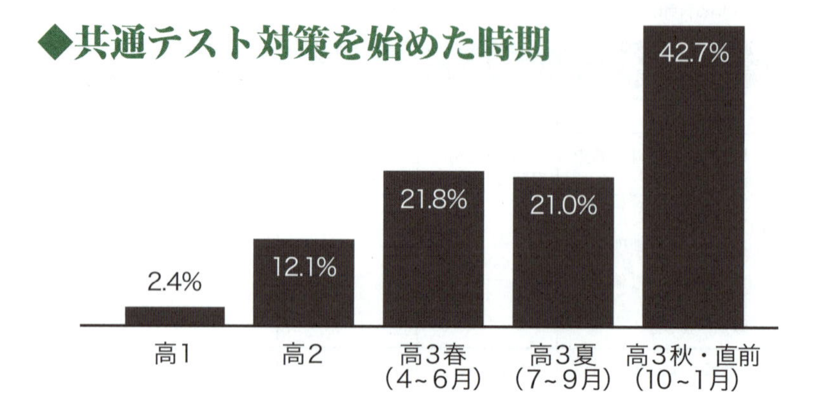

◆共通テスト対策として最初にやったこと

1）教科書や参考書を見直す

単元別問題集を一周したあとは，間違いの多かった苦手分野を集中的に解き直し，共通テストで点を失わないように何度も復習しました。**（数学）**

学校でやった問題を家で再度復習しました。わからない単語は徹底的に調べ，自分だけの単語帳を作っていました。授業の隙間時間，登下校のバスの中で見て，効率的に単語を覚えました。**（英語）**

現代文は参考書で読み方，解き方を学び，古文は文法と単語を覚え，漢文は句形を覚えました。**（国語）**

共通テストを意識して，知識だけでなく教科書・資料集に掲載されている図表やグラフを重点的にチェックし，思考力の強化を図ることから始めました。**（地歴公民）**

2) 共通テストの過去問を解く

とりあえず過去問を解き，共通テストの「クセ」をつかむことから始めました。解いたあとは時間配分や解く順番など，次への作戦を立てます。

時間を気にせずに解答根拠となる場所に線を引きながら，過去問を解きました。答えが合っていても必ず解説を隅々まで読んで，自己流の解法ではやらないこと。古文漢文は文法，単語などの基礎事項を頭に詰め込みました。

時間を計りながら解くことで，自分に足りないのは英文を読む速さであることに気がつきました。

3) 共通テスト模試を受ける・復習する

模試を受けるときはわからないところに三角印を書いておき，終わったあとにその部分と間違えた問題を復習しました。

共通テスト模試を受験したあとは一度解き直し，それでも解けなかった問題を中心に解説をじっくり読み，ノートを作りました。

模試でできなかったところについて，専用のノートに解説を貼り付けたり，自分で図を書いて，それを通学の電車の中などで見ていました。

間違えた問題をコピーして自分なりの解答法を作り，それをルーズリーフに貼ったり挟んだりして自分だけの問題集を作るようにしていました。

（「【Z会の本】共通テスト体験アンケート」（Z会）より）

Point 3

共通テストでは ここが問われる！

数学I・数学A

◆出題内容　2021年度共通テスト本試：第1日程

大問		配点	分野	出題内容
第1問	〔1〕	10	数と式	文字定数を含む2次方程式の2つの解がともに有理数となる条件を考察していく問題。
	〔2〕	20	図形と計量	基本的な三角比を求め，それらをもとに，面積や外接円の半径の大小関係を考察していく問題。
第2問	〔1〕	15	2次関数	陸上競技の100m走において，タイムをよくするためにはどのように走るのがよいかを考察していく問題。
	〔2〕	15	データの分析	都道府県別の各産業の就業者数割合を題材とし，箱ひげ図やヒストグラム，散布図から特徴を読み取る問題。
第3問		20	場合の数と確率	当たりを引く確率が異なる複数のくじ引きを題材にした確率の問題。
第4問		20	整数の性質	さいころの出た目で円周上にある点を動く石が，数回の試行後に到達する可能性のある点を考察する問題。
第5問		20	図形の性質	角の二等分線，外接円，円に内接する円などを定義していき，図形量や性質を導いていく問題。

※第1問，第2問は「数学I」，第3問～第5問は「数学A」からの出題。
第1問，第2問は必答で，第3問～第5問は3問中2問を選択して，計4問を解答する。

数学Ⅱ・数学Ｂ

◆出題内容　2021年度共通テスト本試：第１日程

大問		配点	分野	出題内容
第１問	(1)	15	三角関数	係数の与えられ方が異なる三角関数の最大値について考察していく問題。
	(2)	15	指数関数・対数関数	指数関数の性質を題材とし，等式の成立などについて考察する問題。
第２問		30	微分・積分の考え	２つの２次関数のグラフの共通接線と面積について考察したあとに，３つの３次関数のグラフの共通接線などについて考察する問題。
第３問		20	確率分布と統計的な推測	１週間の読書時間について，平均・標準偏差・確率などを求めたあとに，母平均の推定について考察する問題。
第４問		20	数列	等差数列と等比数列で作られた漸化式を題材に，数列が等比数列になるための必要十分条件などについて考察する問題。
第５問		20	ベクトル	誘導に従って得られた結果を利用し，正十二面体の４つの頂点を結んでできる四角形の形状について考察する問題。

※第１問，第２問は「数学Ⅱ」，第３問～第５問は「数学Ｂ」からの出題。
第１問，第２問は必答で，第３問～第５問は３問中２問を選択して，計４問を解答する。

◆問われる力・特徴的な出題

1) 日常生活や社会の問題を数学の問題として考える力が求められる

数学Ⅰ・数学Ａの第2問〔1〕では,「ストライド」や「ピッチ」という変数をどのように組み合わせれば 100m 走のタイムがよくなるかが問われました。問題を考えるために**必要な情報を読み取り，手際よく式に表していくこと**が大切です。

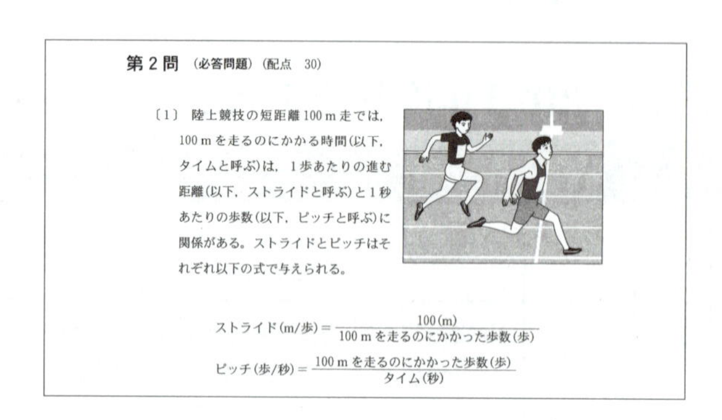

第２問 (必答問題)(配点 30)

〔1〕 陸上競技の短距離 100 m 走では，100 m を走るのにかかる時間(以下，タイムと呼ぶ)は，1歩あたりの進む距離(以下，ストライドと呼ぶ)と1秒あたりの歩数(以下，ピッチと呼ぶ)に関係がある。ストライドとピッチはそれぞれ以下の式で与えられる。

$$\text{ストライド(m/歩)} = \frac{100\,(\text{m})}{100\text{ m を走るのにかかった歩数(歩)}}$$

$$\text{ピッチ(歩/秒)} = \frac{100\text{ m を走るのにかかった歩数(歩)}}{\text{タイム(秒)}}$$

2) 数学を用いた問題解決のための構想・見通しを立てる力が求められる

数学Ⅰ・数学Ａの第3問は,「くじ引きの結果から，どの箱からくじを引いた可能性が高いといえるか」という問題について，計算をできるだけ簡単にするための方法を考え，実際にその方法を用いて解決するものでした。**問題の本質を見出す力**が求められているともいえます。

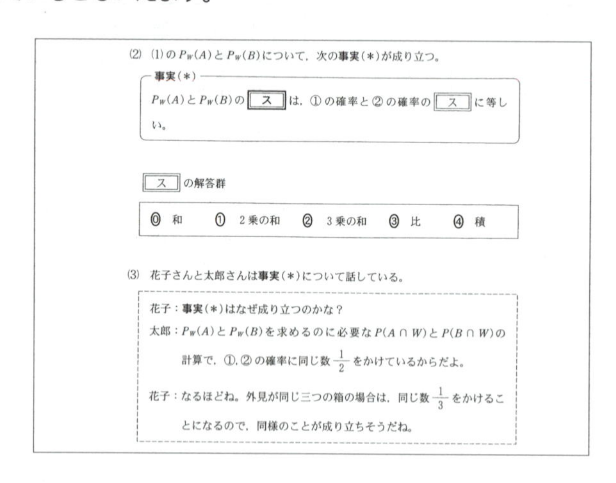

(2) (1)の $P_W(A)$ と $P_W(B)$ について，次の**事実**(＊)が成り立つ。

事実(＊)

$P_W(A)$ と $P_W(B)$ の [ス] は，①の確率と②の確率の [ス] に等しい。

[ス] の解答群

⓪ 和	① 2乗の和	② 3乗の和	③ 比	④ 積

(3) 花子さんと太郎さんは**事実**(＊)について話している。

花子：**事実**(＊)はなぜ成り立つのかな？

太郎：$P_W(A)$ と $P_W(B)$ を求めるのに必要な $P(A \cap W)$ と $P(B \cap W)$ の計算で，①，②の確率に同じ数 $\frac{1}{2}$ をかけているからだよ。

花子：なるほどね。外見が同じ三つの箱の場合は，同じ数 $\frac{1}{3}$ をかけることになるので，同様のことが成り立ちそうだね。

3) 問題を解決して得た結果の意味を考えたり，応用したりする力が求められる

数学Ⅱ・数学Ｂの第５問では，正十二面体について，まず１つの面（平面）に着目し，そこから隣接する面も含めた空間に拡張しながら，**得られた結果をどのように活用できるか**が問われました。計算して終わり，ではなく，問題の図形においてどのようなことが言えるのかを考えるところまで要求されました。

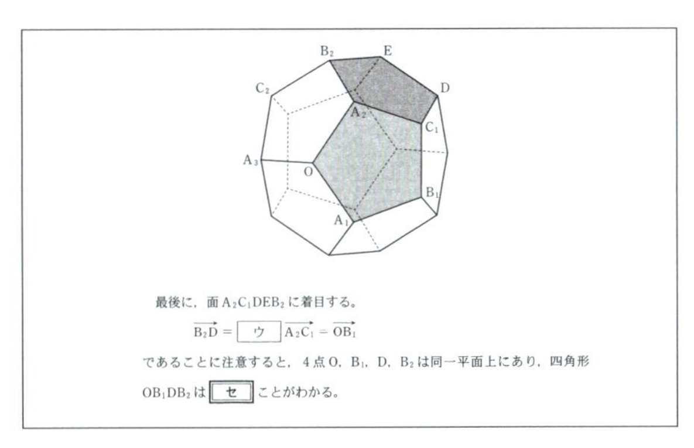

最後に，面 $A_2C_1DEB_2$ に着目する。

$\overrightarrow{B_2D}$ = [ウ] $\overrightarrow{A_2C_1} = \overrightarrow{OB_1}$

であることに注意すると，4点 O，B_1，D，B_2 は同一平面上にあり，四角形 OB_1DB_2 は [セ] ことがわかる。

4) 速く正確に処理する力が求められる

特徴的な出題を１）～３）に挙げましたが，共通テストの数学の問題で中心となったのは，**速く正確に計算したり，条件を読み取ったりすることができるか**を問うものです。共通テストは問題文の文章量が非常に多いため，題意を正しく把握しながら解き進めるためにも，十分な計算力をつけたうえで臨みたいものです。

Point 4

Z会おすすめ！共通テスト攻略法

前述の通り，共通テストでは思考力・判断力につながる４つの力が問われますが，これらの力を一朝一夕で身につけることはできません。

では，共通テスト本番までに，具体的にどのように対策を進めればよいのでしょうか。共通テスト対策の進め方をここでチェックしておきましょう。

基本事項をもれなく押さえる

問題を解く際に思考力・判断力を発揮するためには，その前提として，知識・技能を身につけておく必要があります。よって，まずは，教科書に載っている定理や公式をしっかり使えるようにしましょう。

ただし，定理や公式を丸暗記してもあまり意味がありません。本書の「基本事項の確認」や，教科書の例などを通して，具体的な式や図形に対して定理や公式を利用することを通して，その意味や使い方を身につけましょう。

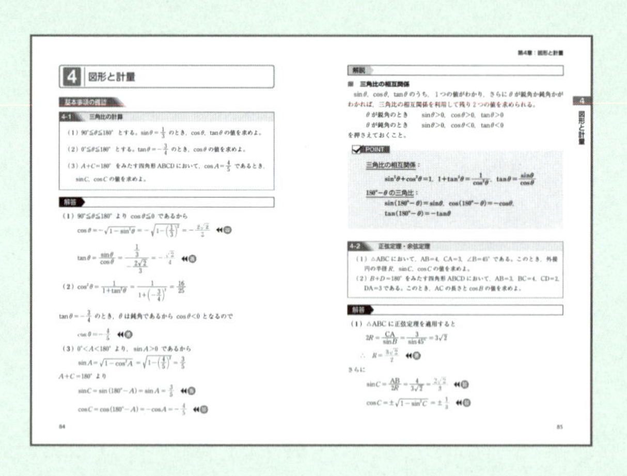

4 図形と計量

基本事項の確認

4-1 三角比の計算

（1）$90^\circ \leqq \theta \leqq 180^\circ$ とする。$\sin\theta = \frac{1}{3}$ のとき，$\cos\theta$，$\tan\theta$ の値を求めよ。

（2）$0^\circ \leqq \theta \leqq 180^\circ$ とする。$\tan\theta = -\frac{3}{4}$ のとき，$\cos\theta$ の値を求めよ。

（3）$A+C=180^\circ$ をみたす四角形ABCDにおいて，$\cos A = \frac{4}{5}$ であるとき，$\sin C$，$\cos C$ の値を求めよ。

解答

（1）$90^\circ \leqq \theta \leqq 180^\circ$ より $\cos\theta \leqq 0$ であるから

$$\cos\theta = -\sqrt{1-\sin^2\theta} = -\sqrt{1-\left(\frac{1}{3}\right)^2} = -\frac{2\sqrt{2}}{3}$$

$$\tan\theta = \frac{\sin\theta}{\cos\theta} = \frac{\frac{1}{3}}{-\frac{2\sqrt{2}}{3}} = -\frac{\sqrt{2}}{4}$$

（2）$\cos^2\theta = \frac{1}{1+\tan^2\theta} = \frac{1}{1+\left(-\frac{3}{4}\right)^2} = \frac{16}{25}$

$\tan\theta = -\frac{3}{4}$ のとき，θ は鈍角であるから $\cos\theta < 0$ となるので

$$\cos\theta = -\frac{4}{5}$$

（3）$0^\circ < A < 180^\circ$ より，$\sin A > 0$ であるから

$$\sin A = \sqrt{1-\cos^2 A} = \sqrt{1-\left(\frac{4}{5}\right)^2} = \frac{3}{5}$$

$A+C=180^\circ$ より

$$\sin C = \sin(180^\circ - A) = \sin A = \frac{3}{5}$$

$$\cos C = \cos(180^\circ - A) = -\cos A = -\frac{4}{5}$$

84

第4章：図形と計量

解説

■ 三角比の相互関係

$\sin\theta$，$\cos\theta$，$\tan\theta$ のうち，１つの値がわかり，さらに θ が鋭角か鈍角かがわかれば，三角比の相互関係を利用して残り２つの値を求められる。

θ が鋭角のとき　$\sin\theta>0$，$\cos\theta>0$，$\tan\theta>0$

θ が鈍角のとき　$\sin\theta>0$，$\cos\theta<0$，$\tan\theta<0$

を押さえておくこと。

POINT

三角比の相互関係：

$$\sin^2\theta+\cos^2\theta=1,\quad 1+\tan^2\theta=\frac{1}{\cos^2\theta},\quad \tan\theta=\frac{\sin\theta}{\cos\theta}$$

$180^\circ-\theta$ の三角比：

$$\sin(180^\circ-\theta)=\sin\theta,\quad \cos(180^\circ-\theta)=-\cos\theta,$$
$$\tan(180^\circ-\theta)=-\tan\theta$$

4-2 正弦定理・余弦定理

（1）△ABCにおいて，AB=4，CA=3，∠B=45° である。このとき，外接円の半径 R，$\sin C$，$\cos C$ の値を求めよ。

（2）$B+D=180^\circ$ をみたす四角形ABCDにおいて，AB=3，BC=4，CD=2，DA=3である。このとき，ACの長さと $\cos B$ の値を求めよ。

解答

（1）△ABCに正弦定理を適用すると

$$2R = \frac{\mathrm{CA}}{\sin B} = \frac{3}{\sin 45^\circ} = 3\sqrt{2}$$

$$\therefore\ R = \frac{3\sqrt{2}}{2}$$

さらに

$$\sin C = \frac{\mathrm{AB}}{2R} = \frac{4}{3\sqrt{2}} = \frac{2\sqrt{2}}{3}$$

$$\cos C = \pm\sqrt{1-\sin^2 C} = \pm\frac{1}{3}$$

85

4 図形と計量

STEP 2

共通テストで問われる問題のタイプを知る

「ハイスコア！共通テスト攻略」シリーズを使って，「共通テストで問われる力」，「出題パターン」を知りましょう。
定理や公式を正しく使うことができるようになれば，「例題」，「類題」もある程度は解けるはずです。
しかし，定理や公式をただ使えるだけでは歯が立たない問題もあることにも気づくでしょう。
具体的には
①問題で取り上げられている性質や関係式の証明の仕方や，それが成立する条件などを考える問題
②定理や公式などを日常生活の問題解決に活かす問題
③問題で取り上げられている性質や関係式が成立する条件を少し変えると，どのようなことがいえるのかを考える問題
などが，共通テストでは出題されます。

①のような問題が出題されることを考えると，STEP1 で教科書に載っている定理や公式を覚える際に，その証明と合わせて理解するのが近道であるといえるでしょう。
次に，②のような問題では，日常生活の問題を数学の問題として考える力が求められます。その際，定理や公式を利用できるように仮定を設けるなどして問題を単純化する必要があります。数学の問題として考えられる形にするため，問題文で与えられた仮定を正しく読み取り，適切な図や表などを用いて整理することが大切です。
最後に，③のような問題では，「鋭角で成り立つ定理や公式が，鈍角でも成り立つかを考えてみる」，「具体的な数で成り立つ式が，一般の数でも成り立つかを考えてみる」といった，問題の拡張の仕方を確認しておくと，同様の拡張をしている他の問題にも取り組みやすくなるでしょう。

STEP 3

実戦的な問題演習を積む

本書に収録されている「模試試験」を最後に解いて，学習診断（https://service.zkai.co.jp/books/k-test/）を受けてみましょう。自分に必要な対策を知ることができます。

また，高３の夏以降は，本番に近い形式の問題を多くこなしていきましょう。前述のとおり，共通テストの問題文は数学の問題としては長いものが多く，時間配分にも工夫が必要です。各社が実施する模試や，模試タイプの問題集も活用して，実戦力をつけましょう。

STEP 4

日常生活の問題を解決するために数学を利用してみる／すでに知っている定理や公式を拡張・発展させてみる

共通テストの対策として，「形式に慣れる」という点に関しては，STEP3 までで十分です。

しかし，高得点を目指すということであれば，普段から，日常生活の問題について「●●のように仮定すれば数学の問題として解決できるかもしれない」と考えたり，数学の授業や宿題等で取り組んだ問題について「この問題は●●の条件がなくても成立するのではないか」と考えたりする習慣をつけることで，４つの力を問う共通テストの問題の流れにもついていきやすくなります。

また，共通テストと問題のタイプが異なるとはいえ，各大学の個別試験においても，このようにして身につけた思考力・判断力はきっと役に立つことでしょう。

Z-KAI

Z-KAI

ハイスコア！
共通テスト攻略

数学 II・B

新装版

Z会編集部 編

はじめに

共通テストは，大学入学を志願する多くの受験生にとって最初の関門といえる存在である。教科書を中心とする基礎的な学習に基づく思考力・判断力・表現力を判定する試験であるが，教科書の内容を復習するだけでは高得点をとることはできない。共通テストの背景にある大学入試改革において，各教科で育成を目指す資質・能力を理解した上で対策をしていくことが必要である。

数学では，「事象を数理的に捉え，数学の問題を見いだし，問題を自立的，協働的に解決することができる」ことが求められている。そのためには，基本事項を確実に押さえておくことはもちろんであるが，「日常生活や社会の事象を数理的に捉え，数学的に処理して問題を解決する力」や「数学の事象について統合的・発展的に考え，問題を解決する力」が必要になる。

本書は，共通テストに先駆けて実施された試行調査やそれに基づくオリジナル問題の演習を通じて，このような真の学力を身につけられるような構成としている。また，共通テストでは，センター試験に準じた形での出題も見込まれるため，過去のセンター試験の中から学習の優先度が高い問題を厳選して扱っている。

そして，基本から確実に学習していけるよう分野別の章構成とし，各章は，最初に「基本事項の確認」によって知識・技能を習得し，次に「例題＋類題」を通じて思考力・判断力・表現力を養成する流れで構成している。

また，ひと通り学習したあとの総仕上げとして取り組める模擬試験１回分を掲載している。本書を十分活用して，共通テストでのハイスコアをぜひとも獲得してほしい。

Z会編集部

※本書は，2019年７月発刊の『ハイスコア！共通テスト攻略　数学Ⅱ・B』と同じ内容です。

目次

共通テスト 数学II・B の“ハイスコア獲得法”

基本事項の習得が第一歩

共通テストで問われるのは，決して難しい事柄ではない。教科書の内容をしっかり理解して活用できるようになっていれば解ける問題がほとんどである。しかし，公式や定理を覚えているだけでは得点できないことに注意してほしい。公式や定理は，数学において「知識・技能」にあたるものであるが，公式や定理の導出過程やもとになる考え方をしっかり身につけたうえで，活用できるようにしておかなければならない。公式や定理の導出過程を振り返るなどして考察を進めていったり，公式や定理のもとになる概念を広げたり深めたりすることで課題を解決していくような問題も共通テストでは出題される。

本書の「基本事項の確認」で，重要な公式や定理の活用の仕方をしっかり確認しておいてほしい。

思考力・判断力・表現力を高めていく

課題を解決していくような問題を解き進めるためには，「課題は何か」「その課題を解決するためにはどんな方法があるか」「いくつかある方法のうち，最適なものは何か」などを考える必要があり，そのための思考力・判断力が必要不可欠である。これらは一朝一夕で身につけられるものではなく，様々な問題演習を通じて高められるものである。とはいえ，いたずらに多くの問題を解けばよいわけではなく，課題解決の筋道をしっかり身につけられる問題に多く取り組む必要がある。

本書の「例題＋類題」では，思考力・判断力・表現力を高めていくために必要な問題を優先しているので，しっかり取り組んでおいてほしい。

苦手分野を作らないこと

共通テストはいろいろな分野から幅広く出題される。したがって，数学 II の「整式・高次方程式」，「図形と方程式」，「三角関数」，「指数関数・対数関数」，「微分・積分」の全分野について，苦手な分野があってはならない。また，数学 B の「数列」「ベクトル」「確率分布と統計的な推測」の中で選択する予定の分野についても同様である。センター試験ではあまり出題されなかったテーマでも，共通テストでは出題される可能性がある。

本書の「例題＋類題」と「模擬試験」では，これまでのセンター試験で出題されていた内容はもちろん，共通テストで出題されると思われる内容も扱っているのでしっかり取り組んでおいてほしい。

本書の構成と利用法

本書は分野ごとの章と1回分の模擬試験で構成しているので，苦手な分野や学校で習っている分野を扱っている章から優先して取り組んでもよい。分野ごとの章は以下のような構成としている。

①基本事項の確認

まず，「基本事項の確認」で分野ごとの基本的な定理や公式を確認しよう。定理や公式はただ覚えるだけでなく，活用できることが重要であるため，ここで扱っている問題は確実に解けるようにしておこう。

そして，問題を解いたあとは，「解説」と「POINT」をしっかり確認しよう。「解説」では，定理や公式の活用の仕方や背景などを説明しているので，活用の幅を広げるのに役立ててほしい。「POINT」では，扱った定理や公式をまとめているので，最終的な確認に役立ててほしい。

②例題＋類題

章ごとに，「例題1と類題1」，「例題2と類題2」，…が対応するように配置し，例題で学習した解法や考え方を，対応する類題で確認・定着できるようにしている。

例題は，「共通テストの試行調査問題」，「試行調査をもとに作成したオリジナル問題」，「センター試験の過去問題」である。まずは，時間は気にせず，例題を自力で解いてみてほしい。はじめは最後まで解けなくてもよい。解けるところまで取り組んだら「解答」を確認しよう。正答に至るまでの解法は1通りとは限らないので，「解答」と違う解き方をしているところがあれば，「解説」を参考にしながら，自分の解き方と何が違うのかをしっかりと確認して，「解答」の解き方も身につけるようにしよう。共通テストでは，1つの問題に対する複数の解法を比較・検証することを題材とした問題が出題されることも予想されるため，自分の解法で解けるだけでなく，いろいろな解法について理解を深めておくことが大切である。

類題は，例題に対応したオリジナル問題である。例題で学習した解法や考え方がしっかり身についているかを確認するための問題である。何も見ないで最後まで解けるようになることが目標ではあるが，途中でわからなくなってしまったら，いきなり「解答」を見るのではなく，まずは対応する例題を確認しよう。すぐに「解答」に頼るのではなく，なるべく自力で考えることで，思考力・判断力を高めていくことが可能になる。例題と同じように，自分の解き方と「解答」の解き方の違いを確認しながら，類題の「解答」の解法もしっかり身につけることが大切である。

③模擬試験

模擬試験は，実際の共通テストを想定した構成にしている。ここでは，60 分という時間配分を意識して取り組んでみてほしい。このような試験を 60 分で解ききることが最終的な目標になる。

時間配分の感覚は，このような模擬試験形式の問題に多く取り組むことで身につけられるものである。時間配分に不安がある場合は，模擬試験形式の問題集にも取り組んでみてほしい。

共通テスト本番で“ハイスコア”獲得！

第1章　整式・高次方程式

整式・高次方程式では,整式の除法,剰余の定理,因数定理,相加・相乗平均の関係,解と係数の関係などの出題が考えられる。他の分野に絡めて出題されることも考えられる。

試行調査では,相加・相乗平均の関係を利用して最大値を求める際の説明の過程について,誤っている理由を指摘して正すといった問題が出題されている。

整式・高次方程式

基本事項の確認

1-1　3次式の因数分解

（1）$x^3-9x^2y+27xy^2-27y^3$ を因数分解せよ。

（2）$8x^3-27$ を因数分解せよ。

解答

（1）$x^3-9x^2y+27xy^2-27y^3=x^3+3\cdot x^2\cdot(-3y)-3\cdot x\cdot(-3y)^2+(-3y)^3$

$=(x-3y)^3$ 答

（2）$8x^3-27=(2x)^3-3^3$

$=(2x-3)\{(2x)^2+2x\cdot 3+3^2\}$

$=(2x-3)(4x^2+6x+9)$ 答

解説

■　3次式の因数分解

因数分解できるかどうか判断するためには，3乗の項に着目するとよい。（1）は $27y^3=(3y)^3$，（2）は $8x^3=(2x)^3$ と $27=3^3$ に気づくことで，実際に因数分解できるかどうかを試してみるきっかけになる。

POINT

3次式の因数分解の公式：

$$a^3\pm 3a^2b+3ab^2\pm b^3=(a\pm b)^3$$

$$a^3\pm b^3=(a\pm b)(a^2\mp ab+b^2)$$　（複号同順）

1-2 二項定理

（1）$(2a-1)^4$ を展開せよ。

（2）$(x+2y+3z)^5$ の展開式における x^3yz の係数を求めよ。

解答

（1）$(2a-1)^4 = {}_4C_0(2a)^4 + {}_4C_1(2a)^3\cdot(-1) + {}_4C_2(2a)^2\cdot(-1)^2 + {}_4C_3\cdot 2a\cdot(-1)^3 + {}_4C_4(-1)^4$

$= 16a^4 - 32a^3 + 24a^2 - 8a + 1$ 答

（2）$(x+2y+3z)^5 = \{x + (2y+3z)\}^5$

より，$(x+2y+3z)^5$ の各項は ${}_5C_n x^{5-n}\cdot(2y+3z)^n$（$n=0$, 1, …, 5）であり，$n=2$ のとき

$${}_5C_2 x^3\cdot(2y+3z)^2 = 10x^3(4y^2+12yz+9z^2)$$

であるから，$10x^3\cdot 12yz = 120x^3yz$ より，x^3yz の係数は　120 答

別解：多項定理を用いて次のように解くこともできる。

$$\frac{5!}{3!1!1!}x^3\cdot(2y)^1\cdot(3z)^1 = 20\cdot 2\cdot 3x^3yz = 120x^3yz$$

より，x^3yz の係数は120

解説

多項定理

（2）の x^3yz の項の $\dfrac{5!}{3!1!1!}$ は，5個の因数

$$(x+2y+3z)(x+2y+3z)(x+2y+3z)(x+2y+3z)(x+2y+3z)$$

から，x を3つ，$2y$ を1つ，$3z$ を1つ取り出すときの組み合わせの総数とみて ${}_5C_3\cdot{}_2C_1\cdot{}_1C_1 = \dfrac{5!}{3!1!1!}$ のようにして求めることもできる。

POINT

二項定理：

$$(a+b)^n = {}_nC_0a^n + {}_nC_1a^{n-1}b + {}_nC_2a^{n-2}b^2 + \cdots + {}_nC_ra^{n-r}b^r + \cdots + {}_nC_{n-1}ab^{n-1} + {}_nC_nb^n$$

多項定理：$(a+b+c)^n$ の展開式の一般項は

$$\frac{n!}{p!q!r!}a^pb^qc^r \quad (p+q+r=n)$$

1-3 整式の除法

（1）x の整式

$$A=2x^3+(2a-b)x^2-(ab+a-4)x+1$$

を x の整式 $B=x^2+ax+1$ で割ったときの商と余りを求めよ。また，A が B で割り切れるときの a，b の値を求めよ。

（2）x の整式 $f(x)=x^3+kx^2+2x-3$ を $x-2$ で割ったときの余りが 1 となるような k の値を求めよ。また，$f(x)$ が $x+3$ で割り切れるときの k の値を求めよ。

解答

（1）直接割り算を行うと

$$\begin{array}{r}
2x-b \\
x^2+ax+1 \,\overline{\big)\,2x^3+(2a-b)x^2-(ab+a-4)x\quad +1} \\
\underline{2x^3\qquad +2ax^2\qquad\qquad +2x\qquad} \\
-bx^2-(ab+a-2)x\quad +1 \\
\underline{-bx^2\qquad\qquad -abx\quad -b} \\
-(a-2)x+b+1
\end{array}$$

したがって，**商は $2x-b$，余りは $-(a-2)x+b+1$** である。 ◀◀答

また，A が B で割り切れるとき，$-(a-2)x+b+1=0$ が恒等的に成り立つから

$$a-2=0 \text{ かつ } b+1=0 \qquad \therefore\ a=2,\ b=-1$$ ◀◀答

別解：A を B で割ったときの商を $px+q$，余りを $rx+s$ とおくと

$$2x^3+(2a-b)x^2-(ab+a-4)x+1=(x^2+ax+1)(px+q)+rx+s$$

右辺を整理すると

$$px^3+(ap+q)x^2+(p+aq+r)x+q+s$$

したがって，両辺の係数を比較して

$$2=p,\ 2a-b=ap+q,\ -ab-a+4=p+aq+r,\ 1=q+s$$

$$\therefore\ p=2,\ q=-b,\ r=-a+2,\ s=b+1$$

以下は解答と同様である。

（2）$f(x)$ を $x-2$ で割ったときの余りは，剰余の定理より

$$f(2)=2^3+k\cdot 2^2+2\cdot 2-3=4k+9$$

これが1となるとき

$$4k+9=1 \quad \therefore \quad k=-2$$ 答

また，$f(x)$ が $x+3$ で割り切れるとき，因数定理より

$$f(-3)=(-3)^3+k\cdot(-3)^2+2\cdot(-3)-3=9k-36=0$$

$\therefore$ $k=4$ 答

解説

■ 整式の除法

商と余りを求める方法には，直接割り算を行う方法の他に，除法の原理と恒等式の性質を利用して係数を決定する未定係数法がある。また，割り切れる条件は余りが0に等しいことである。

■ 剰余の定理・因数定理

整式を1次式で割ったときの余りを考える際には剰余の定理，整式が1次式で割り切れるときを考える際には因数定理が利用できる。

POINT

除法の原理：整式 A を整式 B で割ったときの商を Q，余りを R とすると

$$A=BQ+R \quad ((R\text{ の次数})<(B\text{ の次数})，\text{または } R=0)$$

恒等式の性質：

「$ax^2+bx+c=a'x^2+b'x+c'$ が恒等的に成り立つ」

$\iff a=a',\ b=b',\ c=c'$

「$ax^2+bx+c=0$ が恒等的に成り立つ」

$\iff a=0,\ b=0,\ c=0$

（1次および3次以上の式についても同様）

剰余の定理：整式 $f(x)$ を $x-a$ で割ったときの余りは $f(a)$ に等しい。

因数定理：整式 $f(x)$ に対して

$f(\alpha)=0 \iff f(x)$ は $x-\alpha$ を因数にもつ

$\iff f(x)$ は $x-\alpha$ で割り切れる

1-4　相加・相乗平均の関係

（1）a，b を正の実数とする。このとき，不等式 $a+b \geqq 2\sqrt{ab}$ が成り立つことを示せ。

（2）$x>0$ とする。$f(x)=x+\dfrac{9}{x}$ の最小値とそのときの x の値を求めよ。

解答

（1）$a+b-2\sqrt{ab}=(\sqrt{a})^2+(\sqrt{b})^2-2\sqrt{a}\cdot\sqrt{b}$

$=(\sqrt{a}-\sqrt{b})^2 \geqq 0$

よって　$a+b \geqq 2\sqrt{ab}$

また，等号は $\sqrt{a}=\sqrt{b}$ すなわち $a=b$ のとき成り立つ。　（証明終）

（2）$x>0$ より $\dfrac{9}{x}>0$ であるから，相加・相乗平均の関係より

$$x+\frac{9}{x} \geqq 2\sqrt{x\cdot\frac{9}{x}}=2\cdot3=6$$

等号が成り立つのは $x=\dfrac{9}{x}$ のときであるから

$x^2=9$　$\therefore$　$x=3$　$(\because\ x>0)$

よって，$f(x)$ は，**$x=3$ のとき最小値 6** をとる。 ◀◀答

解説

■ 相加平均と相乗平均

2つの数 a，b に対して $\dfrac{a+b}{2}$ を a と b の相加平均という。また，$a>0$，$b>0$ のとき，$\sqrt{ab}$ を a と b の相乗平均という。（1）の不等式の両辺を2で割ると，$a>0$，$b>0$ のとき，相加平均と相乗平均には次の関係が成り立つことがわかる。

POINT

相加・相乗平均の関係：$a>0$，$b>0$ とする。このとき

$$\frac{a+b}{2} \geqq \sqrt{ab}$$ （等号は $a=b$ のときに成り立つ）

1-5 複素数の計算

（1）$(2-3i)^2$ を計算せよ。

（2）$\dfrac{4-2i}{-1+i}$ を計算せよ。

（3）x，y を実数とする。次の各式をみたす x，y の値を求めよ。

（a）$-2x+3yi=-8-12i$　（b）$x+2y^2+(y-3)i=0$

解答

（1）$(2-3i)^2=2^2-2\cdot2\cdot3i+(3i)^2$

$=\mathbf{-5-12i}$ 答

（2）$\dfrac{4-2i}{-1+i}=\dfrac{(4-2i)(-1-i)}{(-1+i)(-1-i)}$

$=\dfrac{-6-2i}{(-1)^2-i^2}=\mathbf{-3-i}$ 答

（3）（a）$-2x=-8$，$3y=-12$ より

$\mathbf{x=4,\ y=-4}$ 答

（b）$x+2y^2=0$，$y-3=0$ より

$\mathbf{x=-18,\ y=3}$ 答

解説

■ 分母を実数にする

a，b を実数（ただし，$b\neq0$）とするとき，$a+bi$ と $a-bi$ を互いに共役な複素数という。分数の分母が $a+bi$ のとき，分母・分子に共役な複素数 $a-bi$ をかけることで，分母を実数にすることができる。（2）では，$-1+i$ と共役な複素数 $-1-i$ を分母・分子にかけることで，分母を実数にできる。

■ 複素数の相等

2つの複素数の実部どうし，虚部どうしがそれぞれ等しいとき，この2つの複素数は等しい。

複素数の相等：a，b，c，d を実数とする。

$$a+bi=c+di \iff a=c,\ b=d$$

1-6 2次方程式の解の判別

kを実数とする。xの2次方程式 $2x^2+(k+3)x+2k=0$ が異なる2つの虚数解をもつようなkの値の範囲を求めよ。

解答

与えられた2次方程式の判別式をDとする。異なる2つの虚数解をもつのは $D<0$ のときであるから

$$D=(k+3)^2-4\cdot2\cdot2k$$
$$=k^2-10k+9$$
$$=(k-1)(k-9)<0$$

$\therefore$ **$1<k<9$** ◀◀答

解説

■ **2次方程式の解の判別**

実数係数の2次方程式 $ax^2+bx+c=0$ $(a\neq0)$ の解は，解の公式

$$x=\frac{-b\pm\sqrt{b^2-4ac}}{2a}$$

の根号内の式 b^2-4ac（判別式といい，Dで表す）が正，0，負のいずれであるかによって，実数解であるか，虚数解であるか判別できる。

POINT

2次方程式の解の判別：xの2次方程式

$$ax^2+bx+c=0 \quad (a,\ b,\ c\text{は実数},\ a\neq0)$$

の判別式 $D=b^2-4ac$ について

$D>0 \iff$ 異なる2つの実数解をもつ

$D=0 \iff$ ただ1つの実数解(重解)をもつ

$D<0 \iff$ 異なる2つの虚数解をもつ

$b=2b'$ のとき，$\dfrac{D}{4}=b'^2-ac$ でも同様に判別できる。

1-7 方程式と複素数

（1）方程式 $x^2+px+q=0$（p, q は実数）が $x=1-2i$ を解にもつとき，p, q の値を求めよ。

（2）方程式 $2x^3+5x^2+ax+b=0$（a, b は実数）が $x=-1+2i$ を解にもつとき，a, b の値を求めよ。

解答

（1）$x=1+2i$ も $x^2+px+q=0$ の解であるから，左辺は

$$\{x-(1-2i)\}\{x-(1+2i)\}=\{(x-1)+2i\}\{(x-1)-2i\}$$
$$=(x-1)^2+2^2$$
$$=x^2-2x+5$$

となる。係数を比較して

$p=-2$, $q=5$ ◀◀答

別解：$x=1-2i$ より　$x-1=-2i$

この両辺を 2 乗して

$x^2-2x+1=-4$　∴　$x^2-2x+5=0$　（以下同様）

（2）$x=-1-2i$ も $2x^3+5x^2+ax+b=0$ の解であるから，左辺は

$$\{x-(-1+2i)\}\{x-(-1-2i)\}=\{(x+1)-2i\}\{(x+1)+2i\}$$
$$=(x+1)^2+2^2$$
$$=x^2+2x+5$$

で割り切れ，そのときの商は左辺の x^3 の係数に着目して，$2x+c$ とおくことができる。したがって

$$2x^3+5x^2+ax+b=(x^2+2x+5)(2x+c)$$
$$=2x^3+(c+4)x^2+(2c+10)x+5c$$

よって

$5=c+4$, $a=2c+10$, $b=5c$

∴　$c=1$, **$a=12$, $b=5$** ◀◀答

解説

■ 実数係数の方程式の虚数解

a, b を実数とする。実数係数の方程式が虚数 $a+bi$ を解にもつとき，共役な複素数 $a-bi$ もこの方程式の解である。

■ 2次方程式の解と係数の関係

2次方程式 $ax^2+bx+c=0$ $(a \neq 0)$ の2解を α, β とすると

$$\alpha+\beta=-\frac{b}{a},\quad \alpha\beta=\frac{c}{a}$$

が成り立つ。このことを用いれば，(1)は次のように解くこともできる。

方程式 $x^2+px+q=0$ は $1+2i$ も解にもつから，解と係数の関係より

$$(1-2i)+(1+2i)=-p,\quad (1-2i)(1+2i)=q$$

$$\therefore\quad p=-2,\quad q=5$$

■ 3次方程式の解と係数の関係

3次方程式 $ax^3+bx^2+cx+d=0$ $(a \neq 0)$ の3解を α, β, γ とすると

$$\alpha+\beta+\gamma=-\frac{b}{a},\quad \alpha\beta+\beta\gamma+\gamma\alpha=\frac{c}{a},\quad \alpha\beta\gamma=-\frac{d}{a}$$

が成り立つ。このことを用いれば，(2)は次のように解くこともできる。

方程式 $2x^3+5x^2+ax+b=0$ は $-1-2i$ も解にもつので，残りの解を p (p は実数) とすると，解と係数の関係より

$$(-1+2i)+(-1-2i)+p=-\frac{5}{2}\qquad \therefore\quad p=-\frac{1}{2}$$

$$(-1+2i)(-1-2i)+(-1-2i)p+p(-1+2i)=\frac{a}{2}\qquad \therefore\quad a=12$$

$$(-1+2i)(-1-2i)p=-\frac{b}{2}\qquad \therefore\quad b=5$$

POINT

虚数解：実数係数の方程式が虚数 $\boldsymbol{a+bi}$ を解にもつとき，共役な複素数 $\boldsymbol{a-bi}$ もこの方程式の解である。

2次方程式の解と係数の関係：

$\boldsymbol{x}$ の2次方程式 $\boldsymbol{ax^2+bx+c=0}$ $(\boldsymbol{a \neq 0})$ の2解を $\boldsymbol{\alpha}$, $\boldsymbol{\beta}$ とすると

$$\boldsymbol{\alpha+\beta=-\frac{b}{a},\quad \alpha\beta=\frac{c}{a}}$$

が成り立つ。

例題 1 試行調査

先生と太郎さんと花子さんは，次の問題とその解答について話している。三人の会話を読んで，下の問いに答えよ。

【問題】

x，y を正の実数とするとき，$\left(x+\dfrac{1}{y}\right)\left(y+\dfrac{4}{x}\right)$ の最小値を求めよ。

【解答A】

$x>0$，$\dfrac{1}{y}>0$ であるから，相加平均と相乗平均の関係により

$$x+\frac{1}{y} \geqq 2\sqrt{x\cdot\frac{1}{y}}=2\sqrt{\frac{x}{y}} \quad \cdots\cdots ①$$

$y>0$，$\dfrac{4}{x}>0$ であるから，相加平均と相乗平均の関係により

$$y+\frac{4}{x} \geqq 2\sqrt{y\cdot\frac{4}{x}}=4\sqrt{\frac{y}{x}} \quad \cdots\cdots ②$$

である。①，②の両辺は正であるから，

$$\left(x+\frac{1}{y}\right)\left(y+\frac{4}{x}\right) \geqq 2\sqrt{\frac{x}{y}}\cdot 4\sqrt{\frac{y}{x}}=8$$

よって，求める最小値は 8 である。

【解答B】

$$\left(x+\frac{1}{y}\right)\left(y+\frac{4}{x}\right) \geqq xy+\frac{4}{xy}+5$$

であり，$xy>0$ であるから，相加平均と相乗平均の関係により

$$xy+\frac{4}{xy} \geqq 2\sqrt{xy\cdot\frac{4}{xy}}=4$$

である。すなわち，

$$xy+\frac{4}{xy}+5 \geqq 4+5=9$$

よって，求める最小値は 9 である。

先生 「同じ問題なのに，解答 A と解答 B で答えが違っていますね。」

太郎 「計算が間違っているのかな。」

花子 「いや，どちらも計算は間違えていないみたい。」

太郎 「答えが違うということは，どちらかは正しくないということだよね。」

先生 「なぜ解答 A と解答 B で違う答えが出てしまったのか，考えてみましょう。」

花子 「実際に x と y に値を代入して調べてみよう。」

太郎 「例えば $x=1$, $y=1$ を代入してみると, $\left(x+\frac{1}{y}\right)\left(y+\frac{4}{x}\right)$ の値は 2×5 だから 10 だ。」

花子 「$x=2$, $y=2$ のときの値は $\frac{5}{2}\times4=10$ になった。」

太郎 「$x=2$, $y=1$ のときの値は $3\times3=9$ になる。」

（太郎と花子，いろいろな値を代入して計算する）

花子 「先生，ひょっとして ア ということですか。」

先生 「そのとおりです。よく気づきましたね。」

花子 「正しい最小値は イ ですね。」

（1） ア に当てはまるものを，次の⓪～③のうちから一つ選べ。

⓪ $xy+\frac{4}{xy}=4$ を満たす x, y の値がない

① $x+\frac{1}{y}=2\sqrt{\frac{x}{y}}$ かつ $xy+\frac{4}{xy}=4$ を満たす x, y の値がある

② $x+\frac{1}{y}=2\sqrt{\frac{x}{y}}$ かつ $y+\frac{4}{x}=4\sqrt{\frac{y}{x}}$ を満たす x, y の値がない

③ $x+\frac{1}{y}=2\sqrt{\frac{x}{y}}$ かつ $y+\frac{4}{x}=4\sqrt{\frac{y}{x}}$ を満たす x, y の値がある

（2） イ に当てはまる数を答えよ。

解答

（1）【解答 A】 より，①の不等式で等号が成立するのは

$$x=\frac{1}{y} \qquad \therefore \quad xy=1$$

のときであり，②の不等式で等号が成立するのは

$$y=\frac{4}{x} \qquad \therefore \quad xy=4$$

のときであるから

$$x+\frac{1}{y}=2\sqrt{\frac{x}{y}} \text{ と } y+\frac{4}{x}=4\sqrt{\frac{y}{x}}$$

を同時にみたす x, y の値の組が存在しないことがわかる。（②） ◀◀答

$a>0$, $b>0$ のとき $a+b\geqq2\sqrt{ab}$ で等号が成立するのは $a=b$ のときである。

$xy=1$ と $xy=4$ を同時にみたすことはない。

（2）【解答B】より

$$\left(x+\frac{1}{y}\right)\left(y+\frac{4}{x}\right)$$
$$=xy+x\cdot\frac{4}{x}+\frac{1}{y}\cdot y+\frac{4}{xy}$$
$$=xy+\frac{4}{xy}+5$$

であり，$xy>0$ より $\frac{4}{xy}>0$ であるから，相加平均と相乗平均の関係より

$$xy+\frac{4}{xy}\geqq 2\sqrt{xy\cdot\frac{4}{xy}}=2\cdot 2=4$$

である。よって

$$xy+\frac{4}{xy}+5\geqq 4+5=9$$

であり，等号は $xy=2$ のときに成立し，【解答B】は正しい。

よって，正しい最小値は **9** である。◀◀答

> $xy>0$ と $\frac{4}{xy}>0$ が確認できたので，相加平均と相乗平均の関係を使うことができる。

> $xy=\frac{4}{xy}$ より。

解説

相加平均と相乗平均の関係における等号成立条件

相加平均と相乗平均の関係を利用するときは，等号が成り立つ値が存在するかを確認する必要がある。とくに，本問の【解答A】のような方法で複数の式に対して相加平均と相乗平均の関係を利用するときは，すべての式について同時に等号が成り立つ値が存在するかを確認しなければならない。このような間違いは非常に多いので注意してほしい。

類題1 オリジナル問題(解答は2ページ)

太郎さんと花子さんは，不等式 $x^3+y^3+z^3-3xyz \geqq 0$ ……① が成り立つときに，実数 x，y，z が満たすべき必要十分条件を次のように予想した。

太郎さんの予想

①の左辺を変形すると

$$x^3+y^3+z^3-3xyz=\frac{1}{2}(x+y+z)\boxed{\text{ア}}$$

であり，$\boxed{\text{ア}} \geqq 0$ であるから

不等式①が成り立つのは $x+y+z \geqq 0$ のとき

花子さんの予想

$x>0$，$y>0$，$z>0$ のとき，$x^3+y^3+z^3=3p$ とすると，相加平均と相乗平均の関係より

$$x^3+y^3 \geqq 2\sqrt{x^3y^3},\quad z^3+p \geqq 2\sqrt{z^3p}$$

であり，$X=\sqrt{x^3y^3}$，$Y=\sqrt{z^3p}$ とおくと，さらに，相加平均と相乗平均の関係より

$$2X+2Y \geqq 4\sqrt{XY}$$

であるから

$$\boxed{\text{イ}}$$

より，$x^3+y^3+z^3 \geqq 3xyz$ である。よって

不等式①が成り立つのは x，y，z が正の実数のとき

(1) $\boxed{\text{ア}}$，$\boxed{\text{イ}}$ に当てはまる式を，次の各解答群のうちから一つずつ選べ。

$\boxed{\text{ア}}$ の解答群

⓪ $(2x+2y+2z-xyz)^2$　① $(2x+2y+2z-3xyz)^2$
② $\{(x-2y)^2+(y-2z)^2+(z-2x)^2\}$　③ $\{(x-y)^2+(y-z)^2+(z-x)^2\}$

$\boxed{\text{イ}}$ の解答群

⓪ $p \leqq \sqrt{XY}$　① $p \geqq \sqrt{XY}$　② $p \leqq 4\sqrt{XY}$
③ $p \geqq 4\sqrt{XY}$

（2）不等式①が成り立つ条件について，太郎さんの予想では「$x+y+z \geqq 0$ のとき」であり，花子さんの予想では「x，y，z が正の実数のとき」であるため，2 人の予想が異なっている。2 人の予想について正しく述べているものを，次の ⓪～⑤のうちから一つ選べ。 ウ

⓪　2人の予想はどちらも十分条件であるが必要条件ではない。

①　太郎さんの予想は必要十分条件であり，花子さんの予想は十分条件であるが必要条件ではない。

②　太郎さんの予想は必要十分条件であり，花子さんの予想は必要条件であるが十分条件ではない。

③　花子さんの予想は必要十分条件であり，太郎さんの予想は十分条件であるが必要条件ではない。

④　花子さんの予想は必要十分条件であり，太郎さんの予想は必要条件であるが十分条件ではない。

⑤　2人の予想はどちらも必要条件であるが十分条件ではない。

（3）太郎さんや花子さんの予想をもとに，不等式①の等号が成立するような x，y，z の値の組として正しいものを，次の ⓪～③のうちから**すべて**選べ。

エ

⓪　$x+y+z=0$　　①　$xy+yz+zx=0$　　②　$xyz=0$　　③　$x=y=z$

例題 2 センター試験本試

a, bを実数とし, xの整式A, Bを$A=x^2+ax+b$, $B=x^2+x+1$とする。ただし, AとBは等しくないものとする。

（1）等式 $A^2+B^2=2x^4+6x^3+3x^2+cx+d$ が成り立つとき

$$a=\boxed{\text{ア}},\ b=-\boxed{\text{イ}},\ c=-\boxed{\text{ウ}},\ d=\boxed{\text{エ}}$$

である。

（2）等式

$$A^2-B^2=(A-B)(A+B)$$
$$=\{(a-1)x+(b-1)\}\{\boxed{\text{オ}}x^2+(a+\boxed{\text{カ}})x+b+1\}$$

を考える。$A-B$が$x-1$で割り切れるのは$\boxed{\text{キ}}$のときであり, また$A+B$が$x-1$で割り切れるのは$\boxed{\text{ク}}$のときである。よって, $A-B$と$A+B$が同時に$x-1$で割り切れることはない。ただし, $\boxed{\text{キ}}$, $\boxed{\text{ク}}$については, 次の⓪～④の中から当てはまるものをそれぞれ1つずつ選べ。

⓪ $a+b=0$　① $a-b=0$　② $a+b-2=0$

③ $a+b+4=0$　④ $a-b-2=0$

したがって, A^2-B^2が$(x-1)^2$で割り切れるのは, $A+B$が$(x-1)^2$で割り切れる場合である。このとき

$$a=-\boxed{\text{ケ}},\ b=\boxed{\text{コ}},\ A^2-B^2=\boxed{\text{サシス}}x(x-1)^2$$

となる。

解答

（1） $A=x^2+ax+b$, $B=x^2+x+1$ より

$$A^2+B^2$$
$$=(x^2+ax+b)^2+(x^2+x+1)^2$$
$$=(x^4+a^2x^2+b^2+2ax^3+2abx+2bx^2)+(x^4+x^2+1+2x^3+2x+2x^2)$$
$$=2x^4+2(a+1)x^3+(a^2+2b+3)x^2+2(ab+1)x+b^2+1$$

となるから, $A^2+B^2=2x^4+6x^3+3x^2+cx+d$ が成り立つとき

$$\begin{cases} 2(a+1)=6 & \cdots\cdots ① \\ a^2+2b+3=3 & \cdots\cdots ② \\ 2(ab+1)=c & \cdots\cdots ③ \\ b^2+1=d & \cdots\cdots ④ \end{cases}$$

各項の係数を比較する。

となる。①より　$\boldsymbol{a=2}$ ◀◀答

よって，②より　$\boldsymbol{b=-2}$ ◀◀答

ゆえに，③，④より　$\boldsymbol{c=-6,\ d=5}$ ◀◀答

(2) $A=x^2+ax+b,\ B=x^2+x+1$ より

$$A-B=(a-1)x+b-1$$

$$A+B=2x^2+(a+1)x+b+1$$

となるから

$$A^2-B^2=(A-B)(A+B)$$

$$=\boldsymbol{\{(a-1)x+(b-1)\}\{2x^2+(a+1)x+b+1\}} \quad ◀◀答 \quad \cdots\cdots ⑤$$

となる。$A-B$ が $x-1$ で割り切れるのは，因数定理より

$$(a-1)+b-1=0$$

$(a-1)x+b-1$ に $x=1$ を代入すると 0 になる。

$$\therefore\ \boldsymbol{a+b-2=0}$$

のとき（②）である。◀◀答

また，$A+B$ が $x-1$ で割り切れるのは，因数定理より

$$2+(a+1)+b+1=0$$

$2x^2+(a+1)x+b+1$ に $x=1$ を代入すると 0 になる。

$$\therefore\ \boldsymbol{a+b+4=0}$$

のとき（③）である。◀◀答

よって，$A-B$ と $A+B$ が同時に $x-1$ で割り切れることはなく，A^2-B^2 が $(x-1)^2$ で割り切れるのは，$A+B$ が $(x-1)^2$ で割り切れるときである。ここで

$a+b-2=0$ と $a+b+4=0$ は同時には成り立たない。

$$A+B=2(x^2-2x+1)+(a+5)x+b-1$$

$A+B$ を $(x-1)^2$ で割る。

と変形でき，$A+B$ が $(x-1)^2$ で割り切れるとき

$$a+5=0,\ b-1=0$$

余りの x の係数と定数項が 0 。

$$\therefore\ \boldsymbol{a=-5,\ b=1} \quad ◀◀答$$

このとき，⑤より

$$A^2-B^2=-6x\cdot 2(x^2-2x+1)$$

$$=\boldsymbol{-12x(x-1)^2} \quad ◀◀答$$

解説

■ $x-1$ で割り切れる条件

$A-B$, $A+B$ を実際に $x-1$ で割ることで割り切れる条件を求めることもできるが，1次式で割るときには剰余の定理や因数定理を利用するのが速い。本問では $x-1$ で割ったときの余りが0なので

$x=1$ を代入して計算すると0になる

と考えればよい。

類題2 オリジナル問題（解答は3ページ）

a，b を実数とし，x の整式 A，B を

$$A=x^3-2ax^2+(b+2)x+a-1$$
$$B=x^3-2(a+1)x^2-(2a-3b-6)x+2ab+5a-1$$

とする。このとき，$A-B=$ [ア] $(x+$ [イ] $)(x-b-$ [ウ] $)$ である。

（1）A を $x-1$ で割ったときの余りは $-$ [エ] $+b+$ [オ] であり，B を $x-1$ で割ったときの余りは

[カ] $ab+a+$ [キ] $b+$ [ク]

であるから，A，B がともに $x-1$ で割り切れるのは

$(a,\ b)=($ [ケ]，[コサ] $)$ または $($ [シス]，[セソ] $)$

のときである。また，このとき

$A-B=$ [ア] $(x-1)(x+$ [タ] $)$

であるから，$A-B$ も $x-1$ で割り切れる。

（2）$A-B$ が $x-1$ で割り切れることは A，B がともに $x-1$ で割り切れるための [チ]。[チ] に当てはまるものを，次の⓪～③のうちから選べ。

⓪ 必要十分条件である

① 必要条件であるが，十分条件ではない

② 十分条件であるが，必要条件ではない

③ 必要条件でも十分条件でもない

例題 3 センター試験追試・改

係数が実数の 4 次方程式

$$x^4+ax^3+bx^2+cx+d=0 \quad \cdots\cdots ①$$

が $1+\sqrt{3}i$ を解にもつとする。

（1）
$(1+\sqrt{3}i)^2=$ アイ $+$ ウ $\sqrt{\text{エ}}\,i$

$(1-\sqrt{3}i)^2=$ アイ $-$ ウ $\sqrt{\text{エ}}\,i$

$(1\pm\sqrt{3}i)^3=$ オカ

$(1+\sqrt{3}i)^4=$ キク $-$ ケ $\sqrt{\text{コ}}\,i$

$(1-\sqrt{3}i)^4=$ キク $+$ ケ $\sqrt{\text{コ}}\,i$

である。

（2）（1）の計算から，$1-\sqrt{3}i$ も①の解であることがわかる。

$\{x-(1+\sqrt{3}i)\}\{x-(1-\sqrt{3}i)\}=x^2-$ サ $x+$ シ

であるから，c，d は a，b を用いて

$c=$ ス $-$ セ b，$d=$ ソ $a+$ タ b

と表され，①の左辺は

$(x^2-$ サ $x+$ シ $)\{x^2+(a+$ チ $)x+($ ツ $a+b)\}$

と因数分解される。

（3）さらに，方程式①が異なる 4 つの解をもち，それらの実部の 2 乗と虚部の 2 乗の和がすべて等しく，かつ 4 つの解の和が 1 であるならば，方程式①は

x^4-x^3+ テ x^2- ト $x+$ ナニ $=0$

となる。

解答

$f(x)=x^4+ax^3+bx^2+cx+d$ とおく。

（1） $(1\pm\sqrt{3}i)^2=\mathbf{-2\pm2\sqrt{3}\,i}$ 答

$(1\pm\sqrt{3}i)^3=(1\pm\sqrt{3}i)(-2\pm2\sqrt{3}i)=\mathbf{-8}$ 答

$(1\pm\sqrt{3}i)^4=-8(1\pm\sqrt{3}i)=\mathbf{-8\mp8\sqrt{3}\,i}$ 答

（以上，いずれも複号同順）

（2） $\{x-(1+\sqrt{3}i)\}\{x-(1-\sqrt{3}i)\}$

$=\{(x-1)-\sqrt{3}i\}\{(x-1)+\sqrt{3}i\}$

$=(x-1)^2+(\sqrt{3})^2$

$=\mathbf{x^2-2x+4}$ 答

であり，$f(x)$ を x^2-2x+4 で割ったときの商は x^2+px+q とおくことができるから

$$\begin{aligned} &f(x) \\ &=(x^2-2x+4)(x^2+px+q) \\ &=x^4+(p-2)x^3+(-2p+q+4)x^2+(4p-2q)x+4q \end{aligned}$$

したがって

$$a=p-2,\ b=-2p+q+4,\ c=4p-2q,\ d=4q$$

各項の係数を比較する。

第１式，第２式から

$$p=a+2,\ q=2a+b$$

$q=2p+b-4$
$=2(a+2)+b-4$

これらを第３式，第４式に代入して

$c=4(a+2)-2(2a+b)=\mathbf{8-2b}$ ◀◀答 ……②

$d=4(2a+b)=\mathbf{8a+4b}$ ◀◀答 ……………③

となるから

$f(x)=\mathbf{(x^2-2x+4)\{x^2+(a+2)x+(2a+b)\}}$

（**3**）$x^2-2x+4=0$ の２つの解を

$$\alpha=1+\sqrt{3}i,\ \beta=1-\sqrt{3}i$$

とすると，α，β の実部の２乗と虚部の２乗の和は

$1^2+(\pm\sqrt{3})^2=4$ ……………………………④

ここで，$x^2+(a+2)x+2a+b=0$ の２つの解が実数であるとすると，④よりその２つの解は ±2 である。

虚部は０で
$(実部)^2=4$

このとき，①の４つの解の和は

$$(1+\sqrt{3}i)+(1-\sqrt{3}i)+2+(-2)=2$$

となり条件に反する。よって，$x^2+(a+2)x+2a+b=0$ の２つの解は虚数であり

$$\gamma=u+vi,\ \delta=u-vi$$

２解は共役な複素数。

とする。γ と δ の実部の２乗と虚部の２乗の和は

$$u^2+(\pm v)^2=u^2+v^2$$

これが④と等しいことから

$u^2+v^2=4$ ……………………………………⑤

また，①の４つの解の和が１であることから

$$(1+\sqrt{3}i)+(1-\sqrt{3}i)+(u+vi)+(u-vi)=1$$

$2+2u=1$

$\therefore\ \ 2u=-1$ ……………………………………⑥

$x^2+(a+2)x+2a+b=0$ の解と係数の関係より

$2u=-(a+2)$ ……⑦

$u^2+v^2=2a+b$ ……⑧

⑤，⑧から　$2a+b=4$

⑥，⑦から　$a=-1$

よって　$b=6$

したがって，②，③より

$c=-4,\ d=16$

となるから，方程式①は

$\boldsymbol{x^4-x^3+6x^2-4x+16=0}$ ◀◀答

となる。

$\gamma+\delta=2u$

$\gamma\delta=u^2+v^2$

解説

■ 因数分解できることを見越して

実際に $f(x)$ を x^2-2x+4 で割って，余りが0になることから c，d を求めることもできるが，この割り算を実行するには時間がかかる。そこで，解答では $f(x)$ が

$$f(x)=(x^2-2x+4)(x^2+px+q)$$

の形に因数分解できることから，この式の右辺を展開した式と，もとの式の係数を比較することで時間短縮を図っている。

■ 解が虚数であることの確認

2次方程式 $x^2+(a+2)x+2a+b=0$ の解は実数(虚部が0)の場合も考えられるので，この場合についても調べる必要がある。結局，この場合は4つの解の和が1とはならないので，解は虚数とわかる。

類題3 オリジナル問題（解答は4ページ）

実数係数の 4 次方程式

$$x^4+ax^3+bx^2+cx+d=0 \quad \cdots\cdots①$$

は $x=1+2i$ を解にもつという。このとき，①の左辺は

$$(x^2-\boxed{ア}x+\boxed{イ})$$
$$\times\{x^2+(a+\boxed{ウ})x+\boxed{エ}a+b-\boxed{オ}\}$$

と因数分解することができて

$$c=a-\boxed{カ}b+\boxed{キク}$$

が成り立つ。

さらに，方程式①が a の値に関係なく異なる 2 つの実数解をもつのは

$$b<\boxed{ケ}$$

のときである。

第2章　図形と方程式

図形と方程式では,直線と円の方程式,軌跡,不等式の表す領域などの出題が考えられる。過去のセンター試験では,微分・積分と融合して出題されることもあった。

試行調査では,食品に含まれるエネルギーや脂質に関する線形計画法の問題や軌跡を題材に共有点について考察する問題などが出題されている。

2 図形と方程式

基本事項の確認

2-1 点と直線

座標平面上に2点 A $(-2,\ 1)$，B $(4,\ 4)$ が与えられている。

（1） 2点 A，B 間の距離を求めよ。

（2） 線分 AB の中点 M の座標を求めよ。

（3） 2点 A，B を通る直線の方程式を求めよ。

（4） 線分 AB を $5:2$ に外分する点 P を通り，傾きが -3 である直線 l の方程式を求めよ。

解答

（1） 2点 A，B 間の距離は

$$AB=\sqrt{\{4-(-2)\}^2+(4-1)^2}$$
$$=\sqrt{6^2+3^2}=3\sqrt{5}\quad \text{答}$$

（2） 線分 AB の中点 M の座標は

$$\left(\frac{(-2)+4}{2},\ \frac{1+4}{2}\right)$$

$$\therefore\quad M\left(1,\ \frac{5}{2}\right)\quad \text{答}$$

（3） 2点 A，B を通る直線の方程式は

$$y-1=\frac{4-1}{4-(-2)}\{x-(-2)\}$$

$$\therefore\quad y=\frac{1}{2}x+2\quad \text{答}$$

（4） 線分 AB を $5:2$ に外分する点 P の座標は

$$\left(\frac{-2\cdot(-2)+5\cdot4}{5-2},\ \frac{-2\cdot1+5\cdot4}{5-2}\right)$$

$$\therefore\quad P(8,\ 6)$$

よって，点 P を通り，傾きが -3 である直線 l の方程式は

$$y-6=-3(x-8)$$

$$\therefore\quad y=-3x+30\quad \text{答}$$

解説

■ 直線上の線分の長さ

直線 $y=mx+n$ 上の x 座標が x_1, x_2 $(x_1 \neq x_2)$ である2点を結ぶ線分の長さは

$$\sqrt{1+m^2}|x_2-x_1|$$

で求められる。

これを用いると，本問の線分 AB の長さは

$$\sqrt{1+\left(\frac{1}{2}\right)^2}|4-(-2)|=\frac{\sqrt{5}}{2}\cdot 6=3\sqrt{5}$$

と求められる。

■ 線分の中点の座標

2点 (x_1, y_1), (x_2, y_2) を結ぶ線分の中点の座標は，1：1 に内分する点であるから

$$\left(\frac{x_1+x_2}{2}, \frac{y_1+y_2}{2}\right)$$

で求められる。

POINT

2点間の距離，内分・外分：A (x_1, y_1)，B (x_2, y_2) のとき

2点 A，B 間の距離：$\sqrt{(x_2-x_1)^2+(y_2-y_1)^2}$

線分 AB を $m:n$ に内分する点：

$$\left(\frac{nx_1+mx_2}{m+n}, \frac{ny_1+my_2}{m+n}\right)$$

線分 AB を $m:n$ $(m \neq n)$ に外分する点：

$$\left(\frac{-nx_1+mx_2}{m-n}, \frac{-ny_1+my_2}{m-n}\right)$$

直線の方程式：

点 (x_1, y_1) を通り，傾き m の直線の方程式は

$$y-y_1=m(x-x_1)$$

2点 (x_1, y_1)，(x_2, y_2) $(x_1 \neq x_2)$ を通る直線の方程式は

$$y-y_1=\frac{y_2-y_1}{x_2-x_1}(x-x_1)$$

2-2　2直線の関係

（1）座標平面上に点 A $(4,\ -1)$ と直線 $l : y=3x+2$ が与えられている。

（i）点 A と直線 l の距離を求めよ。

（ii）点 A を通り l と平行な直線の方程式を求めよ。また，点 A を通り l と垂直な直線の方程式を求めよ。

（2）a を実数とする。2直線 $l : 3x-4y+8=0$，$m : ax+(a-2)y-4=0$ が平行になるような a の値，垂直になるような a の値をそれぞれ求めよ。

解答

（1）（i） 点 A $(4,\ -1)$ と $l : 3x-y+2=0$ の距離は

$$\frac{|3\cdot4-(-1)+2|}{\sqrt{3^2+(-1)^2}}=\frac{15}{\sqrt{10}}$$

$$=\boldsymbol{\frac{3\sqrt{10}}{2}}$$ ◀◀答

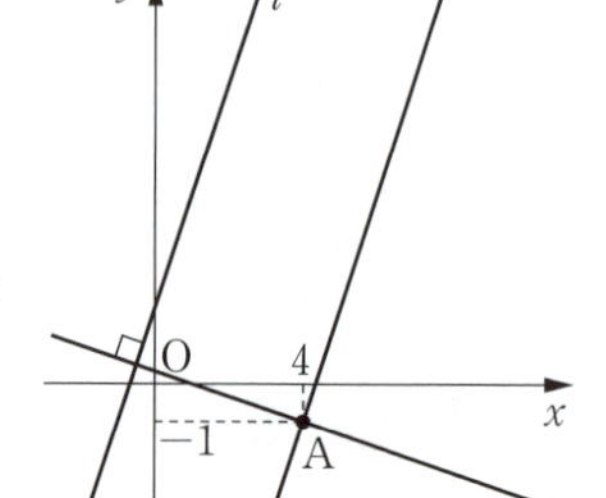

（ii） 点 A を通り l と平行な直線は，傾きが l と等しく 3 であるから

$$y-(-1)=3(x-4)$$

$$\therefore\quad \boldsymbol{y=3x-13}$$ ◀◀答

また，点 A を通り l と垂直な直線は，傾きを m とすると

$$3\cdot m=-1 \qquad \therefore\quad m=-\frac{1}{3}$$

であるから

$$y-(-1)=-\frac{1}{3}(x-4)$$

$$\therefore\quad \boldsymbol{y=-\frac{1}{3}x+\frac{1}{3}}$$ ◀◀答

（2） l と m が平行であるとき

$$3\cdot(a-2)-(-4)\cdot a=0$$

$$7a-6=0 \qquad \therefore\quad \boldsymbol{a=\frac{6}{7}}$$ ◀◀答

また，l と m が垂直であるとき

$$3\cdot a+(-4)\cdot(a-2)=0$$

$$-a+8=0 \qquad \therefore\quad \boldsymbol{a=8}$$ ◀◀答

解説

点と直線の距離

直線 l と l 上にない点Aがあり，点Aから l に垂線AHを下ろすとき，線分AHの長さを点Aと直線 l の距離という。

点と直線の距離は，円と直線の関係を考える際や，座標平面上の三角形の高さを求める際などによく用いられる。

2直線の平行条件・垂直条件

2直線の平行や垂直を考える際には，直線の傾きに着目する方法と，直線の方程式を $ax+by+c=0$ の形で表した場合の係数に着目する方法がある。直線の方程式の形に応じて，利用しやすい方を用いればよい。

(2)で傾きに着目して考えると

$$l\text{の傾き：}\frac{3}{4},\quad m\text{の傾き：}\frac{a}{2-a}\quad(\text{ただし，}a\neq 2)$$

となり，l と m が平行であるとき

$$\frac{3}{4}=\frac{a}{2-a}\qquad\therefore\quad 3(2-a)=4a$$

l と m が垂直であるとき

$$\frac{3}{4}\cdot\frac{a}{2-a}=-1\qquad\therefore\quad -3a=4(2-a)$$

である。

点と直線の距離：点 $(x_0,\ y_0)$ と直線 $ax+by+c=0$ の距離 d は

$$d=\frac{|ax_0+by_0+c|}{\sqrt{a^2+b^2}}$$

2直線の平行条件・垂直条件：

異なる2直線 $y=mx+n,\ y=m'x+n'$ について

2直線が平行 $\iff m=m'$

2直線が垂直 $\iff mm'=-1$

異なる2直線 $ax+by+c=0,\ a'x+b'y+c'=0$ について

2直線が平行 $\iff ab'-ba'=0$

2直線が垂直 $\iff aa'+bb'=0$

2-3　円

（1）中心が (3, 2) で，点 (0, 0) を通る円の方程式を求めよ。

（2）3 点 (1, 3)，(2, 4)，(8, −4) を通る円の方程式を求めよ。

解答

（1） 円の半径を r とすると，円の方程式は $(x-3)^2+(y-2)^2=r^2$ と表せる。さらに，点 (0, 0) を通るので

$$(0-3)^2+(0-2)^2=r^2 \qquad \therefore \quad r^2=13$$

よって，求める円の方程式は

$$\boldsymbol{(x-3)^2+(y-2)^2=13}$$ ◀◀答

（2） 円の方程式を $x^2+ax+y^2+by+c=0$ とおくと，点 (1, 3) を通ることより

$$1^2+a+3^2+3b+c=0 \qquad \therefore \quad a+3b+c+10=0 \quad \cdots\cdots ①$$

点 (2, 4) を通ることより

$$2^2+2a+4^2+4b+c=0 \qquad \therefore \quad 2a+4b+c+20=0 \quad \cdots\cdots ②$$

点 (8, −4) を通ることより

$$8^2+8a+(-4)^2-4b+c=0 \qquad \therefore \quad 8a-4b+c+80=0 \quad \cdots\cdots ③$$

①，②より　$a+b+10=0$

①，③より　$a-b+10=0$

$$\therefore \quad b=0$$

であり，$a=-10$，$c=0$ であるから，求める円の方程式は

$$x^2-10x+y^2=0 \qquad \therefore \quad \boldsymbol{(x-5)^2+y^2=25}$$ 

解説

■ 円の方程式の使い分け

点 (a, b) を中心とする半径 r の円の方程式は $(x-a)^2+(y-b)^2=r^2$ であり，（1）のように円の中心が (3, 2) とわかっている場合には，円の方程式を $(x-3)^2+(y-2)^2=r^2$ とおくと考えやすい。

一方，（2）のように円の中心がわからない場合には，円の方程式を $x^2+ax+y^2+by+c=0$ とおいて解くことができる。（2）で円の方程式を $(x-p)^2+(y-q)^2=r^2$ とおいて

点 (1, 3) を通ることより

$$(1-p)^2+(3-q)^2=r^2 \qquad \therefore \quad p^2-2p+q^2-6q+10=r^2$$

点 (2, 4) を通ることより

$$(2-p)^2+(4-q)^2=r^2 \qquad \therefore \quad p^2-4p+q^2-8q+20=r^2$$

点 (8, −4) を通ることより

$$(8-p)^2+(-4-q)^2=r^2 \qquad \therefore \quad p^2-16p+q^2+8q+80=r^2$$

から，r を消去することで解答と同じ結果を導くことはできるが，式が複雑になる。与えられている条件によって，円の方程式を使い分けられるようにしてほしい。

ただし，$x^2+ax+y^2+by+c=0$ が必ずしも円の方程式となるわけではない。たとえば，$a=2$，$b=2$，$c=2$ のとき

$$x^2+2x+y^2+2y+2=0 \qquad \therefore \quad (x+1)^2+(y+1)^2=0$$

より，$x=-1$，$y=-1$ となるので，円ではなく点 (−1, −1) を表していることになる。

(2)の別解

(2)は「弦の垂直二等分線は円の中心を通る」ことを利用してもよい。

2点 (1, 3)，(2, 4) を結ぶ弦の中点は $\left(\frac{3}{2},\ \frac{7}{2}\right)$ であるから，弦の垂直二等分線は

$$y=-\left(x-\frac{3}{2}\right)+\frac{7}{2} \qquad \therefore \quad y=-x+5 \quad \cdots\cdots④$$

であり，2点 (2, 4)，(8, −4) を結ぶ弦の中点は (5, 0) であるから，弦の垂直二等分線は

$$y=\frac{3}{4}(x-5) \qquad \therefore \quad y=\frac{3}{4}x-\frac{15}{4} \quad \cdots\cdots⑤$$

である。よって，④と⑤の交点が円の中心であり

$$-x+5=\frac{3}{4}x-\frac{15}{4} \qquad \therefore \quad x=5$$

$x=5$ を④に代入すると $y=0$ より

円の中心は (5, 0)，半径は $\sqrt{(5-1)^2+(0-3)^2}=5$

だとわかるので，円の方程式を $(x-5)^2+y^2=25$ と求めることができる。このような図形の性質に着目して解く方法も理解しておいてほしい。

POINT

円の方程式：点 $(a,\ b)$ を中心とする半径 r の円の方程式は

$$(x-a)^2+(y-b)^2=r^2$$

2-4 円と直線の関係

（1）点 $(8,\ 3)$ を通り円 $(x-3)^2+(y-2)^2=13$ に接する直線の方程式を求めよ。

（2）円 $x^2+y^2=100$ 上の点 $(8,\ -6)$ における接線の方程式を求めよ。

解答

（1） 直線の傾きを m とすると，その方程式は

$$y-3=m(x-8)$$

$$\therefore\quad mx-y-8m+3=0 \quad \cdots\cdots①$$

円 $(x-3)^2+(y-2)^2=13$ と①の直線が接するとき，点 $(3,\ 2)$ と直線との距離が円の半径 $\sqrt{13}$ に一致するので

$$\frac{|m\cdot 3-2-8m+3|}{\sqrt{m^2+(-1)^2}}=\sqrt{13}$$

$$\therefore\quad |-5m+1|=\sqrt{13(m^2+1)}$$

両辺は正であるから，2乗すると

$$(-5m+1)^2=13(m^2+1)$$

$$12m^2-10m-12=0$$

$$(2m-3)(3m+2)=0 \qquad \therefore\quad m=\frac{3}{2},\ -\frac{2}{3}$$

よって，①に代入して整理すると，求める直線の方程式は

$3x-2y-18=0,\ 2x+3y-25=0$ 答

y
$2x+3y-25=0$
$3x-2y-18=0$
$\sqrt{13}$
$(8,\ 3)$
$(3,\ 2)$
O
x

（2） 点 $(8,\ -6)$ は円 $x^2+y^2=100$ 上にあるから，この点における接線の方程式は

$$8\cdot x+(-6)\cdot y=100$$

$$\therefore\quad \mathbf{4x-3y=50}$$ 答

解説

■ 判別式の利用

円 C と直線 l の共有点を考えるのに，2次方程式の判別式を利用する方法もある。C と l の方程式から y（または x）を消去して得られる2次方程式の判別式を D とすると，共有点の個数は

$D>0$ のとき2個，$D=0$ のとき1個，$D<0$ のとき0個

となる。(1)で判別式を利用すると，次のように求められる。

$y=mx-8m+3$ を $(x-3)^2+(y-2)^2=13$ に代入すると

$$(x-3)^2+(mx-8m+1)^2=13$$

$$(m^2+1)x^2-2(8m^2-m+3)x+64m^2-16m-3=0$$

この x の2次方程式の判別式を D とすると

$$\frac{D}{4}=(8m^2-m+3)^2-(m^2+1)(64m^2-16m-3)$$

$$=-12m^2+10m+12$$

$$=-2(2m-3)(3m+2)=0$$

$\therefore\quad m=\dfrac{3}{2},\ -\dfrac{2}{3}$ （以下，解答と同様）

本問では，この解法は計算量が多くなってしまうので，得策ではない。

POINT

円と直線の共有点：円 C と直線 l の共有点の個数は，C の中心と l の距離を d，C の半径を r とすると

$d<r$ のとき2個（交わる）

$d=r$ のとき1個（接する）

$d>r$ のとき0個（共有点をもたない）

円の接線の方程式：円 $x^2+y^2=r^2$ 上の点 $(x_0,\ y_0)$ における接線の方程式は

$$x_0x+y_0y=r^2$$

2-5 軌跡と領域

（1） a を実数とする。方程式 $x^2+y^2-2(a+1)x-4ay+6a^2+2a-3=0$ が円を表すとき，この円の中心の軌跡を求めよ。

（2） 連立不等式 $\begin{cases} x^2+y^2 \leqq 25 \\ 3x+4y \geqq 0 \end{cases}$ が表す領域を図示せよ。

解答

（1） 与えられた方程式を変形すると

$$\{x-(a+1)\}^2+(y-2a)^2-(a+1)^2-4a^2+6a^2+2a-3=0$$

$$\{x-(a+1)\}^2+(y-2a)^2=4-a^2 \quad \cdots\cdots①$$

これが円を表すとき

$$4-a^2>0 \qquad \therefore \quad -2<a<2 \quad \cdots\cdots②$$

円の中心を $(X,\ Y)$ とおくと，①より

$$X=a+1 \quad \cdots\cdots③$$

$$Y=2a \quad \cdots\cdots④$$

③より $a=X-1$ であるから，これを④に代入して

$$Y=2(X-1)=2X-2$$

ここで，②より

$$-1<a+1<3$$

であるから，$-1<X<3$ である。よって，円の中心の軌跡は

直線 $y=2x-2$ の $-1<x<3$ の部分 ◀◀答

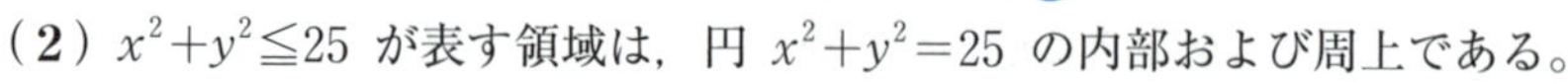

（2） $x^2+y^2 \leqq 25$ が表す領域は，円 $x^2+y^2=25$ の内部および周上である。

また，$3x+4y \geqq 0$ は $y \geqq -\dfrac{3}{4}x$ と変形できるから，この不等式が表す領域は，直線 $y=-\dfrac{3}{4}x$ の上側および直線上である。

円 $x^2+y^2=25$ と直線 $y=-\dfrac{3}{4}x$ の交点の座標は

$$x^2+\left(-\frac{3}{4}x\right)^2=25$$

$$x^2=16 \qquad \therefore \quad x=\pm 4$$

よって　$(4,\ -3)$，$(-4,\ 3)$

であるから，連立不等式が表す領域は**右の図の斜線部分**となる。**ただし，境界を含む。** 

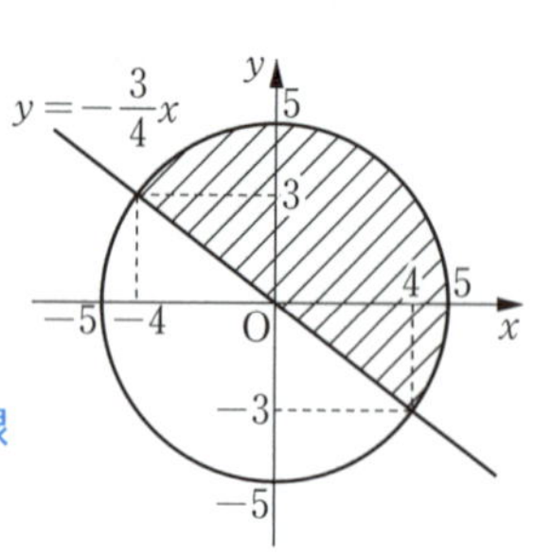

解説

■ 軌跡の限界

(1)では，軌跡を求める点(円の中心)を $(X,\ Y)$ とおき，X，Y を変数 a を用いて表し，a を消去することで軌跡を求めている。ここで，a はすべての実数値をとるのではなく，与えられた方程式が円を表す範囲であることから，(半径)$^2>0$ より

$$-2<a<2$$

という制限がつくことに注意が必要である。したがって，軌跡は直線の一部になる。

■ 不等式の表す領域

直線 $y=ax+b$ を境界として

不等式 $y>ax+b$ が表す領域は，直線 $y=ax+b$ の上側の部分

不等式 $y<ax+b$ が表す領域は，直線 $y=ax+b$ の下側の部分

である。また，円 $(x-a)^2+(y-b)^2=r^2$ を境界として

不等式 $(x-a)^2+(y-b)^2<r^2$ が表す領域は，

円 $(x-a)^2+(y-b)^2=r^2$ の内部

不等式 $(x-a)^2+(y-b)^2>r^2$ が表す領域は，

円 $(x-a)^2+(y-b)^2=r^2$ の外部

である。なお，上記のものは不等号に等号がついていないので，いずれも境界は含まない。

POINT

軌跡の求め方：

(1) 軌跡を求める点の座標を $(X,\ Y)$ とし，条件を X，Y の方程式で表す。

(2) 変数の変域に注意し，不要な部分があれば除く。

(3) (2)に注意して，方程式の表す図形を求める。

連立不等式の表す領域：

連立不等式の表す領域は，それぞれの不等式が表す領域の共通部分になる。

例題1 オリジナル問題

a, k を実数とする。座標平面上に3直線

$x+ky+1=0$ ……①

$kx-y+3=0$ ……②

$x+ay+1=0$ ……③

がある。太郎さんと花子さんは，a や k の値によって3直線の位置関係がどのようになるかを考えることにした。

太郎：直線の式を見比べてみて気づくことはないかな。

花子：①と③の式を見比べると，①の k を a に書き換えれば③と同じ式になるから，$a=k$ のときは，①と③は同じ直線を表しているね。

太郎：$a \neq k$ のときはどうなるのかな。

花子：①と③の辺々の差をとって整理すると $(k-a)y=0$ になるね。

(1) $a \neq k$ のとき，2直線①と③は a, k の値に関わらず，点(アイ, ウ)で交わることがわかる。アイ, ウ に当てはまる数を答えよ。

太郎：①と②についてはどうかな。

花子：x, y の係数に注目すると何かわかりそうだよ。

(2) 2直線①と②について成り立つこととして正しいものを，次の⓪～③のうちから一つ選べ。エ

⓪ k の値に関係なく，2直線①と②は垂直である。

① $k=0$ のときを除き，2直線①と②は垂直である。

② k の値に関係なく，2直線①と②は平行である。

③ $k=0$ のときを除き，2直線①と②は平行である。

(3) 3直線①，②，③の位置関係についての説明として正しいものを，次の⓪～③のうちから一つ選べ。オ

⓪ $a \neq k$ のとき，どの2直線も平行になることはない。

① 3直線が1点で交わることはない。

② 3直線で囲まれた部分が三角形になるとき，必ず直角三角形である。

③ $ak=-1$ のとき，3直線は1点で交わる。

解答

（1）$(k-a)y=0$ より，$a \neq k$ のとき

$$y=0$$

であり，$y=0$ を①，③の式のどちらに代入しても

$$x+1=0 \qquad \therefore \quad x=-1$$

である。

$a \neq k$ のとき $k-a \neq 0$ である。

よって，2直線①と③は，a，k の値に関わらず点 $(-1,\ 0)$ を通るから，2直線①と③の交点は

$(-1,\ 0)$ 答

である。

（2）2直線①と②について

$$1 \cdot k + k \cdot (-1) = k - k = 0$$

であるから，2直線①と②は垂直であることがわかる。

2直線 $ax+by+c=0$，$a'x+b'y+c'=0$ が垂直のとき

$$aa'+bb'=0$$

である。

また，$k=0$ のとき，①は直線 $x=-1$ であり，②は直線 $y=3$ であるから，$k=0$ のときも2直線①と②は垂直である。よって

k の値に関係なく，2直線①と②は垂直である。（⓪）

が正しい。 答

（3）⓪は，（1）より，2直線①と③は平行でなく，（2）より，2直線①と②も平行でないので，2直線②と③が平行になるときがあるかどうかを調べる。2直線②と③が平行になるとき

$$ak-(-1) \cdot 1=0 \qquad \therefore \quad ak=-1$$

であり，2直線②と③が平行になる場合があるので正しくない。

異なる2直線 $ax+by+c=0$，$a'x+b'y+c'=0$ が平行のとき

$$ab'-ba'=0$$

である。

①は，直線②が点 $(-1,\ 0)$ を通るときに3直線が1点で交わり，このときの k の値を求めると

$$k \cdot (-1) - 0 + 3 = 0 \qquad \therefore \quad k=3 \quad \cdots\cdots(*)$$

となり，3直線が1点で交わる場合があるので正しくない。

②は，（2）より2直線①と②が垂直であるから，3直線で囲まれた部分が三角形であれば，三角形の内角の1つが必ず直角になるので，正しい。

③は，(*)より，3直線が1点で交わるのは$k=3$のときであり，$ak=-1$をみたすのは，$a=-\frac{1}{3}$，$k=3$の場合に限られるので正しくない。

以上より，正しいものは②である。 答

解説

3直線の位置関係について

(3)で3直線の位置関係を考えるときに，直線②が点(0, 3)を通る直線であることを使ってもよいだろう。実際，3直線については

直線①，③：直線$y=0$を除く，点$(-1, 0)$を通る直線

直線②：直線$x=0$を除く，点(0, 3)を通る直線であることがわかるので，右の図を参考に，3直線を動かしてみることで

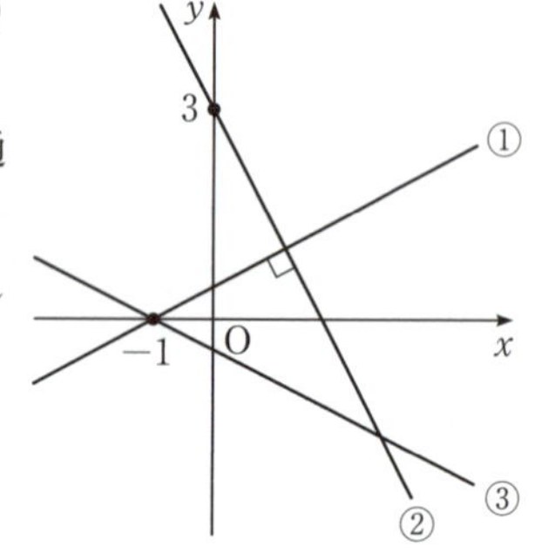

(i) 直線②と③が平行

(ii) 直線②が$(-1, 0)$を通る

となる場合があることは予想可能である。

類題1 オリジナル問題(解答は6ページ)

a，kを実数とする。座標平面上に3直線

$x-ky=0$ ……①，　$x+ky=2k$ ……②，

$(2a+3)x+ay=1$ ……③

がある。

(1) $k=1$のとき，3直線①，②，③の位置関係について調べよう。

まず，①と②は異なる直線であり，交点の座標は(ア，イ)である。

また，③はaの値に関係なく点$\left(\frac{ウ}{エ}, \frac{オカ}{キ}\right)$を通る直線であるが，①と②はどちらも点$\left(\frac{ウ}{エ}, \frac{オカ}{キ}\right)$は通らないので，①，②，③はそれぞれ異なる直線である。

そして，3 直線①，②，③が1点で交わるのは $a=\dfrac{\boxed{クケ}}{\boxed{コ}}$ のときであり，3直線①，②，③で囲まれた部分が三角形にならないのは $a=\boxed{サシ}$ と $a=\boxed{スセ}$ のときである。ただし，$\boxed{サシ}<\boxed{スセ}$ とする。

（2）$k \neq 0$ のとき，3 直線①，②，③の位置関係について調べよう。

このとき，2 直線①と②は $\boxed{ソ}$ である。$\boxed{ソ}$ に当てはまるものとして最も適当なものを，次の⓪～③のうちから一つ選べ。

⓪ 直線 $x=0$ に関して線対称　① 直線 $y=0$ に関して線対称
② 直線 $x=1$ に関して線対称　③ 直線 $y=1$ に関して線対称

そして，直線②と③が同じ直線となるとき，この直線は点 $\left(\dfrac{\boxed{ウ}}{\boxed{エ}}, \dfrac{\boxed{オカ}}{\boxed{キ}}\right)$ を通るので，このときの a の値を求めると，$a=\dfrac{\boxed{タ}}{\boxed{チ}}$ である。

（3）a の値が次の（i）～（iii）のようになるとき，3 直線①，②，③で囲まれた部分が三角形にならないような k の値はいくつあるか。$\boxed{ツ}$ ～ $\boxed{ト}$ に当てはまるものを，次の⓪～⑥のうちから一つずつ選べ。ただし，同じものを繰り返し選んでもよい。

（i）$a=\dfrac{\boxed{クケ}}{\boxed{コ}}$ のとき　$\boxed{ツ}$

（ii）$a=\dfrac{\boxed{タ}}{\boxed{チ}}$ のとき　$\boxed{テ}$

（iii）$a=-\dfrac{3}{2}$ のとき　$\boxed{ト}$

⓪ 存在しない。　① 1つだけ存在する。　② ちょうど2つ存在する。
③ ちょうど3つ存在する。　④ ちょうど4つ存在する。
⑤ ちょうど5つ存在する。　⑥ 無数に存在する。

例題2 センター試験本試

Oを原点とする座標平面上に2点A(6, 0), B(3, 3)をとり，線分ABを 2：1 に内分する点をP, 1：2 に外分する点をQとする。3点O, P, Qを通る円をCとする。

(1) Pの座標は(ア , イ)であり，Qの座標は(ウ , エオ)である。

(2) 円Cの方程式を次のように求めよう。線分OPの中点を通り，OPに垂直な直線の方程式は

$y=$ カキ $x+$ ク

であり，線分PQの中点を通り，PQに垂直な直線の方程式は

$y=x-$ ケ

である。

これらの2直線の交点が円Cの中心であることから，円Cの方程式は

$(x-$ コ $)^2+(y+$ サ $)^2=$ シス

であることがわかる。

(3) 円Cとx軸の二つの交点のうち，点Oと異なる交点をRとすると，Rは線分OAを セ ：1 に外分する。

解答

(1) P(x_1, y_1)は線分ABを 2：1 に内分する点だから

$$x_1=\frac{1\cdot6+2\cdot3}{2+1}=4,\quad y_1=\frac{1\cdot0+2\cdot3}{2+1}=2$$

内分点の公式より。

∴ **P(4, 2)** 答

Q(x_2, y_2)は線分ABを 1：2 に外分する点だから

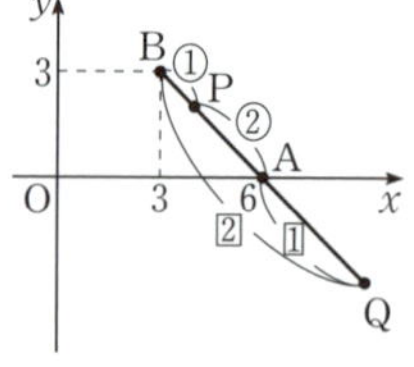

$$x_2=\frac{-2\cdot6+1\cdot3}{1-2}=9,$$

$$y_2=\frac{-2\cdot0+1\cdot3}{1-2}=-3,$$

外分点の公式より。

∴ **Q(9, −3)** 答

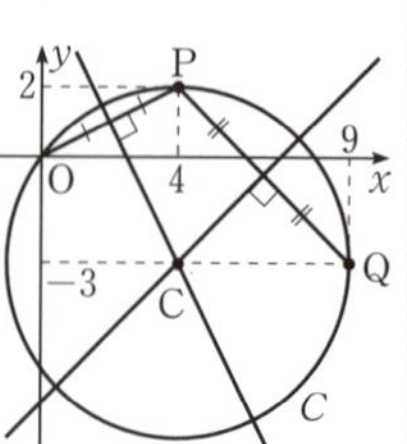

(2) P(4, 2)より直線OPの傾きは$\frac{1}{2}$，線分OPの中点の座標は(2, 1)であるから，線分

OP の中点を通り，OP に垂直な直線の方程式は

$y=-2(x-2)+1$

∴　$\boldsymbol{y=-2x+5}$ 答 ……………………①

また，Q$(9,\ -3)$ より直線 PQ の傾きは -1，線分 PQ の中点の座標は $\left(\frac{13}{2},\ -\frac{1}{2}\right)$ であるから，線分 PQ の中点を通り，PQ に垂直な直線の方程式は

$y=\left(x-\frac{13}{2}\right)-\frac{1}{2}$

∴　$\boldsymbol{y=x-7}$ 答 ……………………②

この 2 直線の交点を C とする。①と②より y を消去して

$-2x+5=x-7$　　∴　$x=4$

このとき，②より $y=4-7=-3$ だから

C$(4,\ -3)$

円 C は中心 C，半径 CP$=5$ の円だから，C の方程式は

$\boldsymbol{(x-4)^2+(y+3)^2=25}$ 答

（3）R$(a,\ 0)$ $(a\neq 0)$とおく。

R は円 C 上の点だから

$(a-4)^2+(0+3)^2=25$

$(a-4)^2=16$

∴　$a=0,\ 8$

$a\neq 0$ より $a=8$ だから

R$(8,\ 0)$

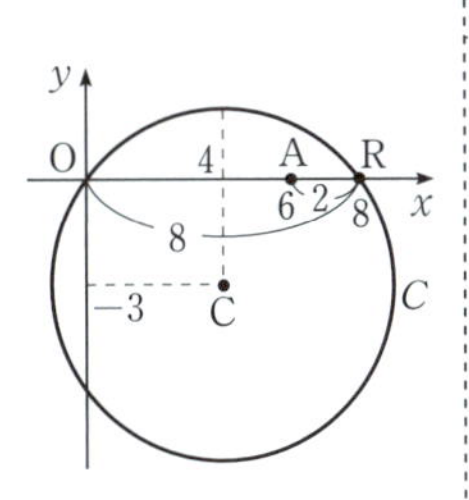

よって，R は線分 OA を $\boldsymbol{4:1}$ に外分する。 答

傾き k $(k\neq 0)$ の直線と垂直な直線の傾きは，$-\frac{1}{k}$ である。

弦 OP，PQ の垂直 2 等分線は円の中心を通るから，点 C は円 C の中心となる。

①に代入してもよい。

点 R は点 O と異なる x 軸上の点である。

C の方程式に $x=a$，$y=0$ を代入する。

OR$=8$，AR$=2$ より

OR：AR$=4:1$

2

図形と方程式

解説

■ 3点を通る円の方程式の求め方

3 点を通る円の方程式を求めるときには

$$x^2+y^2+lx+my+n=0$$

に 3 点の座標を代入した式を連立方程式として解くのが自然な発想かもしれないが，3 点からの距離が等しい点が円の中心であることから，△OPQ の外心の座標を求める方針で，解答のようにして円の方程式を求めることもできる。通る 2 点の垂直 2 等分線の方程式を簡単に表せるときは，この解法を使うとよいだろう。

類題2 オリジナル問題(解答は8ページ)

原点 O を中心とする半径 $\sqrt{13}$ の円 C に点 P $(-7,\ 9)$ から 2 本の接線を引き，その接点を Q，R とする。ただし，点 Q は第 1 象限の点である。

（1）円 C の方程式は

$x^2+y^2=$ [アイ] ……①

であり，2 点 Q，R の座標はこの方程式をみたす。

また，点 Q の座標を $(x_1,\ y_1)$，点 R の座標を $(x_2,\ y_2)$ とすると，点 Q，R における円 C の接線の方程式はそれぞれ

$x_1x+y_1y=$ [ウエ]，$x_2x+y_2y=$ [ウエ]

である。この 2 直線がともに点 P を通ることから，直線 QR の方程式は

[オカ] $x+$ [キ] $y=$ [クケ] ……②

となる。①，②より，点 Q，R の座標は

Q([コ], [サ])，R$\left(\dfrac{[シスセ]}{[ソ]},\ \dfrac{[タチ]}{[ツ]}\right)$

となる。

（2）線分 QR の中点を M とすると，点 M の座標は

M$\left(\dfrac{[テト]}{[ナニ]},\ \dfrac{[ヌ]}{[ネノ]}\right)$

であり，△OQM の面積は $\dfrac{[ハヒ]}{[フヘ]}$ となる。

例題 3 オリジナル問題

m を実数とする。O を原点とする座標平面上で，直線 $\ell: mx-y=0$ と点 C(4, 0) を中心とする半径 $2\sqrt{3}$ の円 C が異なる 2 点 A，B で交わっている。

（1）直線 ℓ と円 C が異なる 2 点で交わるときの m のとり得る値の範囲を求めたい。

方針 1

円 C の式を求め，直線 ℓ と円 C の式を連立して x の 2 次方程式をつくると

$$(m^2+\boxed{\text{ア}})x^2-\boxed{\text{イ}}x+\boxed{\text{ウ}}=0$$

となることから，この方程式の解について考える。

方針 2

点 C と直線 ℓ の距離が $\dfrac{|\boxed{\text{エ}}m|}{\sqrt{m^2+\boxed{\text{オ}}}}$ であることを利用する。

そして，**方針 1** または **方針 2** より，直線 ℓ と円 C が異なる 2 点 A，B で交わるときの m のとり得る値の範囲を求めると

$$-\sqrt{\boxed{\text{カ}}}<m<\sqrt{\boxed{\text{キ}}}$$

である。

（2）線分 AB の中点 P の軌跡を求めたい。次の **方針 1**，**方針 2** について，$\boxed{\text{ク}}$，$\boxed{\text{ケ}}$ に当てはまる数を求めよ。また，$\boxed{\text{コ}}$ に当てはまるものを，次の ⓪～④ のうちから一つ選べ。

⓪ 点 O　① 点 P　② 線分 OP の中点

③ 線分 OP を 1:2 に外分する点　④ 線分 OP を 2:1 に外分する点

方針 1

P の座標を $(X,\ Y)$ とおき，X を m を用いて表すと

$$X=\frac{\boxed{\text{ク}}}{m^2+\boxed{\text{ケ}}} \quad \cdots\cdots ①$$

であり，点 $(X,\ Y)$ が直線 ℓ 上にあることより

$$Y=mX \quad \cdots\cdots ②$$

であるから，①，②の 2 式から X，Y の関係式を求める。

方針 2

m の値に関わらず，$\boxed{\text{コ}}$ を通り直線 AB に垂直な直線が点 C を通ることを利用する。

方針1または**方針2**より，点Pの軌跡を求めると

中心（［サ］，［シ］），半径［ス］の円周上で，

［セ］［ソ］x［タ］［チ］を満たす部分

だとわかる。［ソ］，［タ］に当てはまるものを，次の⓪，①のうちから一つずつ選べ。ただし，同じものを繰り返し選んでもよい。

⓪ ≦　　① <

(3) 直線ℓと点$(-4,\ 0)$を中心とする半径$2\sqrt{2}$の円C'が異なる2点A′，B′で交わるときの線分A′B′の中点の軌跡を求めると

中心（［ツテ］，［ト］），半径［ナ］の円周上で，

［ニヌ］［ネ］x［ノ］［ハヒ］を満たす部分

である。［ネ］，［ノ］に当てはまるものを，次の⓪，①のうちから一つずつ選べ。ただし，同じものを繰り返し選んでもよい。

⓪ ≦　　① <

解答

(1) 円Cの式は

$$(x-4)^2+y^2=(2\sqrt{3})^2 \qquad \therefore\ x^2-8x+y^2+4=0$$

であるから，**方針1**にそって，直線ℓの式と円Cの式を連立してyを消去すると

$$x^2-8x+(mx)^2+4=0$$

$$\therefore\ \boldsymbol{(m^2+1)x^2-8x+4=0}$$ ◀◀答

であり，直線ℓと円Cが異なる2点で交わるとき，この方程式の判別式をDとすると

$$\frac{D}{4}=16-(m^2+1)\cdot 4$$
$$=-4m^2+12$$
$$=-4(m+\sqrt{3})(m-\sqrt{3})>0$$

であるから

$$\boldsymbol{-\sqrt{3}<m<\sqrt{3}}$$ ◀◀答

である。

方程式が異なる2つの実数解をもつときに，直線ℓと円Cが異なる2点で交わる。

方針2にそって，点Cと直線ℓの距離を求めると

$$\frac{|m\cdot 4-0|}{\sqrt{m^2+(-1)^2}} \qquad \therefore\ \boldsymbol{\frac{|4m|}{\sqrt{m^2+1}}}$$ ◀◀答

であり，直線ℓと円Cが異なる2点で交わるとき

点$(x_1,\ y_1)$と直線$ax+by+c=0$との距離は$\dfrac{|ax_1+by_1+c|}{\sqrt{a^2+b^2}}$

$$\frac{|4m|}{\sqrt{m^2+1}}<2\sqrt{3}$$

$$|4m|<2\sqrt{3(m^2+1)}$$

$$16m^2<12(m^2+1) \qquad \therefore \quad m^2<3$$

となり，**方針 1** と同じ結果が得られる。

点Cと直線ℓとの距離が円Cの半径よりも短ければ，直線ℓと円Cが異なる2点で交わる。

（**2**）2点A，Bは直線ℓ上の点であるから，点A，Bのx座標をそれぞれα，βとおくと，点Pのx座標は

$$X=\frac{\alpha+\beta}{2}$$

であり，α，βは2次方程式$(m^2+1)x^2-8x+4=0$の2解で

$$\alpha+\beta=\frac{8}{m^2+1}$$

2次方程式の解と係数の関係より。

となるから

$$X=\frac{1}{2}\cdot\frac{8}{m^2+1}=\frac{4}{m^2+1}$$

$$\therefore \quad \boldsymbol{X=\frac{4}{m^2+1}} \quad \text{答} \quad \cdots\cdots\cdots\cdots\text{①}$$

である。①より，$X\neq0$であり，②より

$$m=\frac{Y}{X}$$

となるので，これを①に代入してmを消去すると

$$X\left\{\left(\frac{Y}{X}\right)^2+1\right\}=4$$

$X=\frac{4}{m^2+1}$より

$(m^2+1)X=4$

$$\frac{Y^2}{X}+X=4$$

$$X^2-4X+Y^2=0 \qquad \therefore \quad (X-2)^2+Y^2=4$$

両辺をX倍して整理した。

であり，$-\sqrt{3}<m<\sqrt{3}$より，$1\leqq m^2+1<4$であるから

$0\leqq m^2<3$

$$1<\frac{4}{m^2+1}\leqq4 \qquad \therefore \quad 1<X\leqq4$$

より，点Pの軌跡は

円$(x-2)^2+y^2=4$の$1<x\leqq4$の部分

すなわち

中心 (2，0)，半径 2 の円周上で，

$1 < $(⓪)$x \leqq$(⓪)$4$ **を満たす部分** ◀◀答

である。

方針2にそって，直線ABに垂直な直線が点Cを通るときを考えると，点Cは円Cの中心であり，弦の垂直二等分線は円の中心を通ることから

点P(⓪)を通り直線ABに垂直な直線が点Cを通る ◀◀答

ことがわかる。また，直線ℓと円Cは

$m = \pm\sqrt{3}$

のとき，すなわち

x座標が1の点

で接するので，求める軌跡は

線分OCを直径とする円周上で，$1 < x \leqq 4$を満たす部分

となり，**方針1**と同じ結果が得られる。

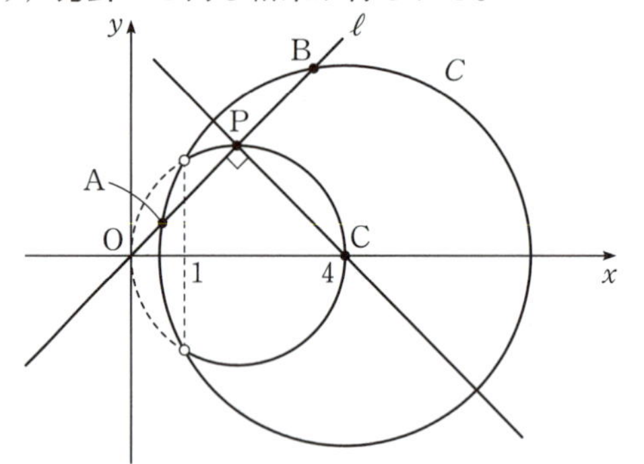

（3）**方針2**にそって考えると，直線ℓと円C'の接点のx座標は

$$\frac{|-4m|}{\sqrt{m^2+1}} = 2\sqrt{2}$$

$$16m^2 = 8(m^2+1) \qquad \therefore \quad m = \pm 1$$

より

$x = -2$

であり，線分A′B′の中点は

線分OC′を直径とする円周上で，

$-4 \leqq x < -2$をみたす部分

点Pを通り直線ABに垂直な直線は，線分ABの垂直二等分線である。

$y = \pm\sqrt{3}x$と円Cの共有点の座標を求めればよい。

線分OCの中点(2, 0)を中心とする半径2の円になるので**方針1**と同じ結果だとわかる。

$y = \pm x$と円C'の共有点の座標を求めればよい。

すなわち

中心 $(-2,\ 0)$，半径 2 の円周上で，

$-4 \leqq$ (⓪) $x <$ (①) -2 を満たす部分 ◀◀答

である。

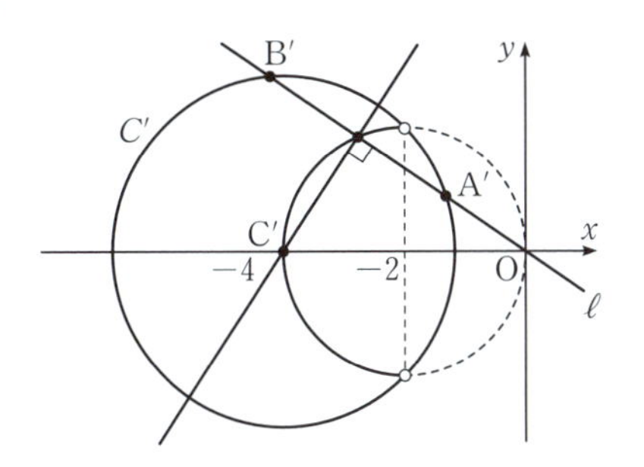

(2)までの考察をもとにこのような図をかいてみることで，軌跡は「2点O，C′を直径の両端とする円周上で，円 C' の内部」だとわかるので，時間をかけずに軌跡を求めることができる。

解説

■ 軌跡の求め方

基本事項の確認 2-5 で示したように，軌跡は

(i) 軌跡を求める点の座標を $(X,\ Y)$ とし，条件を $X,\ Y$ の方程式で表す。

(ii) 変数の変域に注意し，不要な部分があれば除く。

(iii) (ii)に注意して，方程式の表す図形を求める。

という手順で求めることができるが，図形の性質に着目することで軌跡が求めやすくなる場合がある。本問の**方針 2** では，「弦の垂直二等分線が円の中心を通る」すなわち「点Pを通り直線ABに垂直な直線が点Cを通る」に気づき，「直径を弦にもつ弧に対する円周角が直角になる」を利用することで軌跡を求めている。このような方針をしっかり読み取った上で，軌跡を求められるようにしておこう。

類題3 オリジナル問題(解答は10ページ)

太郎さんと花子さんは次の**問題 A**，**問題 B** について話をしている。

(1)

問題A

t を実数とする。xy 平面上の 2 直線

$tx+y=4t$ ……①

$x-ty=-4t$ ……②

の交点 P の軌跡を求めよ。

太郎：①と②の 2 式から x と y についての関係式をつくって，点 P の軌跡を求めることができるね。

花子：①と②の直線の位置関係から点 P の軌跡を求めることはできないかな。

太郎：①は t の値に関係なく点 (ア , イ) を通る直線を表し，②は t の値に関係なく点 (ウ , エ) を通る直線を表しているね。

花子：①と②は，$t\cdot1+1\cdot(-t)=0$ より垂直であることもわかるね。

太郎：点 P は，中心 (オ , カ)，半径 キ $\sqrt{\text{ク}}$ の円周上にあることがわかるね。

花子：でも，点 P は，この円周上のすべてにあるわけではないよね。

太郎：点 P の軌跡は，中心 (オ , カ)，半径 キ $\sqrt{\text{ク}}$ の円周上から， ケ を除いた部分になるね。

ア ～ ク に当てはまる数を答えよ。また， ケ に当てはまるものを，次の ⓪ ～ ⑥ のうちから一つ選べ。

⓪ 点 (0, 4)　① 点 (4, 0)　② 点 (4, 4)

③ 点 (0, 4) と (4, 0)　④ 点 (0, 4) と (4, 4)

⑤ 点 (4, 0) と (4, 4)　⑥ 点 (0, 4) と (4, 0) と (4, 4)

(2)

問題B

t を実数とする。xy 平面上の 2 直線

$(t+1)x+(t-1)y=4(t+1)$ ……③

$tx-y=-4$ ……④

の交点 Q の軌跡を求めよ。

太郎：**問題 A** を解いたときと同じようにして解けるかな。③，④について，tの値に関係なく通る点の座標は求められるね。

花子：でも，③と④は，$(t+1)\cdot t+(t-1)\cdot(-1)=t^2+1$ だから垂直とはいえないね。

太郎：③と④の 2 式から x と y についての関係式をつくって，点 Q の軌跡を求めてみよう。

実際に点 Q の軌跡を求めると

中心 (コ , サ)，半径 シ の円周上から

点 (ス , セ) を除いた部分

である。

例題 4 センター試験追試

a を正の定数とする。連立不等式

$$\begin{cases} ax \leqq y \leqq ax+a+1 \\ (2a+1)x-a-1 \leqq y \leqq (2a+1)x \end{cases}$$

の表す領域を D とする。

（1）次の各 2 直線の交点の座標を求める。

$y=ax$ と $y=(2a+1)x-a-1$ の交点の座標は（ア，イ），

$y=ax+a+1$ と $y=(2a+1)x-a-1$ の交点の座標は

（ウ，エオ＋カ），

$y=ax+a+1$ と $y=(2a+1)x$ の交点の座標は

（キ，クケ＋コ）

である。

（2）点 $(x,\ y)$ が D を動くとき，$-2ax+y$ の最大値は サ，最小値は シス である。

（3）不等式

$$x^2+y^2-2x-\frac{16}{9} \leqq 0$$

の表す領域が D を含むような a の範囲は

$$0<a \leqq \frac{\text{セ}}{\text{ソ}}$$

である。

解答

（1）$y=ax$ ……①

$y=(2a+1)x-a-1$ ……②

より，y を消去すると

$ax=(2a+1)x-a-1$

$(a+1)x=a+1$

$a>0$ より $a+1 \neq 0$ であるから

$x=1$

よって，①と②の交点の座標は

$(1,\ a)$ ◀◀答

である。同様に

$y=ax+a+1$ ……③

とおいて，③，②から y を消去すると

$a+1 \neq 0$ を確認する。

$$ax+a+1=(2a+1)x-a-1$$
$$(a+1)x=2(a+1)$$
$$\therefore\quad x=2$$

$a+1\neq 0$

よって，③と②の交点の座標は

$(2,\ 3a+1)$ ◀◀答

である。さらに

$y=(2a+1)x$ ……………………………④

とおいて，③，④から y を消去すると

$$ax+a+1=(2a+1)x$$
$$(a+1)x=a+1$$
$$\therefore\quad x=1$$

$a+1\neq 0$

よって，③と④の交点の座標は

$(1,\ 2a+1)$ ◀◀答

である。

D が平行四辺形になることから

$(2-1,\ 3a+1-a)$

と求めることもできる。

（2）（1）より，領域 D は右の図の斜線部分(境界を含む)のようになる。ここで

$-2ax+y=k$ …⑤

とおくと

$y=2ax+k$ ……⑥

であるから，k は傾き $2a$ の直線の y 切片として表される。$a>0$ より

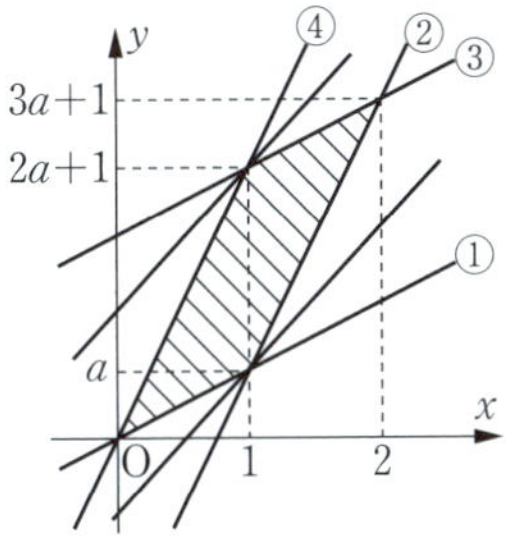

$$a<2a<2a+1$$

直線の傾きの大小を調べる。

であるから，k が最大になるのは⑥が点 $(1,\ 2a+1)$ を通るときであり，最大値は⑤より

y 切片が最大になる。

$-2a\cdot 1+2a+1=1$ ◀◀答

である。また，k が最小になるのは⑥が点 $(1,\ a)$ を通るときであり，最小値は⑤より

y 切片が最小になる。

$-2a\cdot 1+a=-a$ ◀◀答

である。

（3）$x^2+y^2-2x-\dfrac{16}{9}\leqq 0$ より

$$(x-1)^2+y^2\leqq\left(\frac{5}{3}\right)^2$$

この不等式の表す領域Eは点$(1,\ 0)$を中心とする半径$\dfrac{5}{3}$の円の内部および周上である。

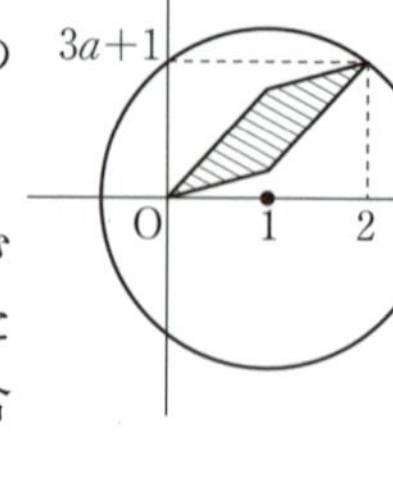

したがって，EがDを含むのは，円の中心から最も離れたD内の点$(2,\ 3a+1)$がEに含まれるときであるから

$$(2-1)^2+(3a+1)^2 \leqq \frac{25}{9}$$

$x=2$，$y=3a+1$ を不等式に代入すると成り立つ。

$$(3a+1)^2 \leqq \frac{16}{9}$$

$a>0$ より $3a+1>1$ であるから

$$1<3a+1 \leqq \frac{4}{3}$$

$|3a+1| \leqq \dfrac{4}{3}$

$$\therefore \quad \boldsymbol{0<a \leqq \frac{1}{9}}$$ 答

解説

■ 領域と式の最大値・最小値

ある領域D'内を点$(x,\ y)$が動くとき，x，yで表された式の最大値や最小値を求めるような問題では，その式を「$=k$」などと文字でおくのが定石である。この方程式が表す座標平面上の図形を考え，領域D'と共有点をもつような範囲で動かしたときに，kのとり得る値を求めればよい。このとき，kが図形の何を表すのかを押さえることが大切である。

なお，(2)のように，連立1次不等式で表された領域に対し，変数の1次式で表された式の最大値・最小値を求めるものを，とくに線形計画法と呼ぶ。

類題4 オリジナル問題（解答は11ページ）

（解答は11ページ）

連立不等式

$$\begin{cases} x^2+y^2-6x-6y+14 \leqq 0 \\ x+y-8 \leqq 0 \end{cases}$$

の表す領域を D とする。方程式

$$x^2+y^2-6x-6y+14=0$$

が表す円を C とすると，C は中心（ア，イ），半径 ウ の円である。また，方程式

$$x+y-8=0$$

が表す直線を l とすると，C と l の交点は

（エ，オ）および（カ，キ）

である。ただし，（エ，オ）と（カ，キ）の解答の順序は問わない。

（1）点 $(x,\ y)$ が D を動くとき

$2x+y$ の最大値は クケ，最小値は コ－サ$\sqrt{\text{シ}}$

である。

（2）t を正の実数とする。不等式

$$x^2+y^2-2x-2y+2-t \leqq 0$$

の表す領域を E とする。D と E が共通部分をもつような t の最小値は ス(3－セ$\sqrt{\text{ソ}}$) である。また，E が D を含むような t の最小値は タチ である。

第3章　三角関数

三角関数では,グラフと周期の関係,関数の最大・最小や三角方程式・不等式などの出題が考えられる。また,日常生活の事象を題材とした問題が出題されることも考えられる。

試行調査では,三角関数のグラフの周期や振幅などを比較することで式からグラフを選択したり,グラフから式を選択する問題などが出題されている。

3 三角関数

基本事項の確認

3-1 三角関数のグラフ

次の三角関数の基本周期を求め，グラフをかけ。

（1）$y=\sin\left(\theta-\dfrac{\pi}{4}\right)$　（2）$y=\cos 3\theta$　（3）$y=\tan\dfrac{\theta}{2}$

解答

（1） $\sin\theta$ の基本周期は 2π であるから，$y=\sin\left(\theta-\dfrac{\pi}{4}\right)$ の基本周期は **2π** であり，グラフは $y=\sin\theta$ のグラフを θ 軸方向に $\dfrac{\pi}{4}$ だけ平行移動した右の図のようになる。 ◀◀答

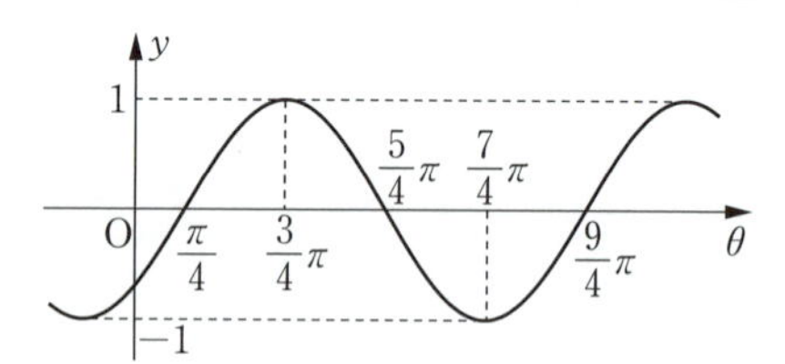

（2） $\cos\theta$ の基本周期は 2π で，3θ が 2π 変化するとき θ は $\dfrac{2}{3}\pi$ 変化するから，$y=\cos 3\theta$ の基本周期は **$\dfrac{2}{3}\pi$** であり，グラフは左下の図のようになる。 ◀◀答

（3） $\tan\theta$ の基本周期は π で，$\dfrac{\theta}{2}$ が π 変化するとき θ は 2π 変化するから，$y=\tan\dfrac{\theta}{2}$ の基本周期は **2π** であり，グラフは右下の図のようになる。 ◀◀答

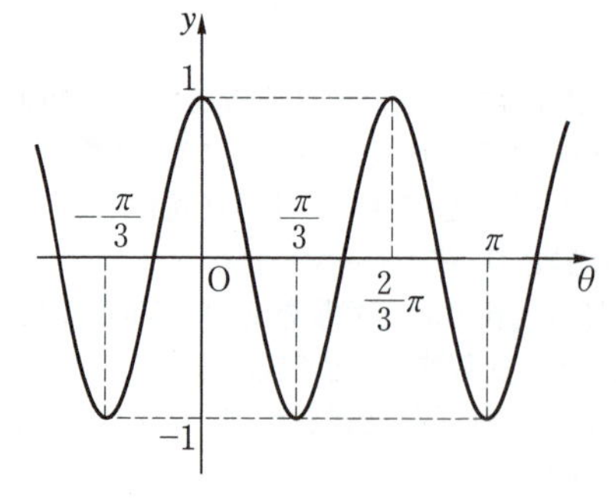

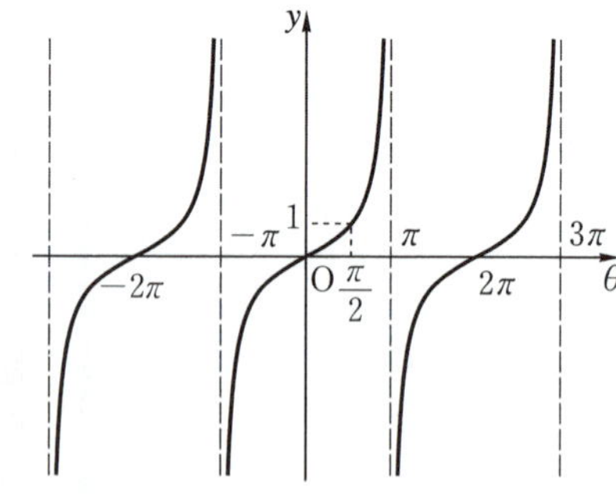

解説

■ 周期の定義

定数 c（$c \neq 0$）に対し，すべての x について

$$f(x+c)=f(x)$$

が成り立つ関数 $f(x)$ を周期関数といい，c をその周期という。とくに，正の周期のうちで最小のものを基本周期という。

$\sin\theta$，$\cos\theta$ の基本周期は 2π であり，$\tan\theta$ の基本周期は π である。角 θ が a 倍の $a\theta$ になると，周期は $\dfrac{1}{|a|}$ 倍になる。

■ 三角関数のグラフ

a が正の定数のとき，$y=\sin\theta$ のグラフに対し

$y=a\sin\theta$ のグラフは y 軸方向に a 倍に拡大したもの，

$y=\sin a\theta$ のグラフは θ 軸方向に $\dfrac{1}{a}$ 倍に縮小したもの，

$y=\sin(\theta-p)$（p は定数）のグラフは θ 軸方向に p だけ平行移動したもの

になる。$y=\cos\theta$，$y=\tan\theta$ のグラフについても同様である。

POINT

三角関数の周期：

a，b を定数とするとき

$\sin(a\theta+b)$，$\cos(a\theta+b)$ の基本周期：$\dfrac{2\pi}{|a|}$

$\tan(a\theta+b)$ の基本周期：$\dfrac{\pi}{|a|}$

3-2 三角関数の計算

（1）$0 \leqq \theta \leqq \pi$ とする。$\cos\theta = \dfrac{1}{4}$ のとき，$\sin\theta$，$\tan\theta$ の値を求めよ。

（2）$\cos\theta - \sin\theta = \dfrac{1}{2}$ であるとき，$\sin\theta\cos\theta$ の値を求めよ。

（3）$\dfrac{\pi}{2} < \alpha < \pi$，$\sin\alpha = \dfrac{1}{3}$ のとき，$\sin\left(\alpha + \dfrac{\pi}{3}\right)$ の値を求めよ。

解答

（1） $0 \leqq \theta \leqq \pi$ より $\sin\theta \geqq 0$ であるから，$\sin^2\theta + \cos^2\theta = 1$ より

$$\sin\theta = \sqrt{1-\cos^2\theta} = \sqrt{1-\left(\frac{1}{4}\right)^2} = \boldsymbol{\frac{\sqrt{15}}{4}}$$ ◀◀答

また，$\tan\theta = \dfrac{\sin\theta}{\cos\theta}$ より

$$\tan\theta = \frac{\frac{\sqrt{15}}{4}}{\frac{1}{4}} = \boldsymbol{\sqrt{15}}$$ ◀◀答

（2） $\cos\theta - \sin\theta = \dfrac{1}{2}$ の両辺を 2 乗すると

$$\cos^2\theta - 2\cos\theta\sin\theta + \sin^2\theta = \frac{1}{4}$$

$$1 - 2\sin\theta\cos\theta = \frac{1}{4} \qquad \therefore \ \boldsymbol{\sin\theta\cos\theta = \frac{3}{8}}$$ ◀◀答

（3） $\dfrac{\pi}{2} < \alpha < \pi$ より $\cos\alpha < 0$ であるから

$$\cos\alpha = -\sqrt{1-\sin^2\alpha} = -\sqrt{1-\left(\frac{1}{3}\right)^2} = -\frac{2\sqrt{2}}{3}$$

したがって，加法定理より

$$\sin\left(\alpha + \frac{\pi}{3}\right) = \sin\alpha\cos\frac{\pi}{3} + \cos\alpha\sin\frac{\pi}{3}$$

$$= \frac{1}{3}\cdot\frac{1}{2} + \left(-\frac{2\sqrt{2}}{3}\right)\cdot\frac{\sqrt{3}}{2}$$

$$= \boldsymbol{\frac{1-2\sqrt{6}}{6}}$$ ◀◀答

解説

■ 三角関数の相互関係

ある角 θ の１つの三角関数の値が与えられたとき，θ が第何象限の角であるかがわかれば，三角関数の相互関係を利用して，他の三角関数の値を求めることができる。

■ $\sin\theta\pm\cos\theta$ と $\sin\theta\cos\theta$

三角関数の相互関係 $\sin^2\theta+\cos^2\theta=1$ を利用すると

$$(\sin\theta\pm\cos\theta)^2=1\pm2\sin\theta\cos\theta \quad （複号同順）$$

が成り立つことがわかる。この関係は，式の値を求めたり式を変形したりする際にしばしば利用される。

■ 三角関数の加法定理

三角関数の加法定理を理解しておけば，２倍角の公式，三角関数の合成，また，補角の公式

$$\sin(\pi-\theta)=\sin\theta,\quad \cos(\pi-\theta)\doteq-\cos\theta,\quad \tan(\pi-\theta)=-\tan\theta$$

など，多くの公式を導くことができる。正弦，余弦の加法定理はきちんと覚えておいてほしい（正接の加法定理もこれらの公式から導ける）。

POINT

三角関数の相互関係：

$$\tan\theta=\frac{\sin\theta}{\cos\theta},\quad \sin^2\theta+\cos^2\theta=1$$

$$1+\tan^2\theta=\frac{1}{\cos^2\theta}$$

加法定理：

$$\sin(\alpha\pm\beta)=\sin\alpha\cos\beta\pm\cos\alpha\sin\beta$$

$$\cos(\alpha\pm\beta)=\cos\alpha\cos\beta\mp\sin\alpha\sin\beta$$

$$\tan(\alpha\pm\beta)=\frac{\tan\alpha\pm\tan\beta}{1\mp\tan\alpha\tan\beta} \quad （以上，複号同順）$$

3-3 三角関数の最大・最小

次の関数の最大値，最小値を求めよ。

（1） $y=\sin^2\theta+2\sin\theta\cos\theta+5\cos^2\theta \quad (0\leqq\theta<\pi)$

（2） $y=2(\sqrt{2}-\sin\theta)(\sqrt{2}+\cos\theta) \quad (0\leqq\theta\leqq\pi)$

解答

（1） $y=2\sin\theta\cos\theta+4\cos^2\theta+\sin^2\theta+\cos^2\theta$

ここで，$\sin 2\theta=2\sin\theta\cos\theta$，$\sin^2\theta+\cos^2\theta=1$ と

$$\cos 2\theta=2\cos^2\theta-1 \qquad \therefore\quad 2\cos^2\theta=\cos 2\theta+1$$

より

$$y=\sin 2\theta+2(\cos 2\theta+1)+1$$
$$=\sin 2\theta+2\cos 2\theta+3$$
$$=\sqrt{5}\sin(2\theta+\alpha)+3$$

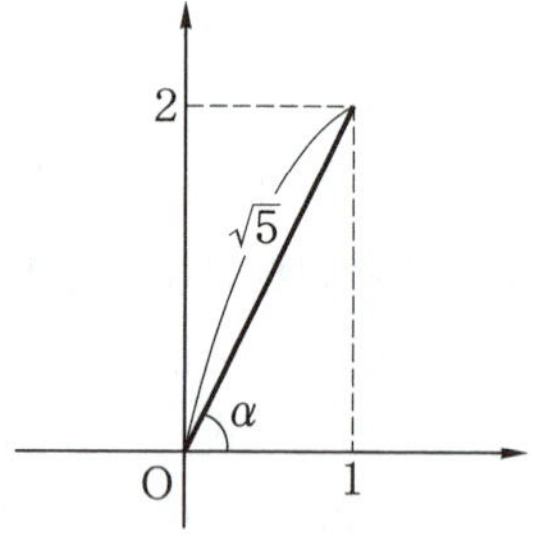

ただし，α は $\sin\alpha=\dfrac{2}{\sqrt{5}}$，$\cos\alpha=\dfrac{1}{\sqrt{5}}$ をみたす角である。

$0\leqq\theta<\pi$ より $\alpha\leqq 2\theta+\alpha\leqq 2\pi+\alpha$ であるから

$$-1\leqq\sin(2\theta+\alpha)\leqq 1$$

よって

最大値：$\sqrt{5}+3$　　最小値：$-\sqrt{5}+3$ ◀◀答

（2） $y=4-2\sqrt{2}\sin\theta+2\sqrt{2}\cos\theta-2\sin\theta\cos\theta$

$$=4-2\sqrt{2}(\sin\theta-\cos\theta)-2\sin\theta\cos\theta$$

ここで，$t=\sin\theta-\cos\theta$ とおくと

$$t^2=(\sin\theta-\cos\theta)^2=1-2\sin\theta\cos\theta$$

$$\therefore\quad -2\sin\theta\cos\theta=t^2-1$$

したがって

$$y=4-2\sqrt{2}t+t^2-1=t^2-2\sqrt{2}t+3$$
$$=(t-\sqrt{2})^2+1$$

ここで

$$t=\sin\theta-\cos\theta=\sqrt{2}\sin\left(\theta-\frac{\pi}{4}\right)$$

および $0\leqq\theta\leqq\pi$ より

$$-\frac{\pi}{4}\leqq\theta-\frac{\pi}{4}\leqq\frac{3}{4}\pi$$

であるから

$$-\frac{1}{\sqrt{2}} \leqq \sin\left(\theta - \frac{\pi}{4}\right) \leqq 1$$

$\therefore \quad -1 \leqq t \leqq \sqrt{2}$

したがって，$t=-1$ すなわち $\theta=0$ のとき

最大値：$4+2\sqrt{2}$ ◀◀答

$t=\sqrt{2}$ すなわち $\theta=\frac{3}{4}\pi$ のとき

最小値：1 ◀◀答

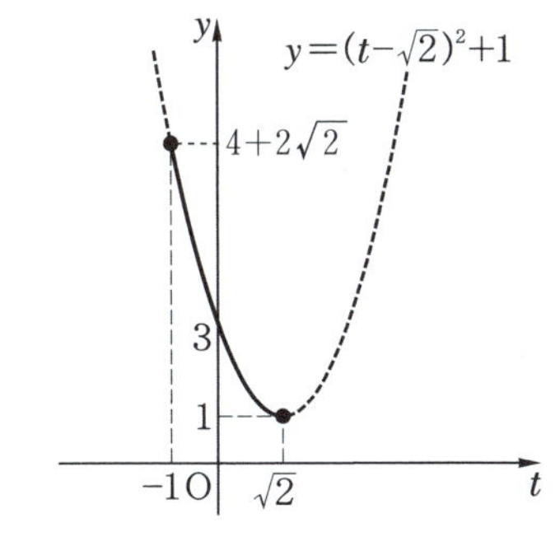

解説

■ 三角関数の最大・最小

三角関数の最大・最小に関する問題では，三角関数の相互関係，加法定理，2倍角の公式，三角関数の合成などを用いて，式を最大値・最小値を求められる形に変形することがポイントである。また，(2)で用いたように，置き換えを利用するのもよく使われる方法である。

POINT

2倍角の公式：

$$\sin 2\alpha = 2\sin\alpha\cos\alpha$$

$$\cos 2\alpha = \cos^2\alpha - \sin^2\alpha$$

$$= 2\cos^2\alpha - 1 = 1 - 2\sin^2\alpha$$

$$\tan 2\alpha = \frac{2\tan\alpha}{1-\tan^2\alpha}$$

三角関数の合成：

$$a\sin\theta + b\cos\theta = \sqrt{a^2+b^2}\sin(\theta+\alpha)$$

ただし

$$\cos\alpha = \frac{a}{\sqrt{a^2+b^2}}, \quad \sin\alpha = \frac{b}{\sqrt{a^2+b^2}}$$

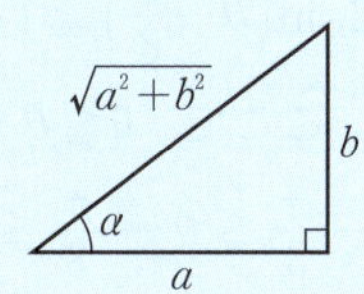

3-4 三角方程式・三角不等式

（1）$0 \leqq \theta \leqq \pi$ のとき，不等式 $\sin\theta + \sin 2\theta \leqq 0$ をみたす θ の値の範囲を求めよ。
（2）$0 \leqq \theta \leqq 2\pi$ のとき，$\sin\theta - \sqrt{3}\cos\theta \geqq 1$ をみたす θ の値の範囲を求めよ。
（3）a を正の定数とする。方程式 $\sin\left(a\theta + \dfrac{\pi}{3}\right) = 0$ が $0 \leqq \theta \leqq \pi$ の範囲にちょうど4個の解をもつとき，a のとり得る値の範囲を求めよ。

解答

（1） $\sin 2\theta = 2\sin\theta\cos\theta$ であるから，与えられた不等式は

$$\sin\theta + \sin 2\theta = \sin\theta + 2\sin\theta\cos\theta = \sin\theta(1 + 2\cos\theta) \leqq 0$$

$0 \leqq \theta \leqq \pi$ より $\sin\theta \geqq 0$ であるから

（ i ）$\sin\theta > 0$ かつ $1 + 2\cos\theta \leqq 0$
または（ ii ）$\sin\theta = 0$

である。

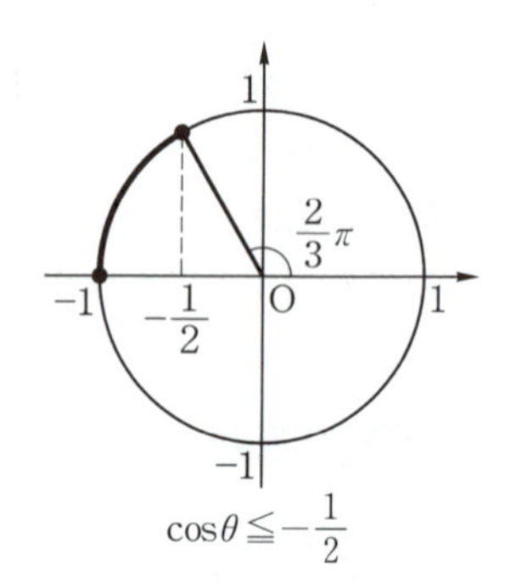

（ i ）をみたす θ の値の範囲は $\sin\theta > 0$ かつ $\cos\theta \leqq -\dfrac{1}{2}$ より　$\dfrac{2}{3}\pi \leqq \theta < \pi$

（ ii ）をみたす θ の値は　$\theta = 0,\ \pi$

であるから，（ i ），（ ii ）より，求める θ の値の範囲は

$$\theta = 0,\ \frac{2}{3}\pi \leqq \theta \leqq \pi$$ 答

（2） $\sin\theta - \sqrt{3}\cos\theta = 2\sin\left(\theta - \dfrac{\pi}{3}\right)$

であるから，与えられた不等式は

$$2\sin\left(\theta - \frac{\pi}{3}\right) \geqq 1 \qquad \therefore\ \sin\left(\theta - \frac{\pi}{3}\right) \geqq \frac{1}{2} \quad \cdots\cdots ①$$

となる。ここで，$0 \leqq \theta \leqq 2\pi$ より

$$-\frac{\pi}{3} \leqq \theta - \frac{\pi}{3} \leqq \frac{5}{3}\pi$$

であるから，①をみたす θ の値の範囲は

$$\frac{\pi}{6} \leqq \theta - \frac{\pi}{3} \leqq \frac{5}{6}\pi$$

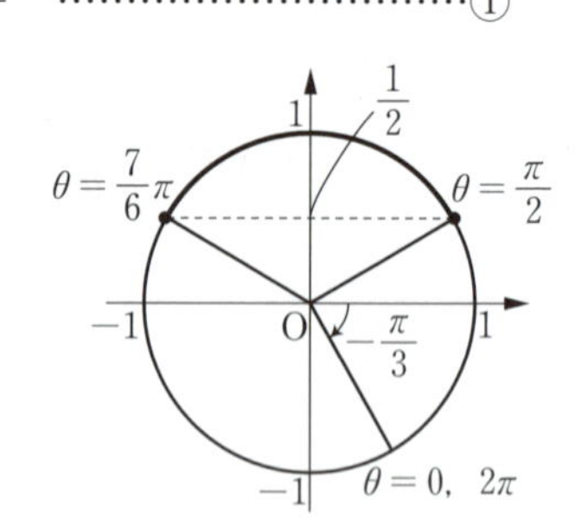

$$\therefore\ \frac{\pi}{2} \leqq \theta \leqq \frac{7}{6}\pi$$ 答

（3） 方程式 $\sin\left(a\theta+\dfrac{\pi}{3}\right)=0$ をみたす $a\theta+\dfrac{\pi}{3}$ の値は，小さいものから順に

$\pi,\ 2\pi,\ 3\pi,\ 4\pi,\ 5\pi,\ \cdots$

である。したがって

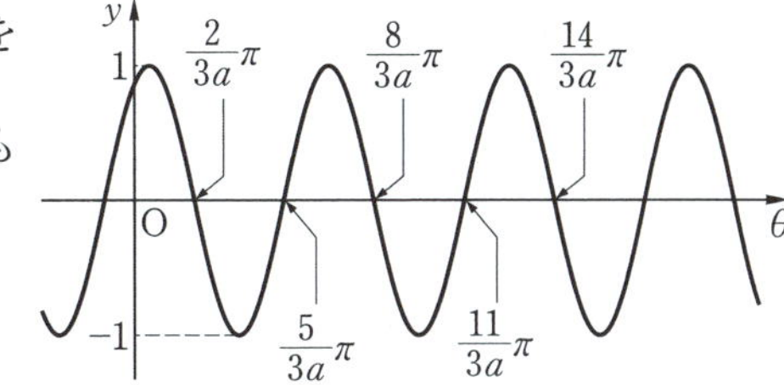

$$\theta=\frac{2}{3a}\pi,\ \frac{5}{3a}\pi,\ \frac{8}{3a}\pi,\ \frac{11}{3a}\pi,\ \frac{14}{3a}\pi,\ \cdots$$

よって，この方程式が $0\leqq\theta\leqq\pi$ の範囲にちょうど4個の解をもつ条件は

$$\frac{11}{3a}\pi\leqq\pi<\frac{14}{3a}\pi \qquad \therefore\ \boldsymbol{\frac{11}{3}\leqq a<\frac{14}{3}}$$ 

解説

三角方程式・三角不等式

三角方程式・三角不等式の問題では，**3-3** の最大・最小の問題と同様に，三角関数の相互関係，加法定理などの公式，因数分解，置き換えなどを利用して，方程式・不等式が解ける形に変形するのがポイントである。

$$\sin X=\alpha,\ \ \cos X>\beta$$

などをみたす変数の値や範囲を求めるには，単位円を利用すると考えやすい。

POINT

三角方程式・三角不等式：
三角関数に関する公式などを利用して

$$\boldsymbol{\sin X=\alpha,\ \ \cos X>\beta}$$

など角の値や範囲を求められる形を導く。

例題 1 試行調査

（1）下の図の点線は $y=\sin x$ のグラフである。(i)，(ii)の三角関数のグラフが実線で正しくかかれているものを，下の⓪〜⑨のうちから一つずつ選べ。ただし，同じものを選んでもよい。

(i) $y=\sin 2x$ [ア]　　(ii) $y=\sin\left(x+\frac{3}{2}\pi\right)$ [イ]

⓪
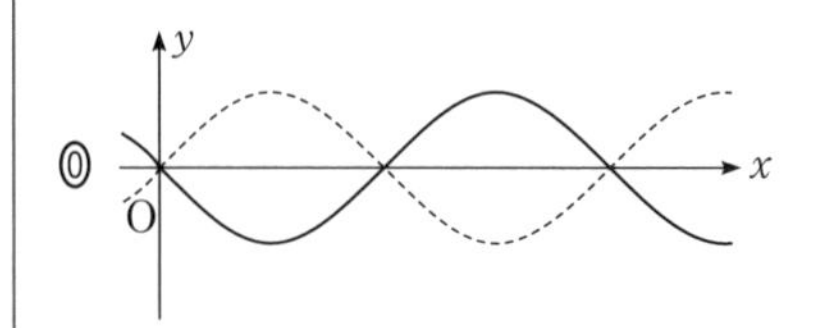

①
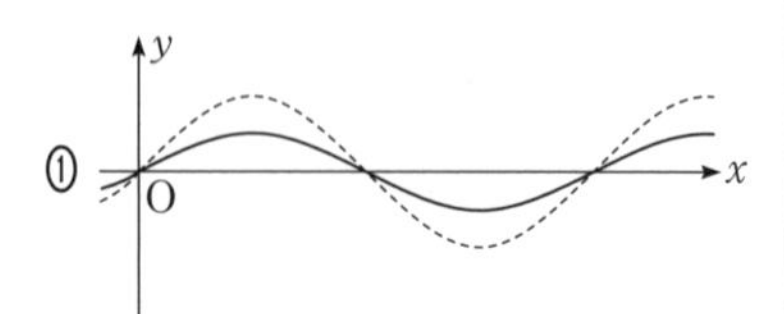

②
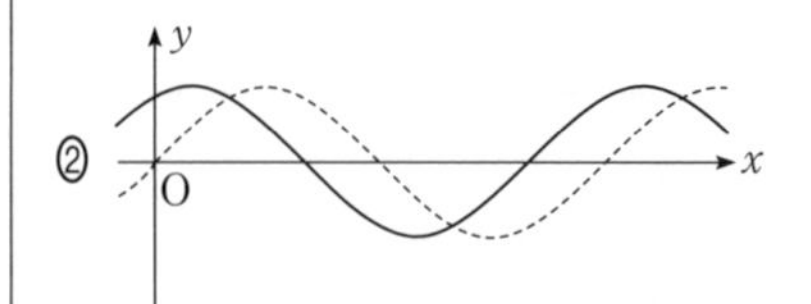

③
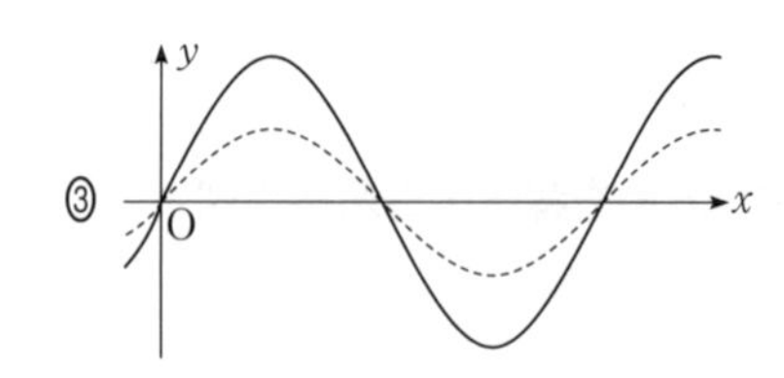

④
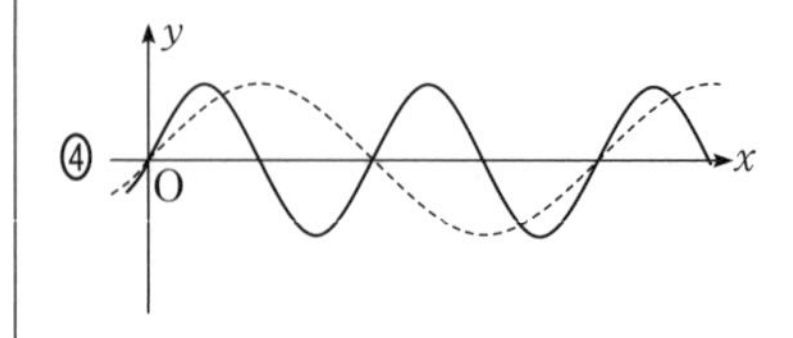

⑤
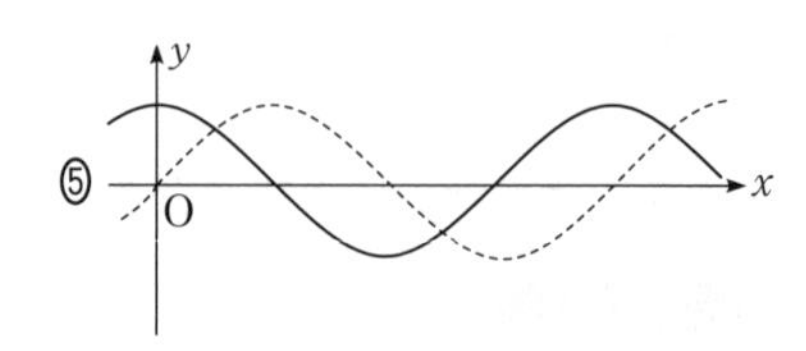

⑥
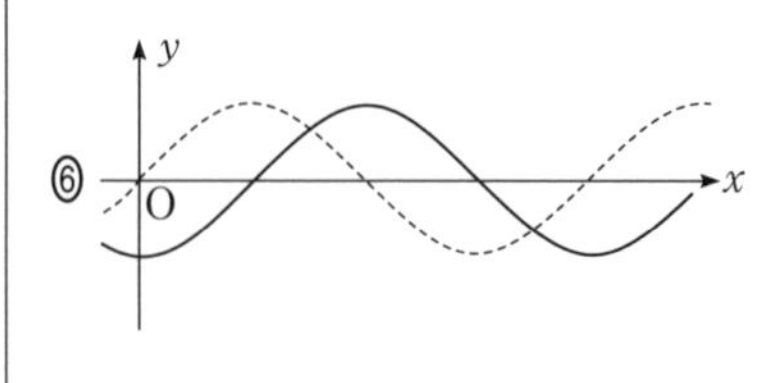

⑦
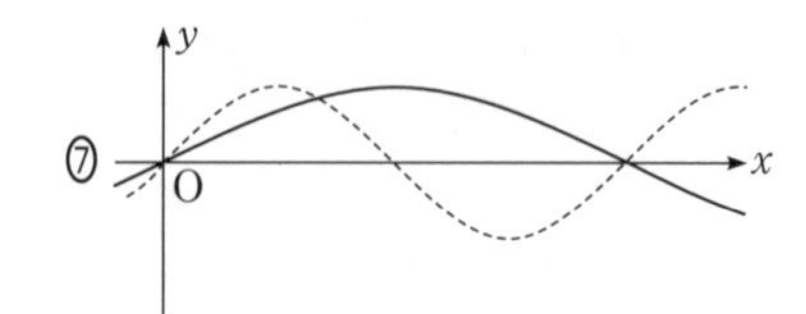

⑧
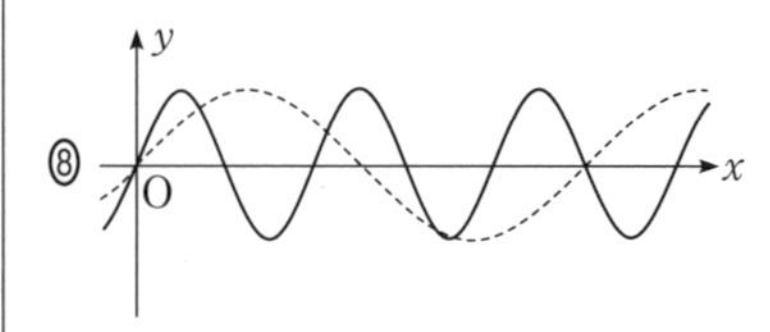

⑨
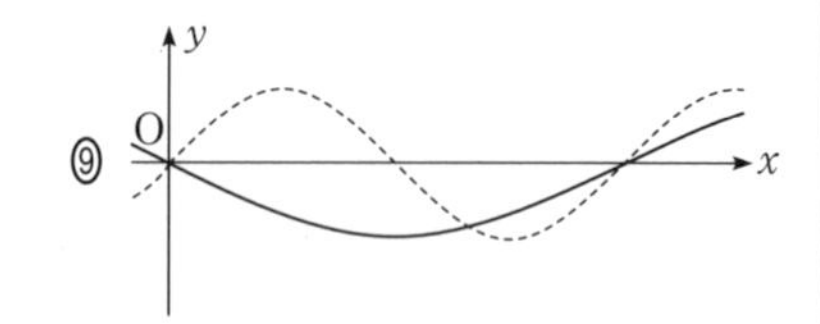

（2）次の図はある三角関数のグラフである。その関数の式として正しいものを，下の⓪〜⑦のうちから**すべて**選べ。［ウ］

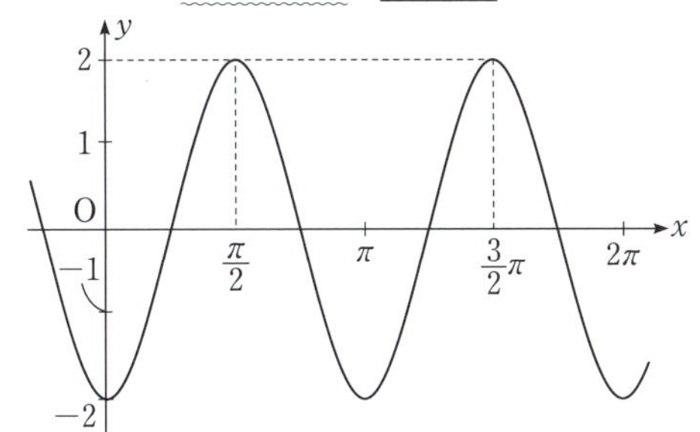

⓪ $y=2\sin\left(2x+\frac{\pi}{2}\right)$　　① $y=2\sin\left(2x-\frac{\pi}{2}\right)$

② $y=2\sin 2\left(x+\frac{\pi}{2}\right)$　　③ $y=\sin 2\left(2x-\frac{\pi}{2}\right)$

④ $y=2\cos\left(2x+\frac{\pi}{2}\right)$　　⑤ $y=2\cos 2\left(x-\frac{\pi}{2}\right)$

⑥ $y=2\cos 2\left(x+\frac{\pi}{2}\right)$　　⑦ $y=\cos 2\left(2x-\frac{\pi}{2}\right)$

解答

（1）(i) $y=\sin 2x$ のグラフは，$y=\sin x$ のグラフを

x 軸方向に $\frac{1}{2}$ 倍に縮小

したものであるから，正しいグラフは ④ である。

x 軸方向に縮小したグラフは他に ⑧ があるが，⑧ は x 軸方向に $\frac{2}{5}$ 倍に縮小したものであるから，誤り。

(ii) $y=\sin\left(x+\frac{3}{2}\pi\right)$ のグラフは，$y=\sin x$ のグラフを

x 軸方向に $-\frac{3}{2}\pi$ すなわち $\frac{\pi}{2}$ だけ平行移動

したものであるから，正しいグラフは ⑥ である。

答

（2）問題のグラフは，$y=\sin x$ のグラフを

x 軸方向に $\frac{1}{2}$ 倍に縮小

y 軸方向に2倍に拡大

x 軸方向に $\frac{\pi}{4}$ だけ平行移動

したものであるから，グラフの式は

問題のグラフに，$y=\sin x$ のグラフを点線で重ねると図のようになる。

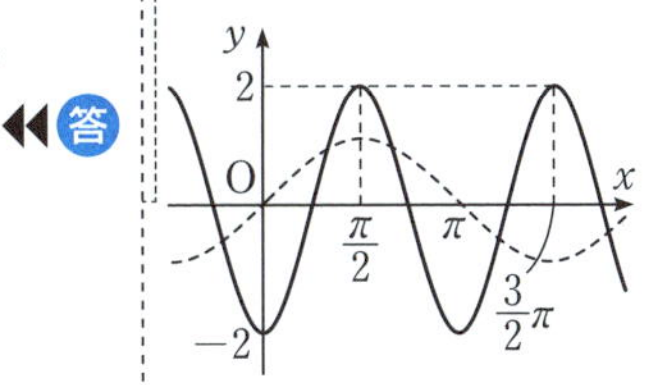

周期が π，最大値が2，最小値が -2 である。

$$y=2\sin 2\left(x-\frac{\pi}{4}\right) \qquad \therefore \quad y=2\sin\left(2x-\frac{\pi}{2}\right)$$

となり，①が正しい式である。

また，問題のグラフは，$y=\cos x$ のグラフを

x 軸方向に $\frac{1}{2}$ 倍に縮小

y 軸方向に2倍に拡大

x 軸方向に $\frac{\pi}{2}$ または $-\frac{\pi}{2}$ だけ平行移動

したものであるから，グラフの式は

$$y=2\cos 2\left(x+\frac{\pi}{2}\right) \text{ または } y=2\cos 2\left(x-\frac{\pi}{2}\right)$$

となり，⑤，⑥が正しい式である。

以上より，関数の式として正しいものは①，⑤，⑥である。◀◀答

解説

■ 三角関数のグラフ

三角関数の式からグラフの形を考えたり，グラフの形から式を考える問題では

$y=\sin x$，$y=\cos x$，$y=\tan x$

などのグラフをもとにして

x 軸方向の拡大・縮小

y 軸方向の拡大・縮小

x 軸方向や y 軸方向にどれだけ平行移動したか

について調べると考えやすい。

■ 同値な式

(2)のような「**すべて選べ**」という問題では，すべての選択肢について正しいか正しくないかを短時間で判断することが求められる。正しい式を1つ見つけて，それと同値かどうかを調べればよいのだが，一つひとつの式について同値かどうかを確かめようとするのではなく

⓪，②：①のグラフを x 軸方向にそれぞれ $-\frac{\pi}{2}$，$-\frac{3}{4}\pi$ だけ平行移動したもの

④：⑤のグラフを x 軸方向に $-\frac{3}{4}\pi$ だけ平行移動したもの

③，⑦：$y=\sin x$ や $y=\cos x$ のグラフを，x 軸方向に $\dfrac{1}{4}$ 倍に縮小したもの（あるいは，y 軸方向に拡大していないもの）

より，同値にならないと短時間で判断できるようにしてほしい。

■ 正しいものの絞り込み

たとえば，問題の図のグラフが点 $(0,\ -2)$ を通ることから，正しいものを絞り込む方法もある。⓪～⑦の関数の式に $x=0$ を代入すると

⓪：$y=2$　①：$y=-2$　②：$y=0$　③：$y=0$

④：$y=0$　⑤：$y=-2$　⑥：$y=-2$　⑦：$y=-1$

となり，①，⑤，⑥以外は正しくないことがわかるので，あとは①，⑤，⑥が正しいかどうかを調べればよいことになる。

ただし，ここで残った選択肢がすべて正しいとは限らないことに注意してほしい。

類題1 オリジナル問題（解答は13ページ）

（1）下の図の点線は $y=\cos 2x$ のグラフである。(i)，(ii)の三角関数のグラフが実線で正しくかかれているものとして最も適当なものを，下の⓪～⑧のうちから一つずつ選べ。ただし，同じものを選んでもよい。

(i) $y=\cos 4x$ ［ア］　(ii) $y=\cos\left(2x-\dfrac{\pi}{4}\right)$ ［イ］

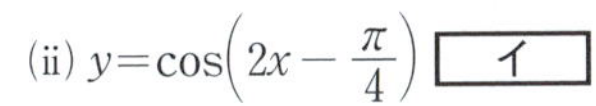

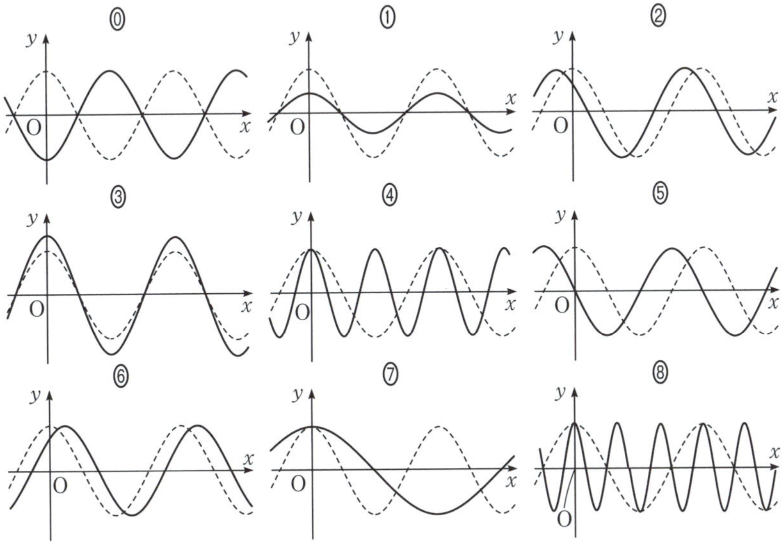

⓪

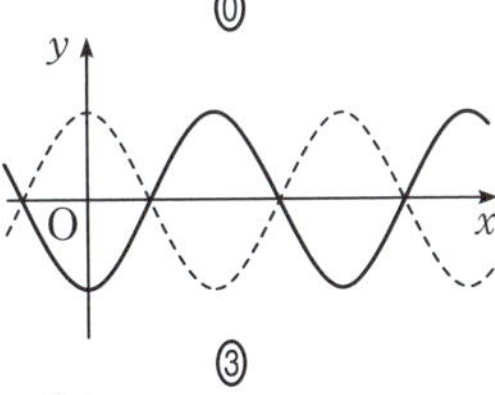

①

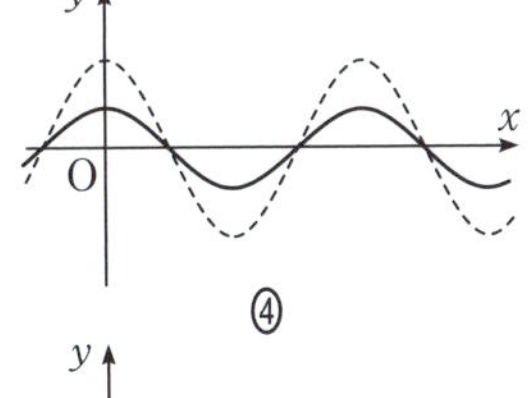

②

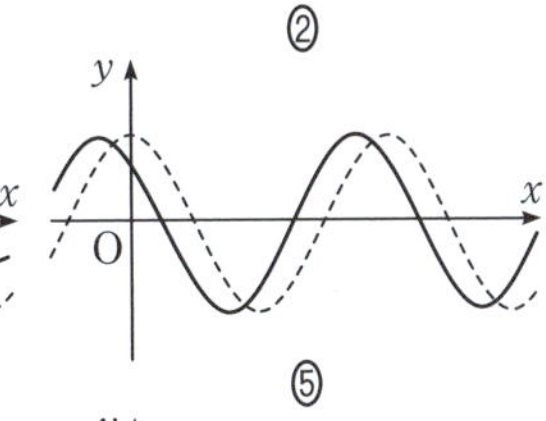

③

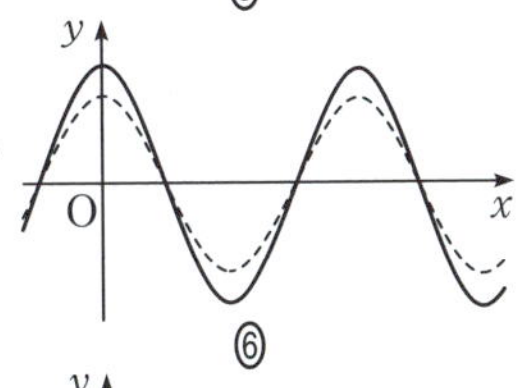

④

⑤

⑥

⑦

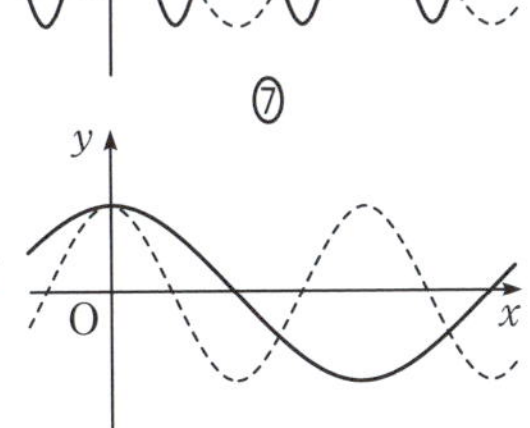

⑧

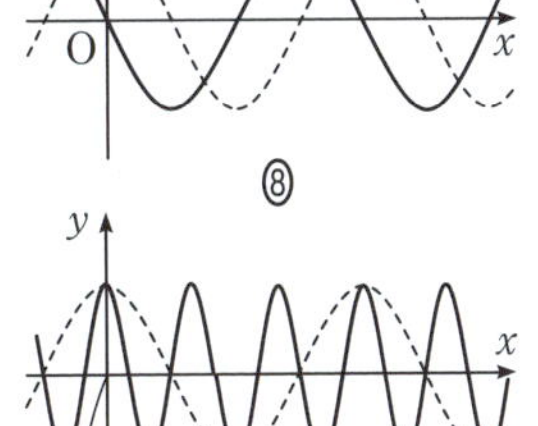

（2）下の図はある三角関数のグラフである。その関数の式として正しいものを，下の ⓪～⑦ のうちから**すべて**選べ。［ウ］

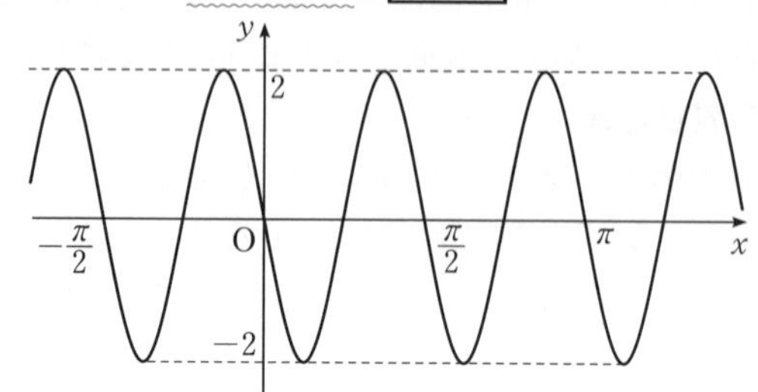

⓪　$y=\cos\left(2x-\frac{\pi}{2}\right)$　　①　$y=-\sin\left(2x-\frac{\pi}{2}\right)$

②　$y=2\cos 2\left(x-\frac{\pi}{2}\right)$　　③　$y=2\cos\left(2x-\frac{\pi}{2}\right)$

④　$y=2\sin 4\left(x+\frac{\pi}{4}\right)$　　⑤　$y=2\cos(4x+\pi)$

⑥　$y=2\cos 4\left(x+\frac{\pi}{8}\right)$　　⑦　$y=2\cos\left(4x-\frac{\pi}{8}\right)$

（3）（2）の関数の式を $y=f(x)$ とする。$0\leqq x\leqq\pi$ において，方程式 $f(x)=\cos 2x$ の解は［エ］個である。

例題 2 オリジナル問題

水面上のある地点Aに波を起こす装置Xがあり，装置Xが起こした波は毎秒2mの速さで伝わる。以下，波が起きていない状態との水面の高さの差を「水面の高さ」として表すものとする。地点Aと地点Pは48m離れており，地点Aと地点Qは80m離れている。このとき，装置Xを起動させてからt秒後の地点Pにおける水面の高さh_P(m)と地点Qにおける水面の高さh_Q(m)は，波の伝わる速さを考慮してとそれぞれ次の式で表されるものとする。

$$\begin{cases} 0 \leqq t \leqq 24 \text{ のとき} & h_P = 0 \\ 24 \leqq t \text{ のとき} & h_P = \sin\frac{\pi}{4}(t-24) \end{cases}$$

$$\begin{cases} 0 \leqq t \leqq 40 \text{ のとき} & h_Q = 0 \\ 40 \leqq t \text{ のとき} & h_Q = \sin\frac{\pi}{4}(t-40) \end{cases}$$

これらの式をもとに，次のような状況において，水面の高さがどのように変化するかを考えよう。

水面上の2地点B，Cがあり，地点Rからはそれぞれ48m，80m離れているとする。2地点B，Cにそれぞれ装置Xがあり，装置Xを同時に起動させてからt秒後の地点Rにおける水面の高さをh_R(m)とすると，$h_R = h_P + h_Q$となるので，h_Rを表すグラフは［ア］である。［ア］に当てはまる最も適当なものを，次の⓪〜⑤のうちから一つ選べ。

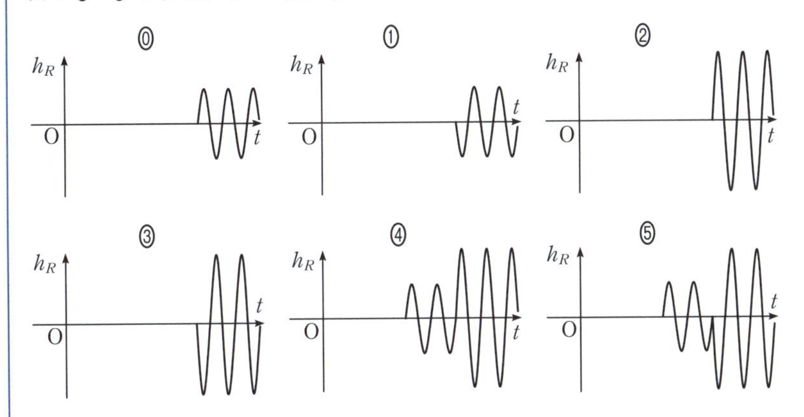

また，地点Bはそのままに，地点Cだけを動かして装置Xを同時に起動させたところ，装置Xを同時に起動させてからしばらくすると，地点Rにおける水面の高さは$h_R = 0$ (m)で一定になった。このとき，地点Cと地点Rの距離x(m)は，自然数nを用いて $x=$［イウ］$n-$［エ］ で表すことができる。

解答

$h_R = h_P + h_Q$ より，$0 \leqq t \leqq 24$ のとき

$$h_R = 0 + 0 = 0$$

$24 \leqq t \leqq 40$ のとき

$$h_R = \sin\frac{\pi}{4}(t-24) + 0 = \sin\frac{\pi}{4}(t-24)$$

$$= \sin\left(\frac{\pi t}{4} - 6\pi\right) = \sin\frac{\pi t}{4}$$

$40 \leqq t$ のとき

$$h_R = \sin\frac{\pi}{4}(t-24) + \sin\frac{\pi}{4}(t-40)$$

$$= \sin\frac{\pi t}{4} + \sin\left(\frac{\pi t}{4} - 10\pi\right)$$

$$= \sin\frac{\pi t}{4} + \sin\frac{\pi t}{4} = 2\sin\frac{\pi t}{4}$$

であるから，h_R を表すグラフは④のようになる。

◀◀答

また，しばらくして $h_R = 0$ で一定となるのは，地点Bから出ている波による水面の高さが $\sin\frac{\pi t}{4}$ であるから，地点Cから出ている波による水面の高さが $-\sin\frac{\pi t}{4}$ になるときである。ここで，m を整数とすると

$$-\sin\frac{\pi t}{4} = \sin\left\{\frac{\pi t}{4} + (2m+1)\pi\right\}$$

$$= \sin\frac{\pi}{4}\{t + 4(2m+1)\}$$

であるから，地点Cから出ている波は

地点Bから出ている波と

$4(2m+1)$ 秒ずれていればよい

ことがわかる。よって地点Cと地点Rの距離 x は

$$x = 2 \cdot 4(2n-1) = \mathbf{16n-8}$$ ◀◀答

で表すことができる。

t の範囲によって場合分けが必要である。

m が整数のとき
$\sin(\theta + 2m\pi) = \sin\theta$
である。

振幅が2倍になっている。

m が整数のとき
$\sin\{\theta + (2m+1)\pi\} = \sin\theta$
である。

波の速さは毎秒2mで
$x > 0$
である。

解説

日常の事象と三角関数のグラフ

水面における波や音波などは，三角関数を用いて表すことができる。共通テストでは，このような日常の事象を題材とした問題が出題されることもある。

海上で沖から来る波と陸地からの反射波が重なってできる三角波といわれる峰の尖った波により船舶が大破したり，津波の襲来時には波の重ね合わせによって予想外の大きな被害が起きることもある。防災の観点から波の解析と予測は重要であり，三角関数が役立っている。

類題2 オリジナル問題(解答は14ページ)

$p>0$ とする。2つの装置X，Yから出される音波がそれぞれ

$$x=p\sin 2\pi f_1 t,\quad y=p\sin 2\pi f_2 t$$

で表されるとする。ただし，t は音波を発生させてからの時刻，f_1，f_2 は周波数を表すものとする。以下，$t\geqq 0$，$f_1>0$，$f_2>0$ とする。

（1）$f_1=f_2$ のとき，$x+y$ の振れ幅(最大値と最小値の差)は［ア］である。

［ア］に当てはまるものを，次の⓪～⑤のうちから一つ選べ。

⓪ p　① $2p$　② $4p$　③ p^2　④ $2p^2$　⑤ $4p^2$

（2）$f_1>f_2$ のとき，$x+y$ の振れ幅は $f_1=f_2$ のときの振れ幅よりも大きくなることはないが，自然数 n を用いて

$$f_2=\frac{1}{[\text{イ}]n+[\text{ウ}]}f_1$$

と表されるとき，$x+y$ の振れ幅は $f_1=f_2$ のときの振れ幅に等しくなる。

（3）また，装置Yから出される音波を $y=p\sin 2\pi f_1(t-[\text{エ}])$ に変えると，$x+y$ の振れ幅は0になる。［エ］に当てはまるものを，次の⓪～②のうちから一つ選べ。

⓪ $\dfrac{1}{f_1}$　① $\dfrac{1}{2f_1}$　② $\dfrac{2}{f_1}$

例題 3 センター試験本試

$0 \leqq \theta < \pi$ の範囲で関数 $f(\theta) = 3\cos 2\theta + 4\sin\theta$ を考える。$\sin\theta = t$ とおけば

$$\cos 2\theta = \boxed{ア} - \boxed{イ} t^{\boxed{ウ}}$$

であるから，$y = f(\theta)$ とおくと

$$y = -\boxed{エ} t^{\boxed{ウ}} + \boxed{オ} t + \boxed{カ}$$

である。したがって，y の最大値は $\dfrac{\boxed{キク}}{3}$ であり，最小値は $\boxed{ケ}$ である。

また，α が $0 < \alpha < \dfrac{\pi}{2}$ をみたす角度で $f(\alpha) = 3$ のとき

$$\sin\left(\alpha + \frac{\pi}{6}\right) = \frac{\boxed{コ}\sqrt{\boxed{サ}} + \sqrt{\boxed{シ}}}{\boxed{ス}}$$

である。

解答

$$\cos 2\theta = 1 - 2\sin^2\theta$$
$$= \mathbf{1 - 2t^2}$$ ◀◀答

2 倍角の公式。

より

$$y = 3(1 - 2t^2) + 4t$$
$$= \mathbf{-6t^2 + 4t + 3}$$ ◀◀答
$$= -6\left(t - \frac{1}{3}\right)^2 + \frac{11}{3} \quad \cdots\cdots①$$

となる。ここで，$0 \leqq \theta < \pi$ より

$$0 \leqq t \leqq 1$$

t のとり得る値の範囲を求める。
$0 \leqq \sin\theta \leqq 1$

であるから，①のグラフは右の図のようになり，y の

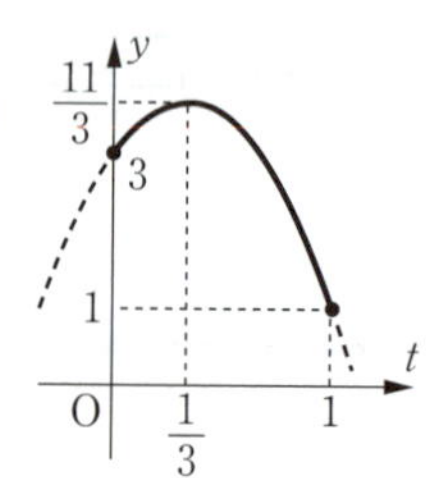

最大値は $\dfrac{11}{3}$

最小値は 1 ◀◀答

である。

また，$f(\alpha) = 3$ のとき

$$-6\sin^2\alpha + 4\sin\alpha + 3 = 3$$
$$-2\sin\alpha(3\sin\alpha - 2) = 0$$

$0 < \alpha < \dfrac{\pi}{2}$ より $0 < \sin\alpha < 1$，$0 < \cos\alpha < 1$ であるから

$$\sin\alpha=\frac{2}{3}$$

$$\therefore\quad \cos\alpha=\sqrt{1-\left(\frac{2}{3}\right)^2}=\frac{\sqrt{5}}{3}$$

$\sin^2\alpha+\cos^2\alpha=1$

したがって

$$\sin\left(\alpha+\frac{\pi}{6}\right)=\sin\alpha\cos\frac{\pi}{6}+\cos\alpha\sin\frac{\pi}{6}$$

加法定理。

$$=\frac{2}{3}\cdot\frac{\sqrt{3}}{2}+\frac{\sqrt{5}}{3}\cdot\frac{1}{2}$$

$$=\frac{2\sqrt{3}+\sqrt{5}}{6}$$ 答

解説

置き換えの利用

三角関数のままでは処理しにくい関数でも，置き換えによってわかりやすい関数に変形することで，処理がしやすくなる場合がある。本問のように2次関数に帰着するものは，その代表的なタイプといえる。置き換えを利用する際には，置き換えた変数がとり得る値の範囲を押さえることが大切である。

類題3 オリジナル問題(解答は15ページ)

$0\leqq\theta<\pi$ の範囲で

$$f(\theta)=6-4\sin^2\theta+2\cos^2 2\theta$$

について考える。

$\cos 2\theta=t$ とおけば

$$\sin^2\theta=\frac{\boxed{ア}-t}{\boxed{イ}}$$

であるから，$y=f(\theta)$ について

$$y=\boxed{ウ}t^2+\boxed{エ}t+\boxed{オ}$$

である。したがって，y の最大値は $\boxed{カ}$ であり，最小値は $\frac{\boxed{キ}}{\boxed{ク}}$ である。

また，y が最小値をとるときの θ の値は $\theta=\frac{\pi}{\boxed{ケ}}$，$\frac{\boxed{コ}}{\boxed{サ}}\pi$ である。

例題 4 センター試験本試

$-\frac{\pi}{2} \leqq \theta \leqq 0$ のとき，関数

$$y=\cos 2\theta+\sqrt{3}\sin 2\theta-2\sqrt{3}\cos\theta-2\sin\theta$$

の最小値を求めよう。

$t=\sin\theta+\sqrt{3}\cos\theta$ とおくと

$$t^2=\boxed{\text{ア}}\cos^2\theta+\boxed{\text{イ}}\sqrt{\boxed{\text{ウ}}}\sin\theta\cos\theta+\boxed{\text{エ}}$$

であるから

$$y=t^2-\boxed{\text{オ}}t-\boxed{\text{カ}}$$

となる。また

$$t=\boxed{\text{キ}}\sin\left(\theta+\frac{\pi}{\boxed{\text{ク}}}\right)$$

である。

$\theta+\frac{\pi}{\boxed{\text{ク}}}$ のとり得る値の範囲は

$$-\frac{\pi}{\boxed{\text{ケ}}} \leqq \theta+\frac{\pi}{\boxed{\text{ク}}} \leqq \frac{\pi}{\boxed{\text{ク}}}$$

であるから，t のとり得る値の範囲は

$$\boxed{\text{コサ}} \leqq t \leqq \sqrt{\boxed{\text{シ}}}$$

である。したがって，y は $t=\boxed{\text{ス}}$，すなわち $\theta=-\frac{\pi}{\boxed{\text{セ}}}$ のとき，最小値 $\boxed{\text{ソタ}}$ をとる。

解答

$t=\sin\theta+\sqrt{3}\cos\theta$ とおくと

$$t^2=\sin^2\theta+2\sqrt{3}\sin\theta\cos\theta+3\cos^2\theta$$

$$=\mathbf{2\cos^2\theta+2\sqrt{3}\sin\theta\cos\theta+1}$$ ◀◀答

$$(\because \quad \sin^2\theta+\cos^2\theta=1)$$

さらに，2 倍角の公式を用いると

$$t^2=\cos 2\theta+1+\sqrt{3}\sin 2\theta+1$$

$$\therefore \quad \cos 2\theta+\sqrt{3}\sin 2\theta=t^2-2$$

よって

$$y=\mathbf{t^2-2t-2}$$ ◀◀答

$$=(t-1)^2-3 \quad \cdots\cdots\cdots ①$$

2 倍角の公式

$\cos 2\theta=2\cos^2\theta-1$

$\sin 2\theta=2\sin\theta\cos\theta$

また，$\sqrt{1^2+(\sqrt{3})^2}=2$ であることから

$$t=2\left(\frac{1}{2}\sin\theta+\frac{\sqrt{3}}{2}\cos\theta\right)$$

$$=2\left(\sin\theta\cos\frac{\pi}{3}+\cos\theta\sin\frac{\pi}{3}\right)$$

$$=\mathbf{2\sin\left(\theta+\frac{\pi}{3}\right)}$$ ◀◀答

三角関数の合成。

と変形できる。ここで，$-\frac{\pi}{2}\leqq\theta\leqq0$ なので

$$\mathbf{-\frac{\pi}{6}\leqq\theta+\frac{\pi}{3}\leqq\frac{\pi}{3}}$$ ◀◀答

よって

$$-\frac{1}{2}\leqq\sin\left(\theta+\frac{\pi}{3}\right)\leqq\frac{\sqrt{3}}{2}$$

$$\therefore\quad \mathbf{-1\leqq t\leqq\sqrt{3}}$$ ◀◀答

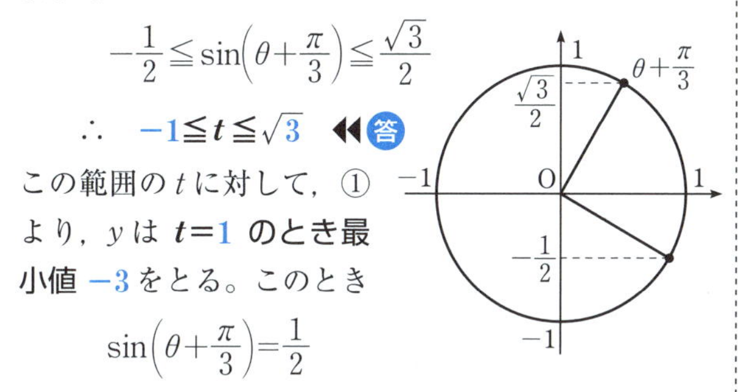

この範囲の t に対して，① より，y は **$t=1$ のとき最小値 -3** をとる。このとき

$$\sin\left(\theta+\frac{\pi}{3}\right)=\frac{1}{2}$$

であるから

$$\theta+\frac{\pi}{3}=\frac{\pi}{6}\qquad\therefore\quad \mathbf{\theta=-\frac{\pi}{6}}$$ ◀◀答

解説

■ $t=\sin\theta+\sqrt{3}\cos\theta$ の置き換え

三角関数を含む関数を考えるときは，本問のように $t=a\sin\theta+b\cos\theta$ と置き換える場合もある。このパターンの置き換えでは

- $a\sin\theta+b\cos\theta$ を合成することで t の範囲を求める
- t^2 を計算し，$\sin^2\theta+\cos^2\theta=1$ や 2 倍角の公式を用いて，$\sin2\theta$ や $\cos2\theta$ を t で表す
- 関数を t で表して考える

という手順を踏むものが多い。この流れを意識しておくことで誘導にうまく乗ることができる。

類題4 オリジナル問題(解答は16ページ)

$0 \leqq \theta \leqq \pi$ のとき，関数

$$y=2\sqrt{3}\sin 2\theta-2\cos 2\theta-4\sqrt{3}\sin\theta-4\cos\theta+4$$

の最大値，最小値を求めたい。$t=\sqrt{3}\sin\theta+\cos\theta$ とおくと

$$t=\boxed{ア}\sin\left(\theta+\frac{\pi}{\boxed{イ}}\right)$$

であるから，tのとり得る値の範囲は

$$\boxed{ウエ}\leqq t\leqq\boxed{オ}$$

である。また

$$t^2=\sqrt{\boxed{カ}}\sin 2\theta-\cos 2\theta+\boxed{キ}$$

であるから

$$y=\boxed{ク}t^2-\boxed{ケ}t$$

である。したがって，yは

$t=\boxed{コサ}$，すなわち $\theta=\boxed{シ}$ のとき，最大値 $\boxed{ス}$

$t=\boxed{セ}$，すなわち $\theta=\boxed{ソ}$，$\boxed{タ}$ のとき，最小値 $\boxed{チツ}$

をとる。ただし，$\boxed{シ}$，$\boxed{ソ}$，$\boxed{タ}$ については以下の⓪～⑧のうちから，当てはまるものを一つずつ選べ。

⓪ 0　① $\frac{\pi}{6}$　② $\frac{\pi}{4}$　③ $\frac{\pi}{3}$　④ $\frac{\pi}{2}$

⑤ $\frac{2}{3}\pi$　⑥ $\frac{3}{4}\pi$　⑦ $\frac{5}{6}\pi$　⑧ π

例題 5 センター試験追試

a を実数とし，関数

$$F(x)=a\sin\left(x-\frac{\pi}{3}\right)+a\sin\left(x+\frac{\pi}{3}\right)-2\sin^2 x$$

を考える。ただし，$0 \leqq x \leqq \pi$ とする。

（1）$F(x)=($ ア $-$ イ $\sin x)\sin x$ と表される。

（2）$0 \leqq x \leqq \pi$ でつねに $F(x) \geqq 0$ が成り立つような a の最小値は ウ である。

（3）$0<a \leqq$ ウ の場合を考える。

$F(x)$ は $\sin x=\dfrac{\text{エ}}{\text{オ}}a$ のとき最大値 $m=\dfrac{\text{カ}}{\text{キ}}a^{\text{ク}}$ をとる。

また，$F(x)$ の最小値は ケ $-$ コ である。

定数 b を $0<b<m$ をみたすようにとるとき，x に関する方程式 $F(x)=b$ の解は サ 個ある。

解答

（1） $\sin\left(x-\dfrac{\pi}{3}\right)+\sin\left(x+\dfrac{\pi}{3}\right)$

$=\sin x\cos\dfrac{\pi}{3}-\cos x\sin\dfrac{\pi}{3}+\sin x\cos\dfrac{\pi}{3}+\cos x\sin\dfrac{\pi}{3}$

加法定理を利用。

$=2\sin x\cos\dfrac{\pi}{3}=\sin x$

であるから

$$F(x)=a\left\{\sin\left(x-\frac{\pi}{3}\right)+\sin\left(x+\frac{\pi}{3}\right)\right\}-2\sin^2 x$$

$$=a\sin x-2\sin^2 x$$

$$=\boldsymbol{(a-2\sin x)\sin x}$$ 答

（2） $0 \leqq x \leqq \pi$ では $\sin x \geqq 0$ であるから，$F(x) \geqq 0$ がつねに成り立つならば

$$a-2\sin x \geqq 0 \qquad \therefore \quad 0 \leqq \sin x \leqq \frac{a}{2}$$

である。ここで，$0 \leqq \sin x \leqq \dfrac{a}{2}$ がつねに成り立つならば，$\dfrac{a}{2} \geqq 1$ すなわち $a \geqq 2$ である。よって，この条件をみたす $\boldsymbol{a}$ **の最小値は 2** である。 答

$0 \leqq \sin x \leqq 1$

（3）$0<a\leqq 2$ とする。

（1）で求めた $F(x)$ において，$t=\sin x$，$y=F(x)$ とおくと

$$y=(a-2t)t=-2\left(t-\frac{a}{4}\right)^2+\frac{a^2}{8}$$

となる。ただし，$0\leqq x\leqq \pi$ より $0\leqq t\leqq 1$ である。また，$0<a\leqq 2$ であるから $0<\frac{a}{4}\leqq\frac{1}{2}$ である。よって，y すなわち $F(x)$ は

t のとり得る値の範囲を求める。
$0\leqq \sin x\leqq 1$

$t=\frac{a}{4}$ すなわち

$\sin x=\frac{1}{4}a$ のとき

最大値 $m=\frac{1}{8}a^2$

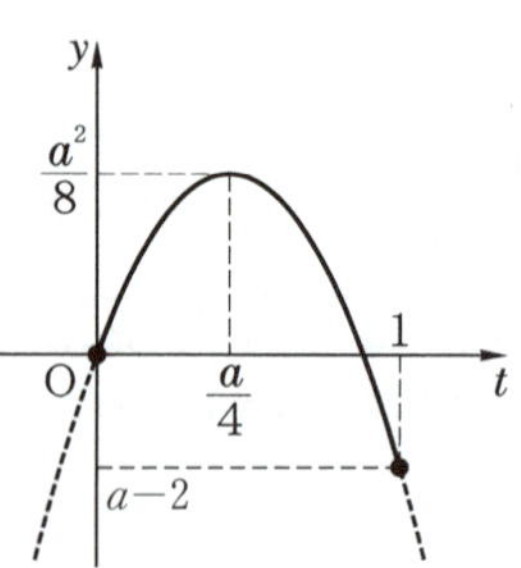

軸 $t=\frac{a}{4}$ は
$t=\frac{0+1}{2}=\frac{1}{2}$
より左側にある。

$t=1$ すなわち $\sin x=1$ のとき

最小値 $a-2$ ◀◀答

をとる。

次に，右の図より，座標平面上の放物線

$$y=(a-2t)t \quad (0\leqq t\leqq 1)$$

と直線

$$y=b \quad (0<b<m)$$

の共有点の個数は2個である。

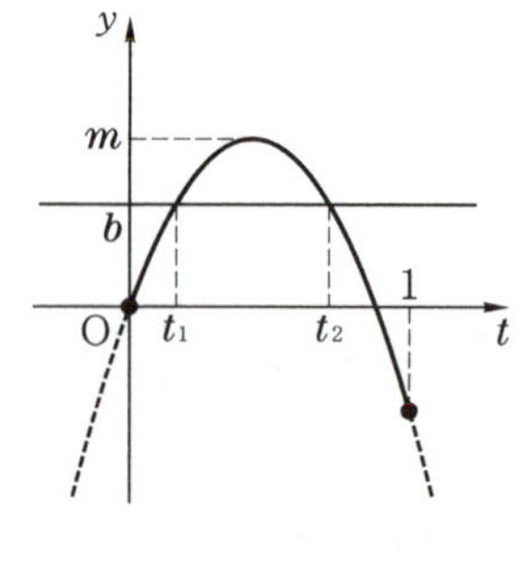

また，$0\leqq t<1$ をみたす t を1個与えたときの方程式

$$t=\sin x \quad (0\leqq x\leqq \pi)$$

の解 x は2個ある。よって，t の値が2つ存在することから，x に関する方程式 $F(x)=b$ の解 x は **4** 個ある。◀◀答

$t=1$ のときは
$x=\frac{\pi}{2}$ の1個。

解説

■ $\sin\left(x-\frac{\pi}{3}\right)+\sin\left(x+\frac{\pi}{3}\right)$ の計算

和積の公式 $\sin A+\sin B=2\sin\frac{A+B}{2}\cos\frac{A-B}{2}$ を知っていれば，これを用いて

$$\sin\left(x-\frac{\pi}{3}\right)+\sin\left(x+\frac{\pi}{3}\right)$$

$$=2\sin\frac{\left(x-\frac{\pi}{3}\right)+\left(x+\frac{\pi}{3}\right)}{2}\cos\frac{\left(x-\frac{\pi}{3}\right)-\left(x+\frac{\pi}{3}\right)}{2}$$

$$=2\sin x\cos\left(-\frac{\pi}{3}\right)=\sin x$$

と求めることもできる。余力のある人は覚えておいてもよいだろう。

■ 三角方程式の解の個数

(3)で，方程式 $F(x)=b$ の解の個数は，$y=F(x)$ において $\sin x=t$ とおいた t の2次関数のグラフと直線 $y=b$ の共有点の個数に着目するのがよい。

さらに，t $(0\leqq t\leqq 1)$ の値に対応する x の値の個数が

$0\leqq t<1$ のとき 2個，

$t=1$ のとき 1個

であることを押さえた上で x の個数を求めよう。

類題5 オリジナル問題(解答は17ページ)

a を $0<a\leqq 1$ をみたす定数とする。$0\leqq x<2\pi$ とし，関数 $f(x)$ を

$$f(x)=\cos 2x-4a\cos x+2$$

とする。

(1) $f(x)=$ ア $(\cos x-$ イ $)^2+$ ウ $-$ エ a^2 と表される。

(2) $f(x)$ は，$\cos x=$ オ のとき最小値 カ $-$ キ a^2 をとり，最大値は ク $+$ ケ a である。

(3) 方程式 $f(x)=0$ が4個の解をもつのは $\frac{\text{コ}}{\sqrt{\text{サ}}}<a<\frac{\text{シ}}{\text{ス}}$ のとき

であり，ちょうど3個の解をもつのは $a=\frac{\text{セ}}{\text{ソ}}$ のときである。

第4章　指数関数・対数関数

指数関数･対数関数では,関数の最大･最小や方程式･不等式,大小比較などの出題が考えられる。また,日常生活の事象を題材とした問題が出題されることも考えられる。

試行調査では,式をみたす文字の値について考察する問題や,対数ものさしの目盛りを題材に対数の演算について考える問題などが出題されている。

4 指数関数・対数関数

基本事項の確認

4-1 指数関数の最大・最小

（1）$-1 \leqq x \leqq 2$ における関数 $f(x)=4^x-6\cdot2^x$ の最大値・最小値とそのときの x の値を求めよ。

（2）関数 $f(x)=\dfrac{1}{2}\cdot2^x+8\cdot2^{-x}$ の最小値とそのときのxの値を求めよ。

解答

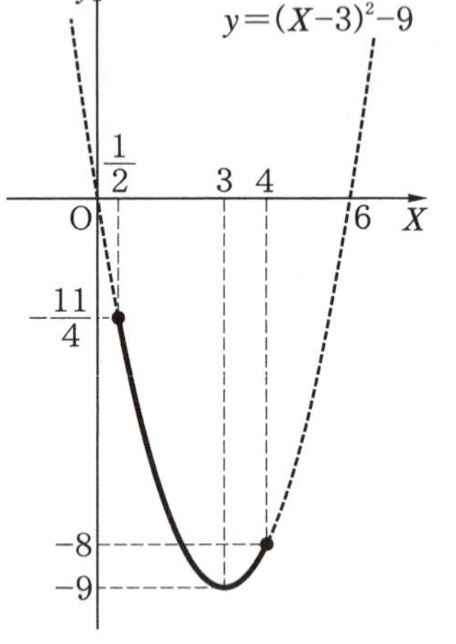

（1） $X=2^x$ とおくと，$-1 \leqq x \leqq 2$ のとき

$$2^{-1} \leqq 2^x \leqq 2^2 \qquad \therefore \quad \frac{1}{2} \leqq X \leqq 4$$

$4^x=(2^x)^2=X^2$ となるから，$y=f(x)$ とおくと

$$y=4^x-6\cdot2^x=X^2-6X=(X-3)^2-9$$

となる。したがって，$X=2^x=\dfrac{1}{2}$ すなわち

$x=-1$ のとき最大値 $-\dfrac{11}{4}$ 答

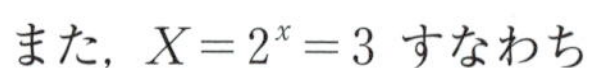

また，$X=2^x=3$ すなわち

$x=\log_2 3$ のとき最小値 -9 答

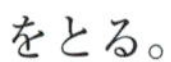

をとる。

（2） $\dfrac{1}{2}\cdot2^x>0$，$8\cdot2^{-x}>0$ であるから，相加平均・相乗平均の関係より

$$f(x)=\frac{1}{2}\cdot2^x+8\cdot2^{-x} \geqq 2\sqrt{\left(\frac{1}{2}\cdot2^x\right)\cdot(8\cdot2^{-x})}=4$$

であり，等号が成り立つのは

$$\frac{1}{2}\cdot2^x=8\cdot2^{-x} \qquad (2^x)^2=16$$

$2^x>0$ より

$$2^x=4 \qquad \therefore \quad x=2$$

のときである。よって，$f(x)$ は **$x=2$ のとき最小値 4** をとる。 答

解説

■ 指数法則による置き換え

（1）では，$X=2^x$ とおき

$$4^x=(2^2)^x=(2^x)^2=X^2$$

と指数法則を用いて指数の底を2にそろえることで，2次関数の最大・最小問題に帰着している。なお，置き換えを利用する際には，置き換えた変数がとり得る値の範囲に注意すること。

■ 指数関数のとり得る値

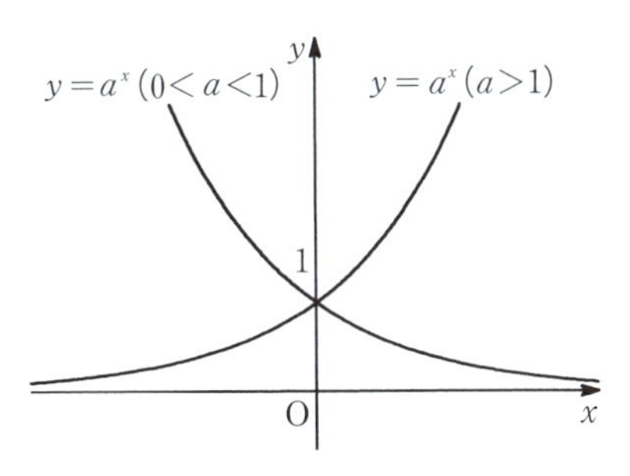

指数関数 $y=a^x\,(a>0,\ a\neq1)$ のとり得る値は，右の図のグラフからわかるように $y>0$ である。

たとえば，$X=2^x$ という置き換えをした場合，X は正の値しかとらないことに注意する。

■ 相加平均・相乗平均の関係の利用

（2）では，**1-3** で示した相加平均・相乗平均の関係

$$\frac{a+b}{2}\geqq\sqrt{ab}\quad(a,\ b\text{ は正の数})$$

を用いる。積が定数になる2つの式があるとき，相加平均・相乗平均の関係を利用して，最大値や最小値をうまく求められる場合がある。

POINT

指数法則：$a>0,\ b>0$ で，$m,\ n$ が実数のとき

$$a^m a^n=a^{m+n},\ \frac{a^m}{a^n}=a^{m-n},$$

$$(a^m)^n=a^{mn},\ (ab)^n=a^n b^n$$

4-2 指数方程式・指数不等式

（1）$f(x)=2\cdot3^{2x}-3^x-3$ のとき，方程式 $f(x)=0$ と不等式 $f(x)<0$ を解け。

（2）方程式 $\dfrac{8}{3^x}+\dfrac{2}{(\sqrt{3})^x}=1$ を解け。

（3）$2^m-2^n=12$ をみたす正の整数 m，n を求めよ。

解答

（1） $X=3^x$ とおくと，$f(x)=0$ より

$$2X^2-X-3=(X+1)(2X-3)=0$$

ここで，$X>0$ より $X+1>0$ であるから

$$2X-3=0$$

したがって

$$X=3^x=\frac{3}{2}$$

$$\therefore\quad x=\log_3\frac{3}{2}=\log_3 3-\log_3 2=\mathbf{1-\log_3 2}$$ ◀◀答

また，$f(x)<0$ のとき，$X+1>0$ より $2X-3<0$ すなわち $X<\dfrac{3}{2}$ となるから

$$3^x<\frac{3}{2}$$

底 3 は 1 より大きいから

$$\boldsymbol{x<1-\log_3 2}$$ ◀◀答

（2） $\dfrac{1}{(\sqrt{3})^x}=X$ とおくと，$\dfrac{1}{3^x}=X^2$ であるから

$$8X^2+2X=1$$

$$(2X+1)(4X-1)=0$$

ここで，$X>0$ より $2X+1>0$ であるから

$$4X-1=0$$

したがって

$$X=\frac{1}{(\sqrt{3})^x}=\frac{1}{4}\qquad(\sqrt{3})^x=4$$

$$\therefore\quad x=\log_{\sqrt{3}}4=\frac{\log_3 4}{\log_3\sqrt{3}}=\frac{\log_3 2^2}{\frac{1}{2}}=\mathbf{4\log_3 2}$$ ◀◀答

（3）$2^m-2^n=12$ より $m>n$ である。よって

$$2^n(2^{m-n}-1)=12=2^2\cdot 3$$

において，m，n は正の整数で $m-n>0$ より，2^n は2の累乗，$2^{m-n}-1$ は正の奇数であるから

$$2^n=4,\ 2^{m-n}-1=3 \qquad \therefore\ m=4,\ n=2$$ 答

解説

■ 増加関数と減少関数

指数関数 $y=a^x\ (a>0,\ a\neq 1)$ は，底が1より大きいとき（$a>1$ のとき）増加関数であり，底が1より小さいとき（$0<a<1$ のとき）減少関数である。したがって，不等式を解く際には，底が1より大きいか小さいかをきちんと押さえなければならない。

■ 方程式 $2^m-2^n=12$ の解

$2^n(2^{m-n}-1)=2^2\cdot 3$ において，2^n，$2^{m-n}-1$ がともに正の整数となることだけでは，候補が

$$(2^n,\ 2^{m-n}-1)=(1,\ 12),\ (2,\ 6),\ (3,\ 4),\ (4,\ 3),\ (6,\ 2),\ (12,\ 1)$$

と6組存在する。そこでさらに

$n\geqq 1$ より，2^n は2以上の2の累乗

$m-n\geqq 1$ より，2^{m-n} も2以上の2の累乗であり，$2^{m-n}-1$ は奇数

となることまで考えると，$(2^n,\ 2^{m-n}-1)=(4,\ 3)$ の1組に絞られる。

整数の条件がついた方程式，不等式を考える際には，約数・倍数の関係やとり得る値の範囲を考慮して，解の候補を絞るのが定石である。

POINT

指数方程式・指数不等式：

（方程式）$a>0,\ a\neq 1$ のとき　$a^p=a^q \iff p=q$

（不等式）$a>1$ のとき　$a^p<a^q \iff p<q$

$0<a<1$ のとき　$a^p<a^q \iff p>q$

であることを利用する。

底の異なるものが含まれているときは，底をそろえる。

また，$a^x>0$ であることに注意する。

4-3 対数関数の最大・最小

（1）関数 $f(x)=-(\log_3 x)^2+\log_3 x^2$ の最大値とそのときの x の値を求めよ。

（2）$x>1$，$y>1$，$\log_2 x\cdot\log_4 y=2$ であるとき，xy の最小値とそのときの x，y の値を求めよ。

解答

（1）真数条件より $x>0$ である。

$$f(x)=-(\log_3 x)^2+2\log_3 x$$

であるから，$X=\log_3 x$ とおくと，X はすべての実数値をとり，このとき関数 $y=f(x)$ は

$$y=-X^2+2X=-(X-1)^2+1$$

となる。したがって，$X=\log_3 x=1$ すなわち

$x=3$ のとき最大値 1 ◀◀答

をとる。

（2）$\log_4 y=\dfrac{\log_2 y}{\log_2 4}=\dfrac{\log_2 y}{2}$

であるから

$$\log_2 x\cdot\log_4 y=\log_2 x\cdot\frac{\log_2 y}{2}=2$$

$$\therefore\quad \log_2 x\cdot\log_2 y=4$$

である。ここで，$x>1$，$y>1$ より，$\log_2 x>0$，$\log_2 y>0$ であるから，相加平均・相乗平均の関係より

$$\log_2 x+\log_2 y\geqq 2\sqrt{\log_2 x\cdot\log_2 y}=4$$

であり，等号は $\log_2 x=\log_2 y$ すなわち $x=y$ のとき成り立つ。

$\log_2 x+\log_2 y=\log_2 xy$ であるから

$$\log_2 xy\geqq 4$$

$$\therefore\quad xy\geqq 16$$

よって，xy は

$x=y=4$ のとき最小値 16 ◀◀答

をとる。

解説

■ 対数関数のとり得る値

対数関数 $y=\log_a x$ $(a>0,\ a\neq 1)$ のグラフは右の図のようになり，y はすべての実数値をとり得る。したがって，(1)で置き換えた X はすべての実数値をとり得る。

また，真数条件より $x>0$ であることにも注意しよう。

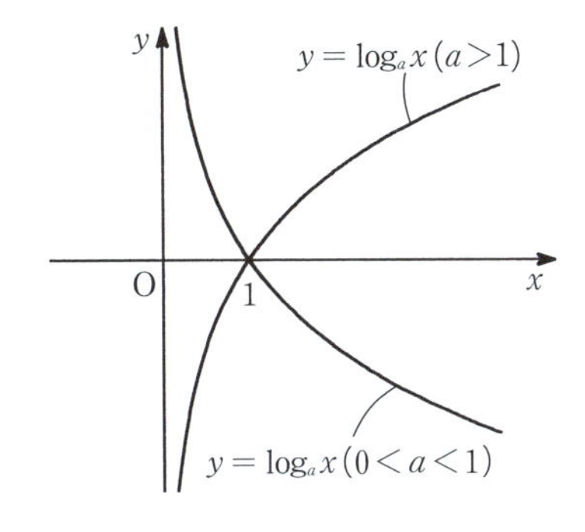

■ 底の変換

対数の底がそろっていないときは底の変換公式を用いて底をそろえる。(2)では，底が2のものと4のものがあるので，底の変換公式を用いて2にそろえている。

POINT

対数の性質：$a>0$，$a\neq 1$，$M>0$，$N>0$ のとき

$$\log_a MN=\log_a M+\log_a N,$$

$$\log_a \frac{M}{N}=\log_a M-\log_a N,$$

$$\log_a M^r=r\log_a M \quad (r\text{ は任意の実数})$$

底の変換公式：$a>0$，$a\neq 1$，$b>0$，$c>0$，$c\neq 1$ のとき

$$\log_a b=\frac{\log_c b}{\log_c a}$$

4-4 対数方程式・対数不等式

（1） $f(x)=\log_2(x-1)+\log_2(x-3)$ のとき，方程式 $f(x)=0$ および不等式 $f(x)>0$ を解け。

（2） $f(x)=\log_{0.5}(x-1)+\log_{0.5}(x-3)$ のとき，不等式 $f(x)>0$ を解け。

（3） 方程式 $\{\log_2(x^2+2)\}^2-4\log_2(x^2+2)+a=0$ が異なる 4 個の実数解をもつような a の値の範囲を求めよ。

解答

（1） 真数条件より

$x-1>0$ かつ $x-3>0$　　$\therefore$　$x>3$　…………①

$f(x)=0$ のとき

$$\log_2(x-1)(x-3)=0$$

であるから

$$(x-1)(x-3)=1$$

$$x^2-4x+2=0 \qquad \therefore \quad x=2\pm\sqrt{2}$$

よって，①より　**$x=2+\sqrt{2}$**　答

また，$f(x)>0$ のとき，底 2 は 1 より大きいから

$$x^2-4x+2>0 \qquad \therefore \quad x<2-\sqrt{2},\ x>2+\sqrt{2}$$

よって，①より　**$x>2+\sqrt{2}$**　答

（2） 真数条件より，（1）と同様に

$x>3$　…………②

$f(x)>0$ のとき

$$\log_{0.5}(x-1)(x-3)>0$$

であり，底 0.5 は 1 より小さいから

$$(x-1)(x-3)<1$$

$$x^2-4x+2<0 \qquad \therefore \quad 2-\sqrt{2}<x<2+\sqrt{2}$$

よって，②より　**$3<x<2+\sqrt{2}$**　答

（3） 真数条件より $x^2+2>0$ であり，これはすべての実数 x について成り立つ。$x^2+2\geqq2$ より，$t=\log_2(x^2+2)$ とおくと

$$t\geqq\log_2 2=1$$

である。ここで，方程式の左辺を $f(t)$ とおくと

$$f(t)=t^2-4t+a=(t-2)^2+a-4$$

となる。$t=1$ のとき x の値は $x=0$ の 1 個，$t>1$ のとき，x の値は 2 個が対応するから，与えられた方程式が異なる 4 個の実数解をもつのは，関数

$y=f(t)$ のグラフが $t>1$ の範囲において t 軸と2点で交わるときである。

このとき，右の図より

$$f(1)=a-3>0 \text{ かつ } a-4<0$$

であるから，求める a の値の範囲は

$3<a<4$ ◀◀答

である。

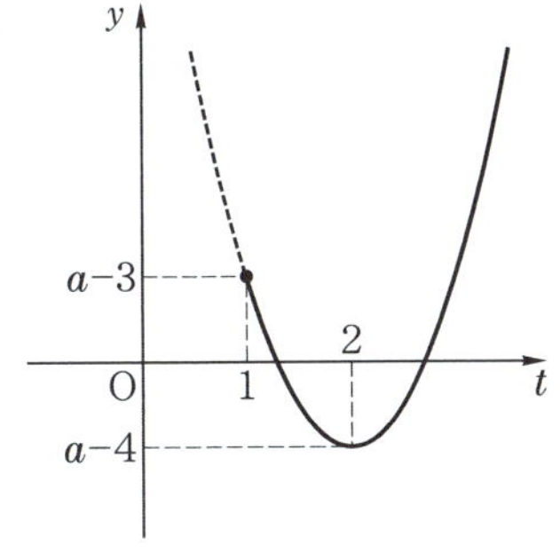

解説

■ 増加関数と減少関数

$y=\log_a x$ $(a>0,\ a\neq 1)$ は，底が1より大きいとき（$a>1$ のとき）増加関数，底が1より小さいとき（$0<a<1$ のとき）減少関数である。よって，指数不等式と同様に，底が1より大きいか小さいかに注意しなければならない。(1)と(2)の不等式の解法における不等号の向きの違いを確認してほしい。

■ t の値と x の個数の対応

方程式の解の個数を文字の置き換えを用いて考える場合，個数の対応をしっかり押さえる必要がある。(3)では，$t=\log_2(x^2+2)$ をみたす x の個数が

$t=1$ のとき1個，$t>1$ のとき2個

であることを押さえることが重要である。

POINT

対数方程式・対数不等式：

（方程式）　$a>0,\ a\neq 1$ のとき

$$\log_a p=\log_a q \iff p=q$$

（不等式）　$a>1$ のとき

$$\log_a p<\log_a q \iff p<q$$

$0<a<1$ のとき

$$\log_a p<\log_a q \iff p>q$$

であることを利用する。

底の異なるものが含まれているときは，底の変換公式を用いて底をそろえる。また，底条件，真数条件に注意する。

4-5 常用対数，桁数

（1）$\log_{10}4$，$\log_{10}5$，$\log_{10}6$ の値を求めよ。ただし，$\log_{10}2=0.3010$，$\log_{10}3=0.4771$ とする。

（2）2^{50} の桁数と最高位の数字を求めよ。

（3）$\left(\frac{1}{3}\right)^{20}$ を小数で表すと，小数第何位に初めて 0 でない数字が現れるか。また，初めて現れる 0 でない数字を求めよ。

解答

（1）$\log_{10}4=\log_{10}2^2=2\log_{10}2=2\cdot0.3010=$ **0.6020** 答

$\log_{10}5=\log_{10}\frac{10}{2}=\log_{10}10-\log_{10}2=1-0.3010=$ **0.6990** 答

$\log_{10}6=\log_{10}(2\cdot3)=\log_{10}2+\log_{10}3=0.3010+0.4771=$ **0.7781** 答

（2）$\log_{10}2^{50}=50\log_{10}2=50\cdot0.3010=15.05$ より

$$10^{15}\leqq2^{50}<10^{16}$$

であるから，2^{50} は **16 桁**の数である。 答

また，$2^{50}=10^{15}\cdot10^{0.05}$ であり，$\log_{10}2=0.3010$ より $10^{0.3010}=2$ であるから

$$1<10^{0.05}<2 \qquad \therefore \quad 1\times10^{15}<2^{50}<2\times10^{15}$$

となり，2^{50} の最高位の数字は **1** である。 答

（3）$\log_{10}\left(\frac{1}{3}\right)^{20}=20\log_{10}\frac{1}{3}=20(\log_{10}1-\log_{10}3)=-20\cdot0.4771=-9.542$ より

$$10^{-10}\leqq\left(\frac{1}{3}\right)^{20}<10^{-9}$$

であるから，$\left(\frac{1}{3}\right)^{20}$ は**小数第 10 位**に初めて 0 でない数字が現れる。 答

また，$\left(\frac{1}{3}\right)^{20}=10^{-10}\cdot10^{0.458}$ であり，$10^{0.3010}=2$，$10^{0.4771}=3$ であるから

$$2<10^{0.458}<3 \qquad \therefore \quad 2\times10^{-10}<\left(\frac{1}{3}\right)^{20}<3\times10^{-10}$$

となり，$\left(\frac{1}{3}\right)^{20}$ の初めて現れる 0 でない数字は **2** である。 答

解説

■ 常用対数

底が10である対数を常用対数といい，対数の近似値を計算する際によく用いられる。問題文で $\log_{10}2=0.3010$，$\log_{10}3=0.4771$ の値が与えられることが多く，これらの値から $\log_{10}4$，$\log_{10}5$，$\log_{10}6$，$\log_{10}8$，$\log_{10}9$ などの値を求めることができる。

■ 桁数と小数第何位に初めて0でない数字が現れるか

常用対数を利用することで，桁数や，小数で表したときの小数第何位に初めて0でない数字が現れるかを求めることができる。x が n 桁の数のとき

$$10^{n-1} \leqq x < 10^n \quad \text{すなわち} \quad n-1 \leqq \log_{10}x < n$$

であり，x の小数第 n 位に初めて0でない数字が現れるとき

$$10^{-n} \leqq x < 10^{-n+1} \quad \text{すなわち} \quad -n \leqq \log_{10}x < -n+1$$

である。

■ 最高位の数字と初めて現れる0でない数字

常用対数を利用することで，最高位の数字や，小数で表したときの初めて現れる0でない数字を求めることができる。2^{50} であれば $2^{50}=10^{15.05}=10^{15}\cdot10^{0.05}$ とすることで，$\left(\frac{1}{3}\right)^{20}$ であれば $\left(\frac{1}{3}\right)^{20}=10^{-9.542}=10^{-10}\cdot10^{0.458}$ とすることで，それぞれの数字が何かを求められる。

POINT

桁数：x が n 桁の数のとき

$$n-1 \leqq \log_{10}x < n$$

初めて現れる0でない数字：

x の小数第 n 位に初めて0でない数字が現れるとき

$$-n \leqq \log_{10}x < -n+1$$

例題 1 試行調査

a を1でない正の実数とする。(i)〜(iii)のそれぞれの式について，正しいものを，下の⓪〜③のうちから一つずつ選べ。ただし，同じものを繰り返し選んでもよい。

(i) $\sqrt[4]{a^3}\times a^{\frac{2}{3}}=a^2$ 　 ア

(ii) $\dfrac{(2a)^6}{(4a)^2}=\dfrac{a^3}{2}$ 　 イ

(iii) $4(\log_2 a-\log_4 a)=\log_{\sqrt{2}} a$ 　 ウ

⓪ 式を満たす a の値は存在しない。

① 式を満たす a の値はちょうど一つである。

② 式を満たす a の値はちょうど二つである。

③ どのような a の値を代入しても成り立つ式である。

解答

(i)
$$\sqrt[4]{a^3}\times a^{\frac{2}{3}}=a^2$$
$$a^{\frac{3}{4}}\times a^{\frac{2}{3}}=a^2$$
$$a^{\frac{3}{4}+\frac{2}{3}-2}=1$$
$$a^{-\frac{7}{12}}=1$$

$a>0$ より両辺を a^2 で割った。

この式を満たすのは $a=1$ のみであるが，a は1でない正の実数であるから

式を満たす a の値は存在しない。(⓪) ◀◀答

(ii)
$$\frac{(2a)^6}{(4a)^2}=\frac{a^3}{2}$$
$$\frac{2^6\cdot a^6}{2^4\cdot a^2}=\frac{a^3}{2}$$
$$4a^4=\frac{a^3}{2}$$
$$a=\frac{1}{8}$$

$a>0$ より両辺を a^3 で割って整理した。

であり，a は1でない正の実数なので

式を満たす a の値はちょうど一つである。(①)

(iii)
$$4(\log_2 a-\log_4 a)=\log_{\sqrt{2}} a$$
$$4\left(\log_2 a-\frac{\log_2 a}{\log_2 4}\right)=\frac{\log_2 a}{\log_2\sqrt{2}}$$

底を2にそろえる。

$$4\left(\log_2 a - \frac{\log_2 a}{2}\right) = \frac{\log_2 a}{\log_2 2^{\frac{1}{2}}}$$

$$4 \cdot \frac{\log_2 a}{2} = \frac{\log_2 a}{\frac{1}{2}}$$

$$2\log_2 a = 2\log_2 a$$

であり，この式は

どのような a の値を代入しても成り立つ式である。(③) ◀◀答

解説

■ 指数方程式・対数方程式の基本

指数方程式・対数方程式の基本は，指数や対数を一つにまとめることである。(i)，(ii)では，$a^{\bullet}=\square$ の形にすることを目標に式を変形し，(iii)では，対数の底を 2 にそろえて $\log_2 a=\square$ の形にすることを目標に式を変形した。

類題1 オリジナル問題(解答は19ページ)

kを実数とする。xについての方程式

$$\log_2(14-x)(x+2)=k \quad \cdots\cdots ①$$

がkの値によってどのような実数解をもつかを調べることにした。

(1) $\log_2(14-x)(x+2)$においてxのとり得る値の範囲を，次の⓪～⑦のうちから一つ選べ。 ア

⓪ $-2<x<14$　① $-2\leqq x<14$

② $-2<x\leqq 14$　③ $-2\leqq x\leqq 14$

④ $x<-2$ または $x>14$　⑤ $x\leqq -2$ または $x>14$

⑥ $x<-2$ または $x\geqq 14$　⑦ $x\leqq -2$ または $x\geqq 14$

そして，方程式①が実数解をもつようなkの値の範囲を，次の⓪～⑦のうちから一つ選べ。 イ

⓪ $0<k<6$　① $0\leqq k<6$　② $0<k\leqq 6$　③ $0\leqq k\leqq 6$

④ $k<6$　⑤ $k\leqq 6$　⑥ $k>6$　⑦ $k\geqq 6$

(2) (i)～(iii)のkの値における方程式①の解について，正しく述べているものを，次の⓪～⑤のうちから一つずつ選べ。ただし，同じものを繰り返し選んでもよい。

(i) $k=4$ のとき　ウ

(ii) $k=4+\log_2 3$ のとき　エ

(iii) $k=4+\log_2 7$ のとき　オ

⓪ 実数解をもたない。

① 整数の解をちょうど一つもつ。

② 無理数の解をちょうど一つもつ。

③ 異なる整数の解をちょうど二つもつ。

④ 異なる無理数の解をちょうど二つもつ。

⑤ 異なる実数解を三つ以上もつ。

例題 2 センター試験本試

正の定数 a に対して，方程式

$$5\cdot 2^{-x}+2^{x+3}=2a \quad \cdots\cdots ①$$

を考える。$t=2^x$ とおくと，方程式①は

$$t^2-\frac{a}{\boxed{ア}}t+\frac{\boxed{イ}}{8}=0 \quad \cdots\cdots ②$$

となり，さらに

$$\left(t-\frac{a}{\boxed{ウ}}\right)^2+\frac{\boxed{エオ}-a^2}{\boxed{カキ}}=0$$

と変形される。したがって，$a>\boxed{ク}\sqrt{\boxed{ケコ}}$ のとき方程式②は 2 個の解をもつ。

また，$a=\boxed{ク}\sqrt{\boxed{ケコ}}$ のとき方程式①は，ただ一つの解

$$x=\frac{1}{\boxed{サ}}(\log_2\boxed{シ}-\boxed{ス})$$

をもつ。

解答

①で $t=2^x$ とおくと

$$\frac{5}{t}+8t=2a \text{ かつ } t>0$$

であり，両辺に $\frac{t}{8}$ をかけて整理すると

$$t^2-\frac{a}{4}t+\frac{5}{8}=0 \quad \text{答} \quad \cdots\cdots ②$$

左辺を平方完成すると

$$\left(t-\frac{a}{8}\right)^2-\frac{a^2}{64}+\frac{5}{8}=0$$

$$\therefore \left(t-\frac{a}{8}\right)^2+\frac{40-a^2}{64}=0 \quad \text{答}$$

となる。左辺を t の関数 $f(t)$ とおくと，$y=f(t)$ のグラフは頂点が $\left(\frac{a}{8},\ \frac{40-a^2}{64}\right)$ の下に凸の放物線であり，$t=0$ とした場合を考えると，$f(0)=\frac{5}{8}>0$ である。また，$a>0$ より，軸について $t=\frac{a}{8}>0$ である。

$2^{-x}=\frac{1}{2^x}$

$2^{x+3}=2^3\cdot 2^x=8\cdot 2^x$

t^2 の係数が 1。

定義域は $t>0$ であるが，端点について調べるために $f(0)$ を考える。

したがって，②が $t>0$ をみたす2個の解をもつのは

$$\frac{40-a^2}{64}<0 \qquad \therefore \quad a^2>40$$

頂点の y 座標 $\frac{40-a^2}{64}<0$

$a>0$ より

$$\boldsymbol{a>2\sqrt{10}}$$ ◀◀答

のときである。

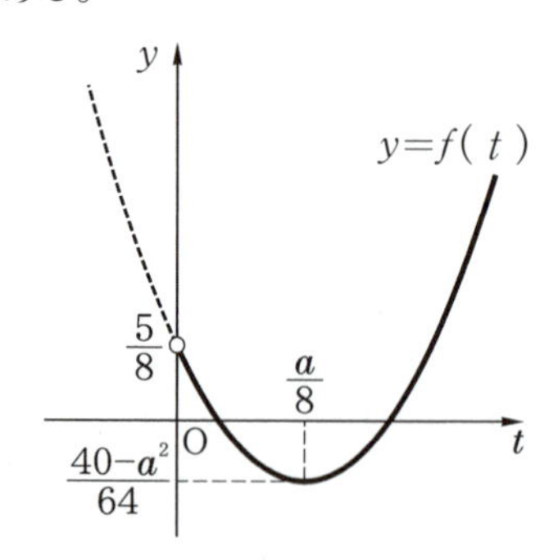

また，$a=2\sqrt{10}$ のとき，方程式②はただ1つの解

$$t=\frac{a}{8}=\frac{\sqrt{10}}{4}$$

をもつ。このとき $2^x=\frac{\sqrt{10}}{4}$ であるから，方程式①はただ1つの解

$$x=\log_2\frac{\sqrt{10}}{4}=\log_2 10^{\frac{1}{2}}-\log_2 4$$

$$=\frac{1}{2}\log_2 10-2=\frac{1}{2}(\log_2 5+\log_2 2)-2$$

$\log_2 10=\log_2 5+\log_2 2$

$$=\boldsymbol{\frac{1}{2}(\log_2 5-3)}$$ ◀◀答

をもつ。

解説

2次関数のグラフの利用

$t=2^x$ より $t>0$ であることを押さえた上で，“方程式②が2個の解をもつ”ことを，“2次関数 $y=f(t)$ のグラフが t 軸の正の部分と異なる2点で交わる”ことに置き換えて考えるのが時間短縮のポイントである。

（i）頂点の y 座標の符号　$\dfrac{40-a^2}{64}<0$

（ii）軸の位置　$t=\dfrac{a}{8}>0$

（iii）端点の y 座標の符号　$f(0)>0$

について調べればよく，$a>0$ であれば（ii），（iii）は成り立つので，（i）（および $a>0$）から a の値の範囲が得られる。

類題2 オリジナル問題（解答は20ページ）

関数

$$y=-4^x+2^{x+3}+a-18 \quad \cdots\cdots ①$$

を考える。$2^x=X$ とおくと，①は

$$y=-(X-\boxed{ア})^2+a-\boxed{イ}$$

と変形できる。

（1）$0\leqq x\leqq 3$ のとき，$\boxed{ウ}\leqq X\leqq\boxed{エ}$ であり，この範囲において y は

$x=\boxed{オ}$ のとき，最大値 $a-\boxed{カ}$

$x=\boxed{キ}$ のとき，最小値 $a-\boxed{クケ}$

をとる。

（2）$0\leqq x\leqq 3$ において，異なる2つの x の値に対して $y=0$ となるような a の値の範囲は

$$\boxed{コ}<a\leqq\boxed{サシ}$$

である。

例題 3 センター試験本試

関数

$$y=\log_2\left(\frac{x}{2}+3\right) \cdots\cdots ①$$

のグラフは，関数

$$y=\log_2 x \cdots\cdots ②$$

のグラフを x 軸方向に［アイ］，y 軸方向に［ウエ］だけ平行移動したものである。①と②のグラフの共有点の座標は

$$(\boxed{オ},\ 1+\log_2\boxed{カ})$$

である。

解答

①の式を変形すると

$$y=\log_2\frac{x+6}{2}=\log_2(x+6)-\log_2 2$$
$$=\log_2(x+6)-1$$

となるから，関数①のグラフは関数②のグラフを

x 軸方向に -6，y 軸方向に -1 答

だけ平行移動したものである。

移動方向と符号の関係に注意する。

ここで，①の定義域は

$$\frac{x}{2}+3>0 \quad \therefore \quad x>-6 \cdots\cdots ③$$

真数条件より定義域の確認。

また，②の定義域は

$$x>0 \cdots\cdots ④$$

①，②のグラフが共有点をもつとき

$$\log_2\left(\frac{x}{2}+3\right)=\log_2 x$$

すなわち

$$\frac{x}{2}+3=x \quad \therefore \quad x=6$$

これは③，④をみたす。したがって，共有点の y 座標は

$$y=\log_2 6=\log_2 2+\log_2 3=1+\log_2 3$$

②に $x=6$ を代入。

よって，共有点の座標は

$(6,\ 1+\log_2 3)$ 答

解説

■ グラフの平行移動

関数 $y=f(x)$ のグラフを

x 軸方向に p, y 軸方向に q

だけ平行移動すると関数

$$y=f(x-p)+q$$

のグラフになる。やみくもに式変形をするのではなく，この形を目標に式変形を心がけることで，無駄な計算をせずに時間を短縮できる。

■ $y=\log_2\left(\dfrac{x}{2}+3\right)$ と $y=\log_2 x$ のグラフ

$$y=\log_2\left(\frac{x}{2}+3\right)$$

すなわち

$$y=\log_2(x+6)-1$$

のグラフと $y=\log_2 x$ のグラフをかくと，右の図のようになる。共有点を含め，位置関係を確認しておこう。

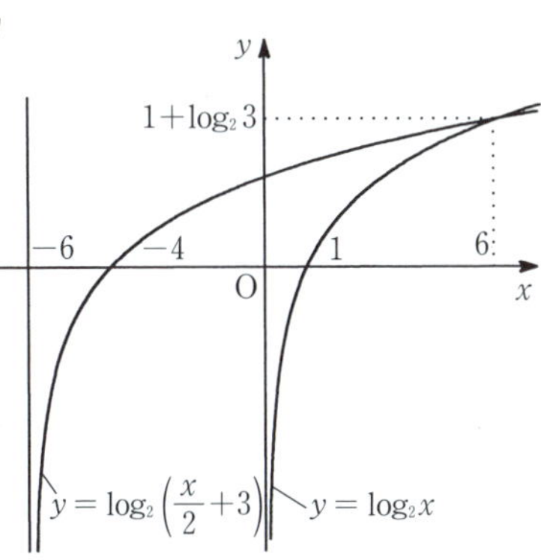

類題3 オリジナル問題(解答は21ページ)

(1) 下の図の点線は $y=\log_3 x$ のグラフである。(i), (ii)の対数関数のグラフが実線で正しくかかれているものとして最も適当なものを，次の⓪～⑦のうちから一つずつ選べ。ただし，同じものを選んでもよい。

(i) $y=\log_3 9x$  ア　　(ii) $y=\log_3 x^2$ イ

⓪

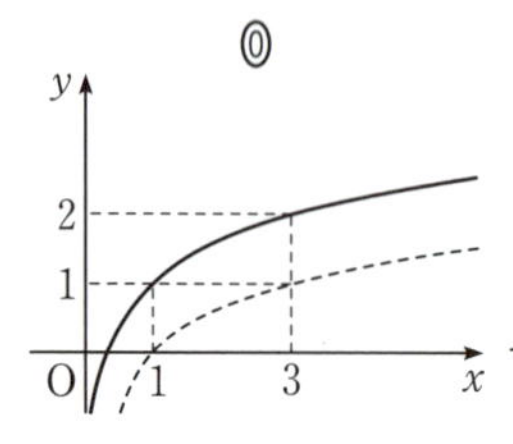

①

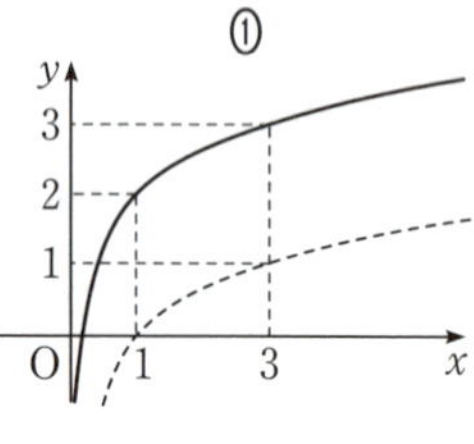

②

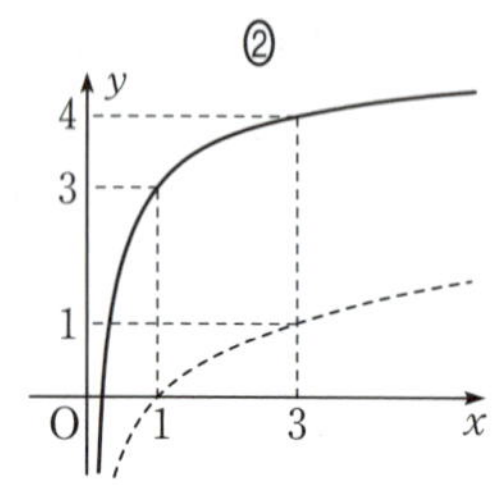

③

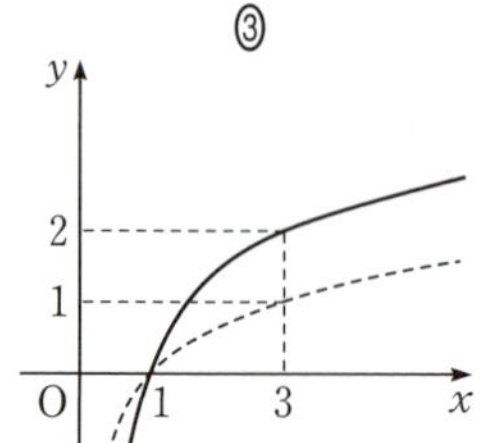

④

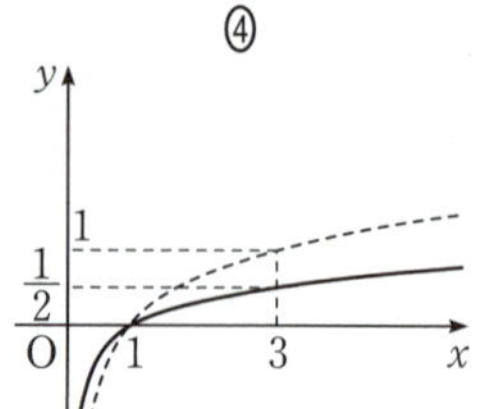

⑤

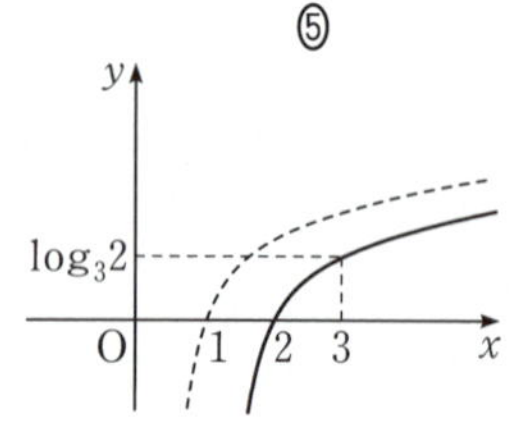

⑥

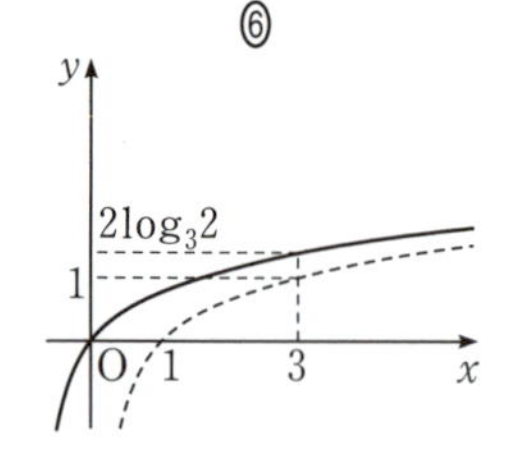

⑦

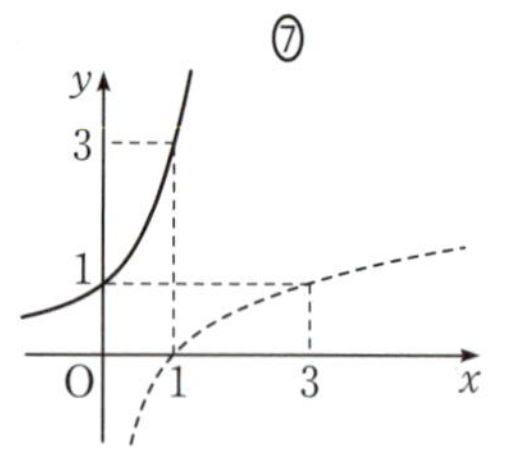

(2) 右の図は，3を底とする対数によって表される関数のグラフである。その関数の式として正しいものを，下の⓪～⑨のうちから**すべて**選べ。 ウ

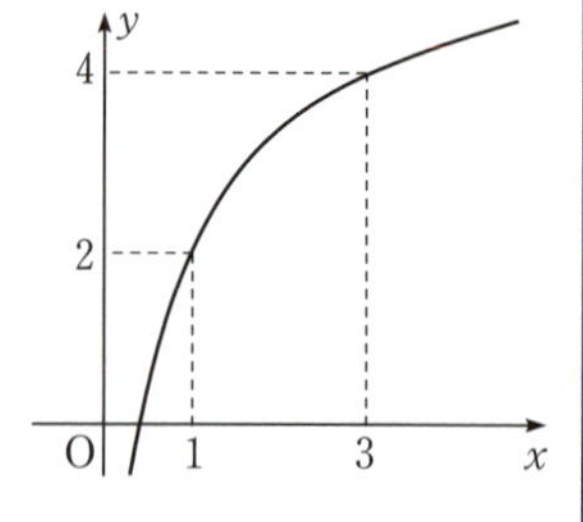

⓪ $y=\log_3 x+2$　　① $y=\log_3 3x+3$

② $y=\log_3 3x+1$　　③ $y=\log_3 3x+2$

④ $y=2\log_3 x+2$　　⑤ $y=2\log_3 3x+2$

⑥ $y=2\log_3 3x$　　⑦ $y=2\log_3 x^2+1$

⑧ $y=\log_3 x^2+2$　　⑨ $y=\log_3 3x^2$

例題 4　センター試験追試

$a=\log_3 4$, $b=\log_4 5$, $c=\log_{12} 20$ とおく。

3^5 $\boxed{\text{ア}}$ 4^4 であるから，a $\boxed{\text{イ}}$ $\dfrac{5}{4}$ が成り立つ。また，4^5 $\boxed{\text{ウ}}$ 5^4 であるから，b $\boxed{\text{エ}}$ $\dfrac{5}{4}$ が成り立つ。$\boxed{\text{ア}}$ ～ $\boxed{\text{エ}}$ に当てはまるものを，次の⓪～②のうちから一つずつ選べ。ただし，同じものを繰り返し選んでもよい。

⓪ $<$　　① $=$　　② $>$

一方，c を 3 を底とする対数を用いて表すと $c=\dfrac{a+\log_3\boxed{\text{オ}}}{a+\boxed{\text{カ}}}$ である。

さらに，$ab=\log_3\boxed{\text{キ}}$ であるから

$$c-a=\frac{a}{a+\boxed{\text{カ}}}\left(\boxed{\text{ク}}-\boxed{\text{ケ}}\right) \quad \cdots\cdots ①$$

が成り立つ。また，$c-b=c-a+a-b$ であるから，①より

$$c-b=\frac{1}{a+\boxed{\text{カ}}}\left(\boxed{\text{コ}}-\boxed{\text{サ}}\right) \quad \cdots\cdots ②$$

が成り立つ。ここで，a $\boxed{\text{イ}}$ $\dfrac{5}{4}$，b $\boxed{\text{エ}}$ $\dfrac{5}{4}$ と①，②から，$\boxed{\text{シ}}$ が成り立つ。$\boxed{\text{シ}}$ に当てはまるものを，次の⓪～⑤のうちから一つ選べ。

⓪ $a<b<c$　　① $a<c<b$　　② $b<a<c$

③ $b<c<a$　　④ $c<a<b$　　⑤ $c<b<a$

解答

$3^5=243$, $4^4=256$ より

$\mathbf{3^5<4^4}$　（⓪）

両辺の底 3 の対数をとると

$5<4\log_3 4$　　$\therefore$ $\boldsymbol{a>\dfrac{5}{4}}$　（②）

$\log_3 3^5=5$
$\log_3 4^4=4\log_3 4$

また，$4^5=1024$, $5^4=625$ より

$\mathbf{4^5>5^4}$　（②）◀◀答

両辺の底 4 の対数をとると

$5>4\log_4 5$　　$\therefore$ $\boldsymbol{b<\dfrac{5}{4}}$　

$\log_4 4^5=5$
$\log_4 5^4=4\log_4 5$

一方，c を 3 を底とする対数を用いて表すと

$$c=\log_{12}20=\frac{\log_3 20}{\log_3 12}$$

底の変換公式。

$$=\frac{\log_3 4+\log_3 5}{\log_3 4+\log_3 3}$$

$$=\frac{\boldsymbol{a+\log_3 5}}{\boldsymbol{a+1}}$$ ◀◀答

である。さらに

$$ab=\log_3 4\cdot\log_4 5=\log_3 4\cdot\frac{\log_3 5}{\log_3 4}$$

$$=\boldsymbol{\log_3 5}$$ ◀◀答

であるから，$c=\dfrac{a+ab}{a+1}$ となり

$$c-a=\frac{a+ab}{a+1}-a$$

$$=\frac{a+ab-a(a+1)}{a+1}$$

$$=\frac{ab-a^2}{a+1}$$

$$=\frac{\boldsymbol{a}}{\boldsymbol{a+1}}(\boldsymbol{b-a})$$ ◀◀答

また，$c-b=c-a+a-b$ であるから

$$c-b=\frac{a}{a+1}(b-a)+(a-b)$$

$$=\left(1-\frac{a}{a+1}\right)(a-b)$$

$$=\frac{\boldsymbol{1}}{\boldsymbol{a+1}}(\boldsymbol{a-b})$$ ◀◀答

$b<\dfrac{5}{4}<a$ より $b-a<0$，$a-b>0$ なので

$$c-a<0,\ c-b>0$$

よって

$\boldsymbol{b<c<a}$ （③） ◀◀答

$\log_3 20=\log_3(4\times 5)$

$\log_3 12=\log_3(4\times 3)$

解説

■ 対数の計算

対数の計算をするときには，底の変換公式を用いて，底をそろえることが基本である。たとえば，本問で ab を計算する際には

$$\log_3 4 \cdot \log_4 5 = \log_3 4 \cdot \frac{\log_3 5}{\log_3 4} = \log_3 5$$

のように底を3にそろえて計算している。この計算方法は頻出なので，知っておくとよい。一般に

$$\log_x y \cdot \log_y z = \log_x z$$

となるので，公式として覚えておいてもよいだろう。なお，上式の両辺を $\log_x y$ で割ると

$$\log_y z = \frac{\log_x z}{\log_x y}$$

となり，底の変換公式が得られる。

類題4 オリジナル問題(解答は22ページ)

$0 < a < \frac{1}{2}$ とする。このとき

$$A = \log_a \frac{2}{3},\ B = \log_{\frac{2}{3}} a,\ C = \log_{\frac{3}{2}} a,\ D = \log_{\frac{1}{a}} \frac{2}{3}$$

とおき，A，B，C，D の大小関係を調べたい。そこで，B，C，D をおのおの A を用いて表すと

$$B = \frac{\boxed{\text{ア}}}{A},\ C = \frac{\boxed{\text{イウ}}}{A},\ D = \boxed{\text{エ}}A$$

となる。ここで，$0 < a < \frac{1}{2} < \frac{2}{3} < 1$ より $0 < A < 1$ であるから

$$\boxed{\text{オ}} < B,\ C < \boxed{\text{カキ}},\ \boxed{\text{カキ}} < D < \boxed{\text{ク}}$$

であり，以上より A，B，C，D の間には大小関係

$$\boxed{\text{ケ}} < \boxed{\text{コ}} < \boxed{\text{サ}} < \boxed{\text{シ}}$$

が成り立つことがわかる。ただし，$\boxed{\text{ケ}}$ ～ $\boxed{\text{シ}}$ については，当てはまるものを以下の⓪～③のうちから1つずつ選べ。

⓪ A　　① B　　② C　　③ D

例題 5 センター試験本試

$a>0$, $a \neq 1$ として，不等式

$$2\log_a(8-x) > \log_a(x-2) \quad \cdots\cdots ①$$

を満たす x の値の範囲を求めよう。

真数は正であるから，[ア] $<x<$ [イ] が成り立つ。ただし，対数 $\log_a b$ に対し，a を底といい，b を真数という。

底 a が $a<1$ を満たすとき，不等式①は

$$x^2 - [ウエ]x + [オカ] [キ] 0 \quad \cdots\cdots ②$$

となる。ただし，[キ] については，当てはまるものを，次の⓪～②のうちから一つ選べ。

⓪ $<$　　① $=$　　② $>$

したがって，真数が正であることと②から，$a<1$ のとき，不等式①を満たす x のとり得る値の範囲は [ク] $<x<$ [ケ] である。

同様にして，$a>1$ のときには，不等式①を満たす x のとり得る値の範囲は [コ] $<x<$ [サ] であることがわかる。

解答

真数条件より

$8-x>0$ かつ $x-2>0$

$\therefore$ $\mathbf{2<x<8}$ 答 $\cdots\cdots(*)$

さて，①を変形すると

$\log_a(8-x)^2 > \log_a(x-2) \quad \cdots\cdots ①'$

である。ここで，$(0<)\ a<1$ のとき，①′より

$(8-x)^2 < x-2$

$\therefore$ $\mathbf{x^2-17x+66<0}$ (⓪) 答

底が1より小さいので，不等号の向きが変わる。

これを解くと

$(x-11)(x-6)<0$ $\therefore$ $6<x<11$

であり，$(*)$と合わせると

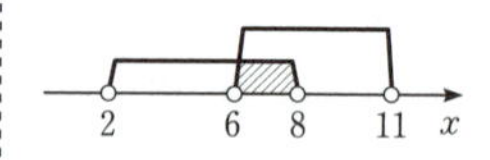

$\mathbf{6<x<8}$ 答

同様に，$a>1$ のとき，①′より

$(8-x)^2 > x-2$

これを解くと

$(x-11)(x-6)>0$ $\therefore$ $x<6$ または $x>11$

であり，(＊)と合わせると

$2<x<6$ ◀◀答

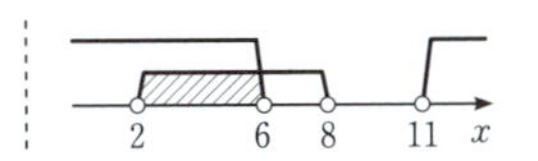

解説

■ 対数不等式の解き方

対数不等式を解くとき，底に文字を含んでいる場合には，その値によって場合分けが必要となる。しかし，不等号の向きが変わるだけなので，必要な計算はほとんど同じである。計算を省略して，時間を短縮しよう。

類題5 オリジナル問題(解答は23ページ)

先生と太郎さんは，次の問題とその解答について話している。二人の会話を読んで，下の問いに答えよ。

【問題】

a を 1 でない正の実数とする。不等式

$$\log_a(6x^2-11x+4) \geqq \log_a(x-2)^2 \quad \cdots\cdots ①$$

が成り立つような x の値の範囲を求めよ。

太郎さんの解答

①より

$$\log_a(2x-1)(3x-4) \geqq 2\log_a(x-2) \quad \cdots\cdots ②$$

であり，真数の条件より

$$\left(x<\frac{1}{2},\ x>\frac{4}{3}\right) \text{ かつ } x>2 \qquad \therefore\ x>2 \quad \cdots\cdots ③$$

である。

(i) $a>1$ のとき，①より

$$6x^2-11x+4 \geqq (x-2)^2 \qquad \therefore\ x\leqq 0,\ x\geqq \frac{7}{5} \quad \cdots\cdots ④$$

であり，③，④より，$x>2$

(ii) $0<a<1$ のとき，①より

$$6x^2-11x+4 \leqq (x-2)^2 \qquad \therefore\ 0\leqq x\leqq \frac{7}{5} \quad \cdots\cdots ⑤$$

であり，③，⑤より，これを満たす実数 x は存在しない。

先生「①に $x=0$ を代入すると，左辺も右辺も $\log_a 4$ となるので，$x=0$ でも①の不等式は成り立ちますね。」

太郎「どこで間違えてしまったのだろう。」

先生「②ではなく，①で真数の条件を考えるとどうかな。」

太郎「ひょっとして真数の条件は [ア] ということですか。」

先生「そのとおりです。よく気づきましたね。」

（1）[ア] に当てはまるものを，次の ⓪～③ のうちから一つ選べ。

⓪ $\frac{1}{2}<x<\frac{4}{3}$ かつ $x>2$

① $\left(x \neq \frac{1}{2},\ x \neq \frac{4}{3}\right)$ かつ $x \neq 2$

② $\left(x<\frac{1}{2},\ x>\frac{4}{3}\right)$ かつ $x<2$

③ $\left(x<\frac{1}{2},\ x>\frac{4}{3}\right)$ かつ $x \neq 2$

（2）正しい x の値の範囲を求めると

(i) $a>1$ のとき

$$x \leqq \boxed{イ},\quad \frac{\boxed{ウ}}{\boxed{エ}} \leqq x < \boxed{オ},\quad x > \boxed{カ}$$

(ii) $0<a<1$ のとき

$$\boxed{キ} \leqq x < \frac{\boxed{ク}}{\boxed{ケ}},\quad \frac{\boxed{コ}}{\boxed{サ}} < x \leqq \frac{\boxed{シ}}{\boxed{ス}}$$

である。

第5章　微分・積分

微分・積分では,曲線・直線によって囲まれた部分の面積,3次関数の増減,接線の方程式,定積分と導関数の関係などの出題が考えられる。

試行調査では,定積分と導関数の関係を利用してグラフの概形を考える問題や,3次関数の定積分と曲線・直線によって囲まれる部分の面積の対応関係について問う問題などが出題されている。

5 微分・積分

基本事項の確認

5-1 導関数

関数 $y=3(x-2)^3$ の導関数を求めよ。

解答

$$y=3(x^3-6x^2+12x-8)$$
$$=3x^3-18x^2+36x-24$$

であるから

$$y'=3\cdot 3x^2-18\cdot 2x+36\cdot 1$$
$$=\mathbf{9x^2-36x+36}$$ 答

解説

$(x+a)^n$ の微分

一般に，$(x+a)^n$（n は正の整数）を微分すると $n(x+a)^{n-1}$ となる。このことを用いて $y=3(x-2)^3$ の導関数を求めると

$$y'=3\cdot 3(x-2)^2=9x^2-36x+36$$

となり，上の解答と一致することがわかる。

POINT

微分：

定数 c について　$(c)'=0$

x^n について　$(x^n)'=nx^{n-1}$

$(x+a)^n$ について　$\{(x+a)^n\}'=n(x+a)^{n-1}$

5-2　接線の方程式

（1）曲線 $y=x^3-5x$ 上の点 $(1,\ -4)$ における接線の方程式を求めよ。

（2）点 $(3,\ 5)$ を通り放物線 $y=x^2$ に接する直線の方程式を求めよ。

解答

（1） $y'=3x^2-5$ であるから，点 $(1,\ -4)$ における接線の傾きは -2 であり，その方程式は

$$y=-2(x-1)-4 \qquad \therefore \quad \boldsymbol{y=-2x-2}$$ 答

（2） $y'=2x$ であるから，放物線 $y=x^2$ 上の点 $(a,\ a^2)$ における接線の傾きは $2a$ である。したがって，この点における接線の方程式は

$$y=2a(x-a)+a^2 \qquad \therefore \quad y=2ax-a^2 \quad \cdots\cdots①$$

この直線が点 $(3,\ 5)$ を通ることから，$5=6a-a^2$ すなわち

$$a^2-6a+5=0$$

$$(a-1)(a-5)=0 \qquad \therefore \quad a=1,\ 5$$

よって，求める接線の方程式は，①に $a=1,\ 5$ をそれぞれ代入して

$$\boldsymbol{y=2x-1,\ y=10x-25}$$ 答

解説

■ 微分を用いない（2）の別解

求める直線の傾きを m とすると，点 $(3,\ 5)$ を通ることから，その方程式は

$$y=m(x-3)+5$$

と表せる。放物線 $y=x^2$ とこの直線の共有点では

$$x^2=m(x-3)+5 \qquad \therefore \quad x^2-mx+3m-5=0$$

が成り立つ。この2次方程式が重解をもつとき，放物線と直線が接するから，この2次方程式の判別式を D とおくと

$$D=m^2-4(3m-5)=m^2-12m+20=(m-2)(m-10)=0$$

となる。よって，$m=2,\ 10$ であり，直線の方程式が求められる。

POINT

接線の方程式：曲線 $y=f(x)$ 上の点 $(a,\ f(a))$ における接線の傾きは $f'(a)$ であり，この点における接線の方程式は

$$\boldsymbol{y=f'(a)(x-a)+f(a)}$$

5-3　3次関数の増減

（1）3 次関数 $f(x)=2x^3+x^2-4x-1$ の $-2\leqq x\leqq 1$ における最大値，最小値とそのときの x の値を求めよ。

（2）3 次方程式 $x^3-3x+a=0$ がちょうど 2 個の実数解をもつときの a の値を求めよ。

解答

（1）$f'(x)=6x^2+2x-4=2(x+1)(3x-2)$

であるから，$-2\leqq x\leqq 1$ における $f(x)$ の増減表は次のようになる。

x	-2	$\cdots$	-1	$\cdots$	$\frac{2}{3}$	$\cdots$	1
$f'(x)$		$+$	0	$-$	0	$+$	
$f(x)$	-5	↗	2	↘	$-\frac{71}{27}$	↗	-2

したがって

$x=-1$ のとき最大値 2

$x=-2$ のとき最小値 -5 答

をとる。

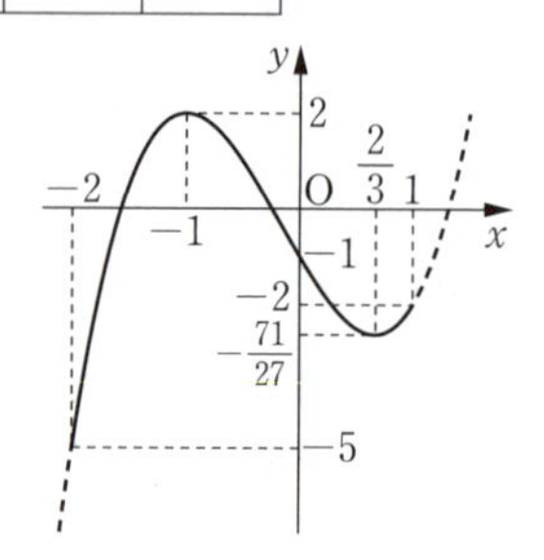

（2）この方程式の左辺を $g(x)$ とおくと

$g'(x)=3x^2-3=3(x+1)(x-1)$

となるから，$g(x)$ の増減表は次のようになる。

x	$\cdots$	-1	$\cdots$	1	$\cdots$
$g'(x)$	$+$	0	$-$	0	$+$
$g(x)$	↗	$a+2$	↘	$a-2$	↗

方程式 $g(x)=0$ がちょうど 2 個の実数解をもつのは，$g(x)$ の極大値 $a+2$ または極小値 $a-2$ が 0 に等しいときであるから，求める a の値は

$a=-2,\ 2$ 答

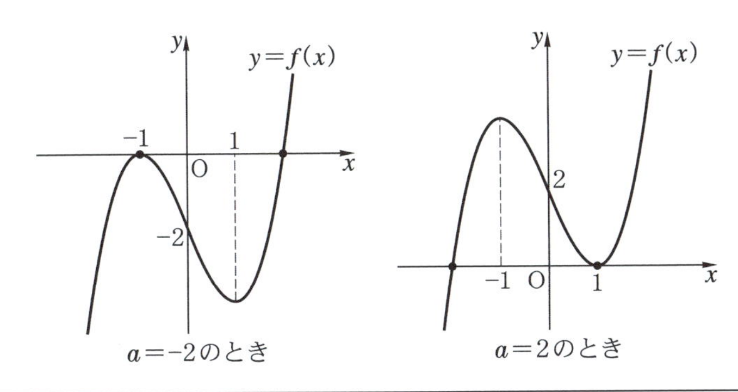

解説

3次関数の増減

3次関数 $y=f(x)$ の増減を調べるときやグラフをかくときには，$f'(x)$ を求めて極値を計算し，増減表を利用する。

　　$f'(x)>0$ となる x の範囲では，x が増加するにつれて $f(x)$ は増加

　　$f'(x)<0$ となる x の範囲では，x が増加するにつれて $f(x)$ は減少

となる。

方程式の実数解の個数

方程式 $f(x)=0$ の実数解の個数は，関数 $y=f(x)$ のグラフと x 軸との共有点の個数に等しい。また，方程式 $f(x)=a$ の実数解の個数は，関数 $y=f(x)$ のグラフと直線 $y=a$ の共有点の個数に等しい。

(2)は，$x^3-3x+a=0$ を

$$-x^3+3x=a$$

と書き換えて，関数 $y=-x^3+3x$ のグラフと直線 $y=a$ の共有点を考えてもよい。

POINT

方程式の実数解の個数：

方程式 $f(x)=0$ の実数解の個数は関数 $y=f(x)$ のグラフと x 軸との共有点の個数に等しい。

方程式 $f(x)=a$ の実数解の個数は関数 $y=f(x)$ のグラフと直線 $y=a$ との共有点の個数に等しい。

5-4 積分の計算

（1）定積分 $\int_{-1}^{2}(x+1)^2dx$ を求めよ。

（2）定積分 $\int_{0}^{8}(6x-5)dx-\int_{4}^{8}(6x-5)dx$ を求めよ。

（3）任意の x に対して等式 $\int_{a}^{x}f(t)dt=2x^2+5x-12$ が成り立つとき，関数 $f(x)$ と定数 a の値を求めよ。

解答

（1）
$$\int_{-1}^{2}(x+1)^2dx=\int_{-1}^{2}(x^2+2x+1)dx$$
$$=\left[\frac{1}{3}x^3+x^2+x\right]_{-1}^{2}$$
$$=\frac{1}{3}\{2^3-(-1)^3\}+\{2^2-(-1)^2\}+\{2-(-1)\}$$
$$=3+3+3$$
$$=9$$ ◀◀答

（2）
$$\int_{0}^{8}(6x-5)dx-\int_{4}^{8}(6x-5)dx=\int_{0}^{8}(6x-5)dx+\int_{8}^{4}(6x-5)dx$$
$$=\int_{0}^{4}(6x-5)dx$$
$$=\left[3x^2-5x\right]_{0}^{4}$$
$$=(48-20)-0$$
$$=28$$ ◀◀答

（3）与えられた等式の両辺を x で微分すると
$$\frac{d}{dx}\int_{a}^{x}f(t)dt=4x+5$$
$\therefore$ $f(x)=4x+5$ ◀◀答

また，与えられた等式に $x=a$ を代入すると，左辺は0になるから
$$0=2a^2+5a-12$$
$$(a+4)(2a-3)=0$$
$\therefore$ $a=-4,\ \frac{3}{2}$ ◀◀答

解説

■ $(x+a)^n$ の積分

一般に，$(x+a)^n$（n は正の整数）の不定積分は

$$\int (x+a)^n dx = \frac{1}{n+1}(x+a)^{n+1} + C \quad (C\text{ は積分定数})$$

となる。このことを用いて(1)を計算すると

$$\int_{-1}^{2}(x+1)^2 dx = \left[\frac{1}{3}(x+1)^3\right]_{-1}^{2} = \frac{3^3-0^3}{3} = 9$$

となり，解答と一致することがわかる。

■ 定積分の性質

定積分の上端と下端に関して，$\int_a^a f(x)dx=0$ など，下に示したいくつかの性質が成り立つ。これらはきちんと利用できるようにしておいてほしい。

■ 定積分と微分の関係

$\int_a^x f(t)dt$ において，$f(t)$ の原始関数の1つを $F(t)$ とおくと

$$\int_a^x f(t)dt = \Big[F(t)\Big]_a^x = F(x) - F(a) \quad \cdots\cdots ①$$

となる。①の両辺を x で微分すると，$F(a)$ は定数であるから

$$\frac{d}{dx}\int_a^x f(t)dt = F'(x) \qquad \therefore \quad \frac{d}{dx}\int_a^x f(t)dt = f(x)$$

が成り立つ。

POINT

不定積分：$\int x^n dx = \frac{1}{n+1}x^{n+1} + C$（$C$ は積分定数）

$\int (x+a)^n dx = \frac{1}{n+1}(x+a)^{n+1} + C$（$C$ は積分定数）

定積分の性質：$\int_a^a f(x)dx = 0,\ \int_a^b f(x)dx = -\int_b^a f(x)dx$

$\int_a^b f(x)dx = \int_a^c f(x)dx + \int_c^b f(x)dx$

定積分と微分の関係：$\frac{d}{dx}\int_a^x f(t)dt = f(x)$（$a$ は定数）

5-5 面積の計算

（1）放物線 $y=2x^2+x-3$ と直線 $y=-x+1$ で囲まれた部分の面積を求めよ。

（2）2つの放物線 $y=-x^2+x+2$, $y=3x^2-3x-4$ で囲まれた部分の面積を求めよ。

（3）放物線 $y=-2x^2+8x$ と x 軸と直線 $x=3$ で囲まれた2つの部分のうち，大きい方の面積を求めよ。

解答

（1） $(-x+1)-(2x^2+x-3)$

$=-2x^2-2x+4$

$=-2(x+2)(x-1)$

であるから，放物線 $y=2x^2+x-3$ と直線 $y=-x+1$ は2点 $(-2,\ 3)$, $(1,\ 0)$ で交わる。右の図より，求める面積は

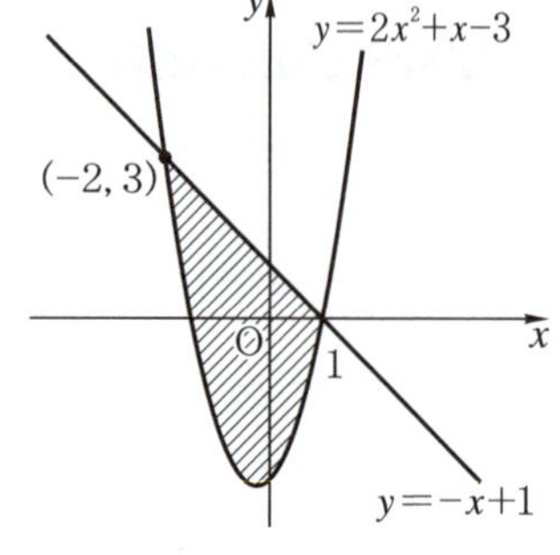

$$\int_{-2}^{1}\{-2(x+2)(x-1)\}dx$$

$$=-2\int_{-2}^{1}(x+2)(x-1)\,dx$$

$$=\frac{2}{6}\{1-(-2)\}^3=\mathbf{9}$$ ◀◀答

（2） $(-x^2+x+2)-(3x^2-3x-4)$

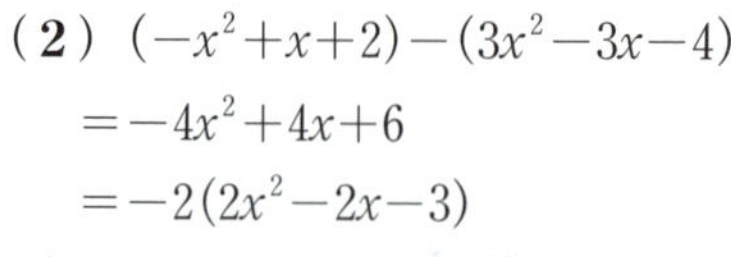

$=-4x^2+4x+6$

$=-2(2x^2-2x-3)$

であるから，2つの放物線 $y=-x^2+x+2$ と $y=3x^2-3x-4$ の交点の x 座標は，2次方程式 $2x^2-2x-3=0$ を解いて

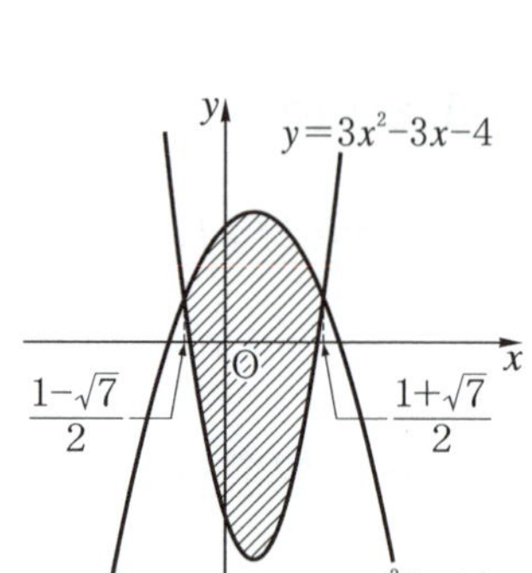

$$x=\frac{1\pm\sqrt{7}}{2}$$

となる。よって，右の図より，求める面積は

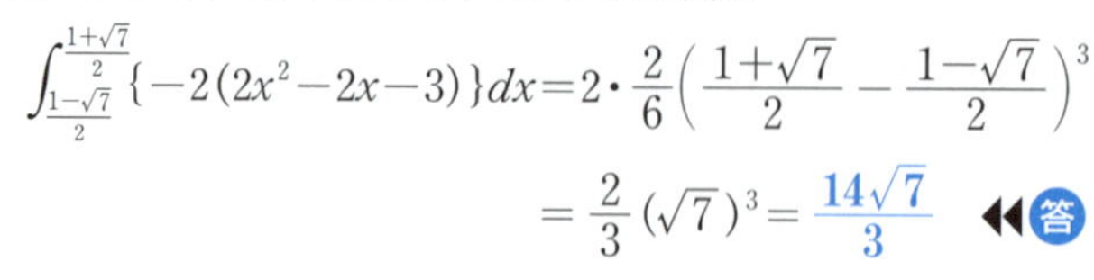

$$\int_{\frac{1-\sqrt{7}}{2}}^{\frac{1+\sqrt{7}}{2}}\{-2(2x^2-2x-3)\}dx=2\cdot\frac{2}{6}\left(\frac{1+\sqrt{7}}{2}-\frac{1-\sqrt{7}}{2}\right)^3$$

$$=\frac{2}{3}(\sqrt{7})^3=\mathbf{\frac{14\sqrt{7}}{3}}$$ ◀◀答

（3）放物線 $y=-2x^2+8x$ は原点Oと点 $(4,\ 0)$ を通り，直線 $x=3$ との交点は $(3,\ 6)$ であるから，右の図より，求める面積は

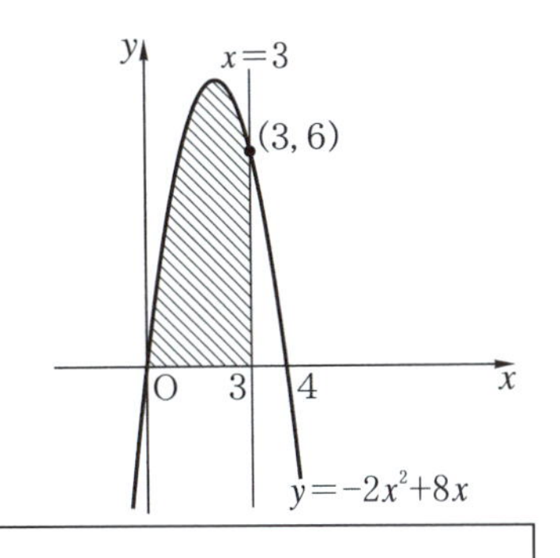

$$\int_0^3 (-2x^2+8x)\,dx$$

$$=\left[-\frac{2}{3}x^3+4x^2\right]_0^3$$

$$=-18+36=18$$ 答

解説

2曲線間の面積

区間 $\alpha \leqq x \leqq \beta$ において，つねに $f(x) \geqq g(x)$ が成り立つとき，2曲線 $y=f(x)$ と $y=g(x)$ および直線 $x=\alpha$，$x=\beta$ によって囲まれる部分の面積は

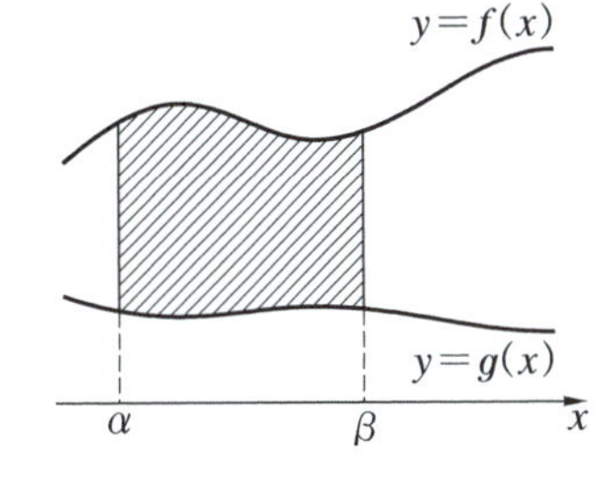

$$\int_\alpha^\beta \{f(x)-g(x)\}\,dx$$

である。

$\displaystyle\int_\alpha^\beta (x-\alpha)(x-\beta)\,dx=-\frac{1}{6}(\beta-\alpha)^3$

2つの放物線で囲まれる部分の面積や，放物線と直線で囲まれる部分の面積を求める際に利用できる公式であり，以下の式変形により導くことができる。

$$\int_\alpha^\beta (x-\alpha)(x-\beta)\,dx=\int_\alpha^\beta (x-\alpha)\{(x-\alpha)-(\beta-\alpha)\}\,dx$$

$$=\int_\alpha^\beta \{(x-\alpha)^2-(\beta-\alpha)(x-\alpha)\}\,dx$$

$$=\left[\frac{1}{3}(x-\alpha)^3-\frac{\beta-\alpha}{2}(x-\alpha)^2\right]_\alpha^\beta=-\frac{1}{6}(\beta-\alpha)^3$$

（1），（2）ではこの公式を用いている。

POINT

因数分解された2次式の積分：

定積分の下端が α，上端が β のとき

$$\int_\alpha^\beta (x-\alpha)(x-\beta)\,dx=-\frac{1}{6}(\beta-\alpha)^3$$

例題1 試行調査

a を定数とする。関数 $f(x)$ に対し，$S(x)=\int_a^x f(t)dt$ とおく。このとき，関数 $S(x)$ の増減から $y=f(x)$ のグラフの概形を考えよう。

（1） $S(x)$ は3次関数であるとし，$y=S(x)$ のグラフは右の図のように，2点$(-1,\ 0)$，$(0,\ 4)$を通り，点$(2,\ 0)$で x 軸に接しているとする。このとき

$S(x)$

$=(x+$ ア $)(x-$ イ $)^{ウ}$

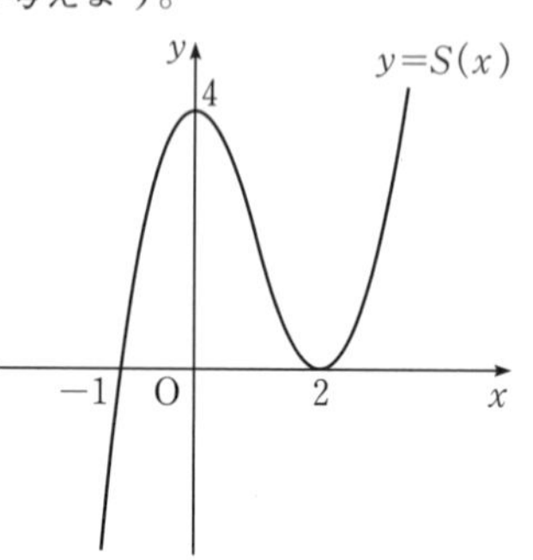

である。$S(a)=$ エ であるから，a を負の定数とするとき，$a=$ オカ である。

関数 $S(x)$ は $x=$ キ を境に増加から減少に移り，$x=$ ク を境に減少から増加に移っている。したがって，関数 $f(x)$ について，$x=$ キ のとき ケ であり，$x=$ ク のとき コ である。また，キ $<x<$ ク の範囲では サ である。

ケ，コ，サ については，当てはまるものを，次の⓪〜④のうちから一つずつ選べ。ただし，同じものを繰り返し選んでもよい。

⓪ $f(x)$ の値は0　① $f(x)$ の値は正　② $f(x)$ の値は負

③ $f(x)$ は極大　④ $f(x)$ は極小

$y=f(x)$ のグラフの概形として最も適当なものを，次の⓪〜⑤のうちから一つ選べ。 シ

⓪

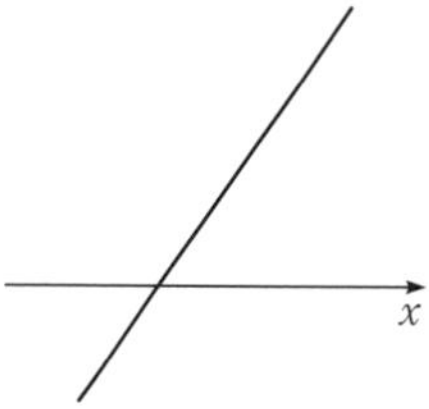

①

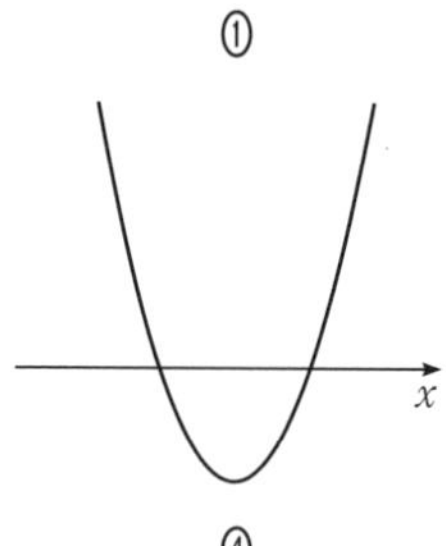

②

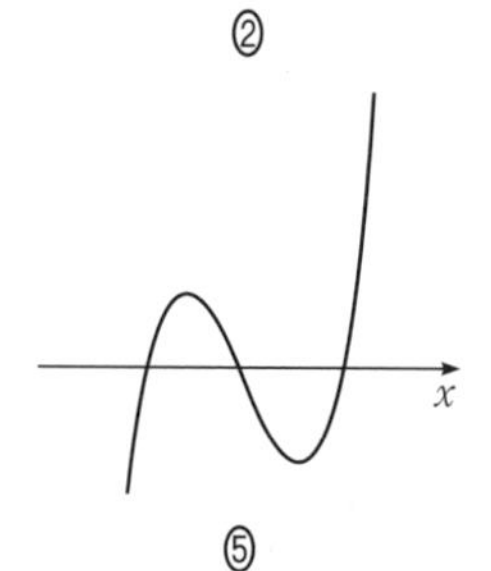

③

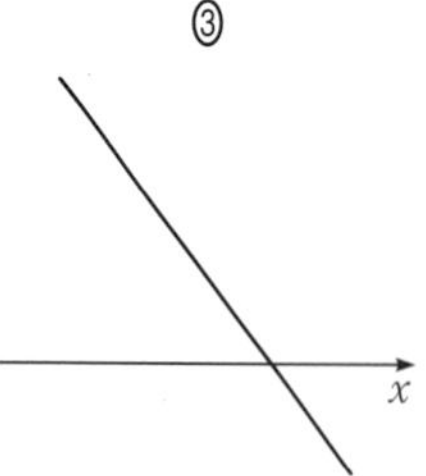

④

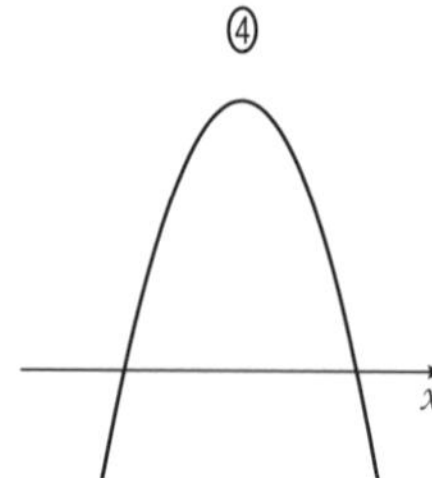

⑤

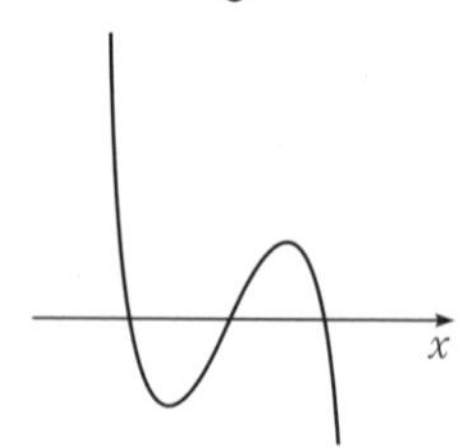

(2) (1)からわかるように，関数 $S(x)$ の増減から $y=f(x)$ のグラフの概形を考えることができる。

$a=0$ とする。次の⓪～④は $y=S(x)$ のグラフの概形と $y=f(x)$ のグラフの概形の組である。このうち，$S(x)=\int_0^x f(t)dt$ の関係と矛盾するものを二つ選べ。 ス

⓪

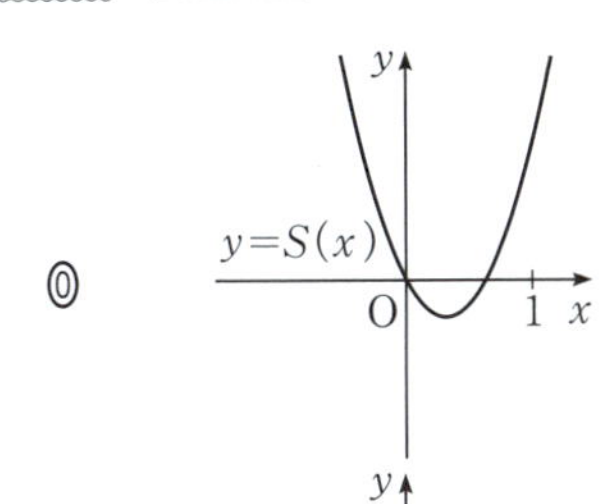

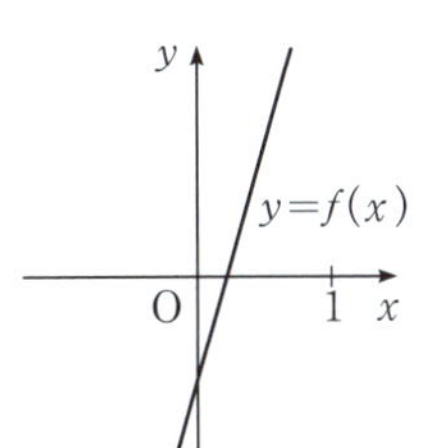

①

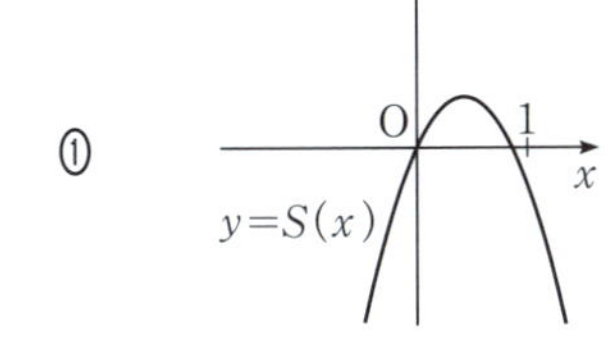

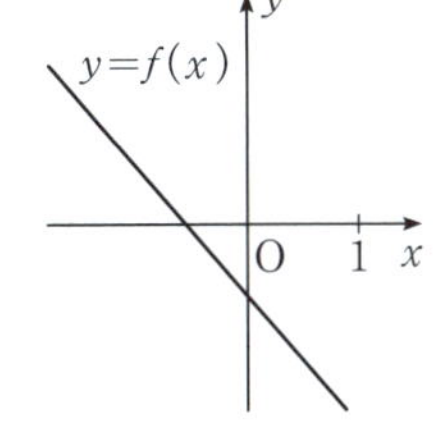

②

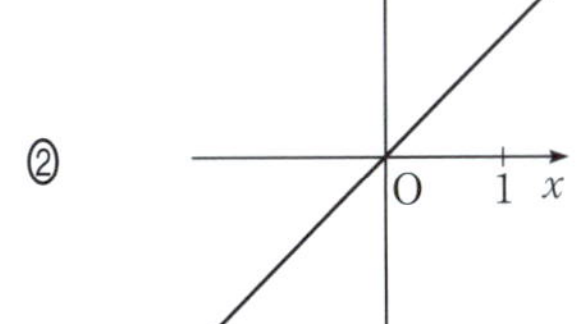

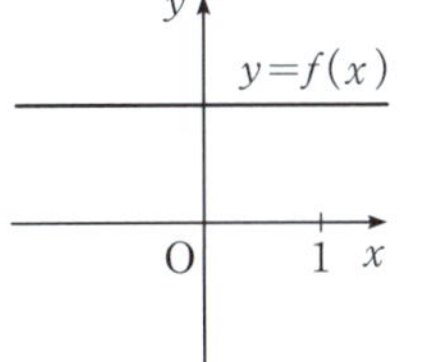

③

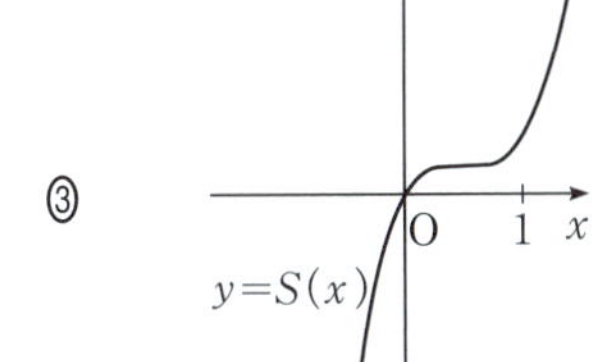

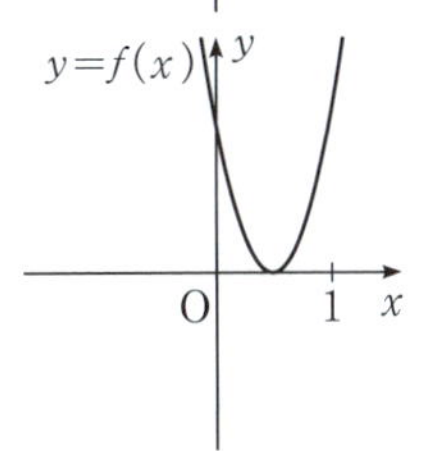

④

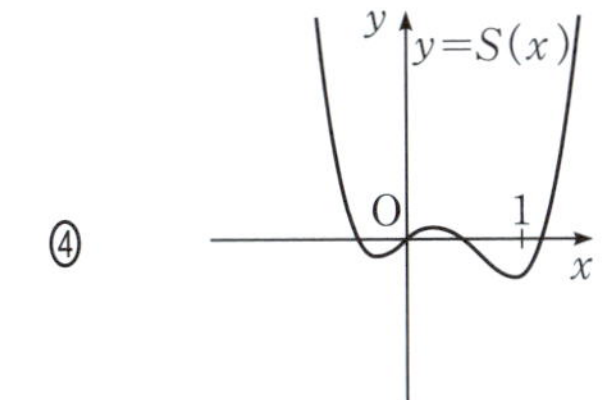

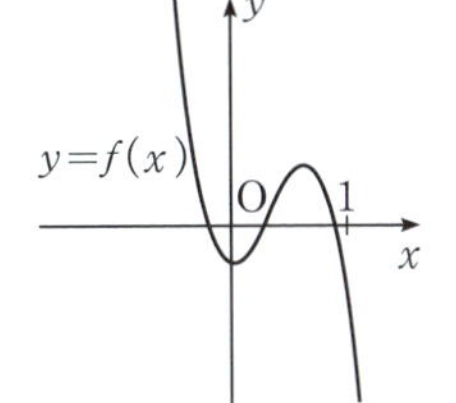

解答

（1）$y=S(x)$ のグラフが点 $(-1,\ 0)$ を通り，点 $(2,\ 0)$ で x 軸と接することから，$S(x)$ は $x+1$ と $(x-2)^2$ を因数にもつ。よって，$S(x)$ は

$$S(x)=k(x+1)(x-2)^2 \quad (k\text{ は実数})$$

と表すことができ，$y=S(x)$ のグラフが点 $(0,\ 4)$ を通ることから

$$S(0)=k(0+1)\cdot(0-2)^2=4$$

$$4k=4 \qquad \therefore\ k=1$$

であり

$$\boldsymbol{S(x)=(x+1)(x-2)^2}$$ ◀◀答

である。また，$S(x)=\int_a^x f(t)dt$ より

$$\boldsymbol{S(a)=\int_a^a f(t)dt=0}$$ ◀◀答

であり，$S(a)=0$ をみたす a は $a=-1$ または $a=2$ であるから，a を負の定数とするとき

$$\boldsymbol{a=-1}$$

である。

そして，関数 $S(x)$ は，グラフより，$\boldsymbol{x=0}$ ◀◀答 を境に増加から減少に移り，$\boldsymbol{x=2}$ ◀◀答 を境に減少から増加に移っている。

よって，$S(x)$ の導関数である $f(x)$ は

$x=0$ のとき，**$f(x)$ の値は0（⓪）** ◀◀答

$x=2$ のとき，**$f(x)$ の値は0（⓪）** ◀◀答

であり，$0<x<2$ の範囲で $y=S(x)$ は減少関数であることから

$0<x<2$ の範囲では，**$f(x)$ の値は負（②）** ◀◀答

である。したがって，$f(x)$ の値は

$x<0$ のとき	$f(x)>0$
$x=0$ のとき	$f(x)=0$
$0<x<2$ のとき	$f(x)<0$
$x=2$ のとき	$f(x)=0$
$x>2$ のとき	$f(x)>0$

いきなり $k=1$ として，$S(x)=(x+1)(x-2)^2$ としないよう注意しよう。$y=S(x)$ のグラフが点 $(0,\ 4)$ を通ることから $k=1$ となる。

$S(a)=(a+1)(a-2)^2$

$S(x)=\int_a^x f(t)dt$ より，$f(x)$ は $S(x)$ の導関数である。

$y=S(x)$ のグラフの接線の傾きに着目することで，$f(x)$ の正負が求められる。

であるから，$y=f(x)$ のグラフの概形として最も適当なものは①である。 ◀◀答

(2) $a=0$ のとき，$S(x)=\int_0^x f(t)dt$ であり

$$S(0)=0,\ S'(x)=f(x)$$

よって，$y=S(x)$ のグラフが点 $(0,\ 0)$ を通り，ある区間において $S(x)$ が減少関数であれば $f(x)<0$，増加関数であれば $f(x)>0$ である組は正しい（矛盾しない）。

⓪：$S(x)$ は $x=\frac{1}{4}$ の近辺で減少から増加に移り，$f(x)$ は $x=\frac{1}{4}$ の近辺で値が負から正に移るので矛盾しない。

①：$S(x)$ は $x=\frac{2}{5}$ の近辺で増加から減少に移るが，$f(x)$ は $x=-\frac{1}{2}$ の近辺で値が正から負に移るので矛盾する。

②：$S(x)$ は増加関数であり，$f(x)$ は値がつねに正であるため矛盾しない。

③：$S(x)$ は $x=\frac{1}{2}$ の近辺以外では増加関数であり，$f(x)$ は $x=\frac{1}{2}$ の近辺で値が0となる以外は値が正であるから矛盾しない。

④：$S(x)$ は $x=-\frac{1}{5}$ の近辺で減少から増加に，$x=\frac{1}{5}$ の近辺で増加から減少に，$x=\frac{8}{9}$ の近辺で減少から増加に移るが，$f(x)$ は $x=-\frac{1}{5}$ の近辺で値が正から負に移り，$x=\frac{1}{5}$ の近辺で値が負から正に移り，$x=\frac{8}{9}$ の近辺で値が正から負に移るので矛盾する。

したがって，矛盾するものは①，④である。 

解説

■ 定積分と微分の関係

一般に，定積分と微分の関係については

$$\frac{d}{dx}\int_a^x f(t)\,dt=f(x)\quad(a\text{ は定数})$$

の関係が成り立ち，本問では $S(x)=\int_a^x f(t)\,dt$ であるから，$S(x)$ の導関数が $f(x)$ となっている。したがって，$S(x)$ の増減を調べることで，$f(x)$ の正負を調べることができる。

類題1 オリジナル問題（解答は24ページ）

a を定数とする。関数 $f(x)$ に対し，$G(x)=\int_x^a f(t)\,dt$ とおく。このとき，関数 $G(x)$ の増減から，$y=f(x)$ のグラフの概形を考えよう。

（1）$G(x)$ は3次関数であるとし，$y=G(x)$ のグラフは右の図のように，2点 (2, 0)，(0, 6) を通り，点 (−4, 0) で x 軸に接しているとする。このとき

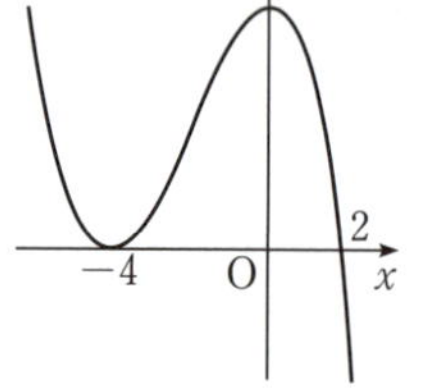

$$G(x)=-\frac{\boxed{ア}}{\boxed{イウ}}(x-\boxed{エ})(x+\boxed{オ})^{\boxed{カ}}$$

である。$G(a)=\boxed{キ}$ であるから，$a=\boxed{ク}$ または $a=\boxed{ケコ}$ である。

そして，$x<-4$，$x>0$ のとき，$f(x)$ の値は $\boxed{サ}$，$-4<x<0$ のとき，$f(x)$ の値は $\boxed{シ}$ である。$\boxed{サ}$，$\boxed{シ}$ については，当てはまるものを，次の ⓪～② のうちから一つずつ選べ。ただし，同じものを繰り返し選んでもよい。

⓪ 0　① 正　② 負

$y=f(x)$ のグラフの概形として最も適当なものを，次の ⓪～⑤ のうちから一つ選べ。$\boxed{ス}$

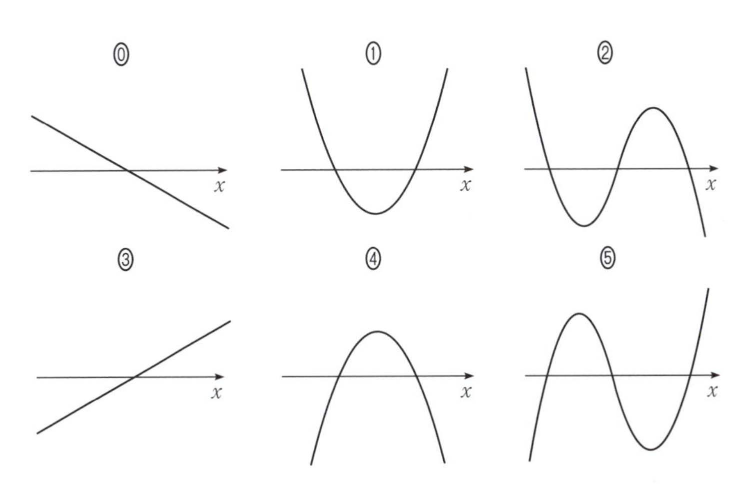

（2）$f(x)=x(x-2)$，$a=2$ とする。このとき，$G'(x)=$ セ である。

セ に当てはまるものを，次の ⓪～⑤ のうちから一つ選べ。

⓪ $x(x-2)$　　① $-x(x-2)$　　② $x(x+2)$

③ $-x(x+2)$　　④ $2x-2$　　⑤ $-2x+2$

よって，$y=G(x)$ のグラフの概形は ソ である。ソ に当てはまるものとして最も適当なものを，次の ⓪～⑤ のうちから一つ選べ。

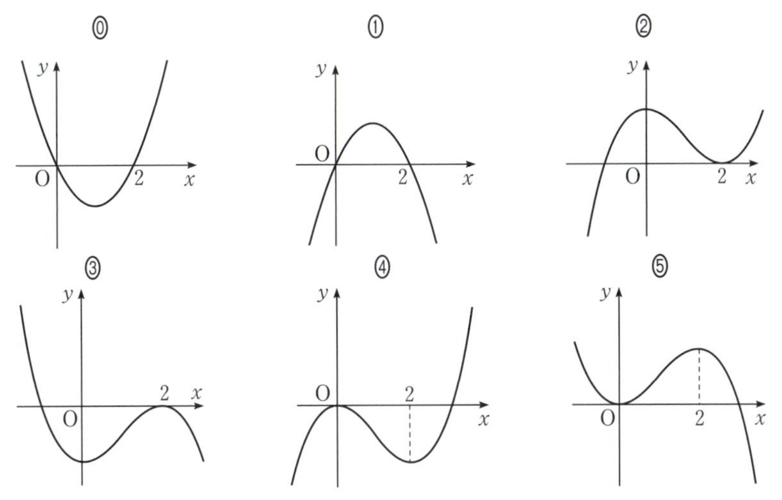

（3）$a=2$ とする。次の ⓪～④ は $y=G(x)$ のグラフの概形と $y=f(x)$ のグラフの概形の組である。このうち，$G(x)=\int_x^2 f(t)\,dt$ の関係と矛盾しないものを二つ選べ。 タ

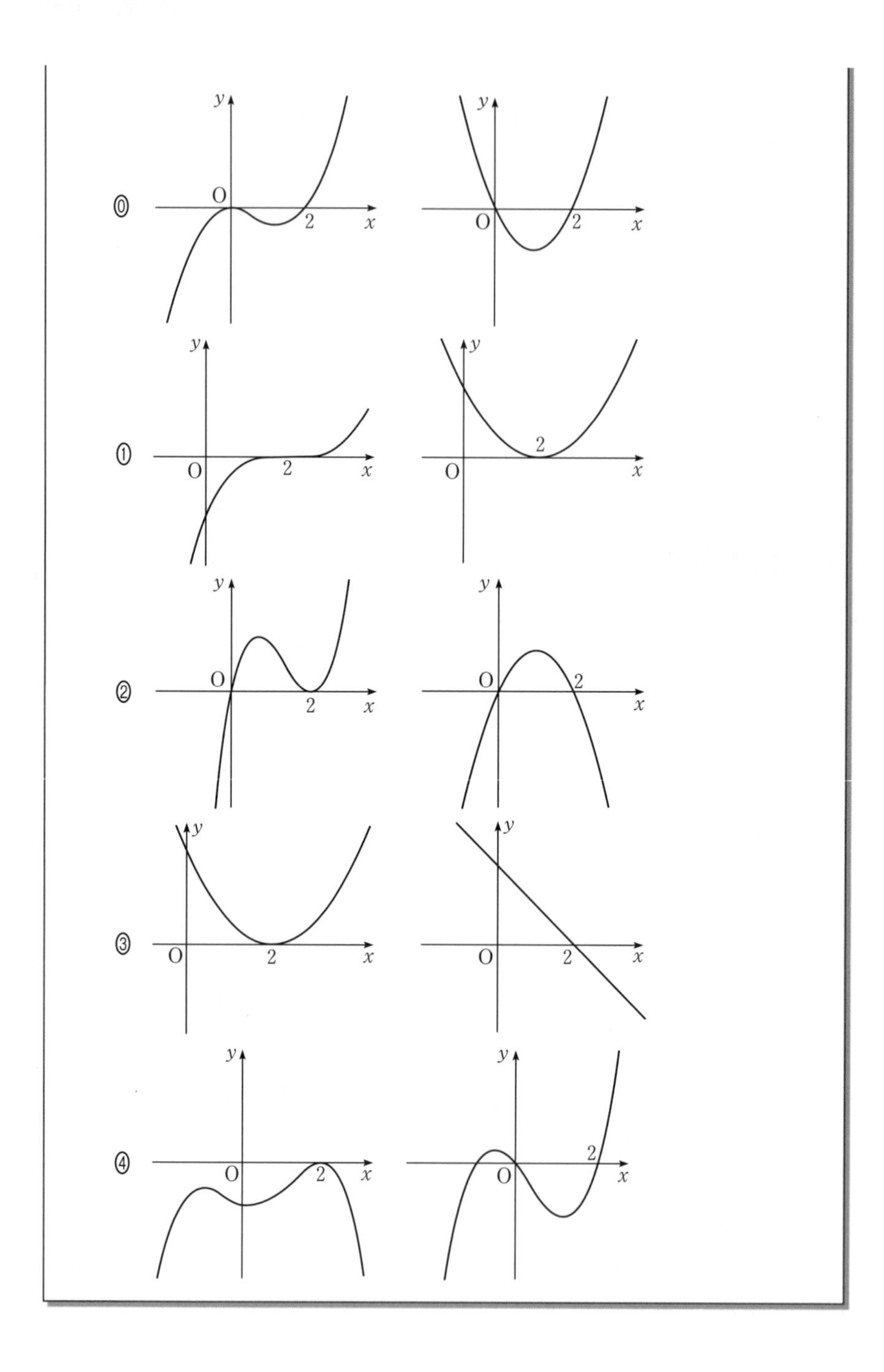
⓪
y
O
2
x
y
O
2
x
①
y
O
2
x
y
2
O
x
②
y
O
2
x
y
O
2
x
③
y
O
2
x
y
O
2
x
④
y
O
2
x
y
2
O
x

例題 2 センター試験本試

座標平面において放物線 $y=x^2$ を C とする。第1象限の点 $\mathrm{P}(a,\ a^2)$ における C の接線 l と y 軸との交点 Q の座標は

$$(0,\ \boxed{\text{ア}}\,a^{\boxed{\text{イ}}})$$

である。l と y 軸のなす角が $30°$ となるのは

$$a=\frac{\sqrt{\boxed{\text{ウ}}}}{\boxed{\text{エ}}}$$

のときである。このとき線分 PQ の長さは $\sqrt{\boxed{\text{オ}}}$ であり，Q を中心とし線分 PQ を半径とする円と放物線 C とで囲まれてできる2つの図形のうち小さい方の面積は

$$\frac{\pi}{\boxed{\text{カ}}}-\frac{\sqrt{\boxed{\text{キ}}}}{\boxed{\text{ク}}}$$

である。

5 微分・積分

解答

放物線 $C:y=x^2$ について $y'=2x$ となるから，点 $\mathrm{P}(a,\ a^2)$ における C の接線 l の方程式は

$$y=2a(x-a)+a^2 \qquad \therefore \quad y=2ax-a^2$$

l の傾きは $2a$。

したがって，l と y 軸との交点 Q の座標は

$$\boldsymbol{(0,\ -a^2)}$$ ◀◀答

l の y 切片は $-a^2$。

である。

$\mathrm{P}(a,\ a^2)$ は第1象限の点であるから $a>0$ であり，l と y 軸のなす角が $30°$ のとき，l と x 軸のなす角は $60°$ となるから

$$2a=\tan 60°=\sqrt{3} \qquad \therefore \quad \boldsymbol{a=\frac{\sqrt{3}}{2}}$$ ◀◀答

直線 $y=mx+n$ と x 軸の正の方向から測った角が θ のとき
$m=\tan\theta$

である。また，線分 PQ の長さは

$$\begin{aligned}\mathrm{PQ}&=\sqrt{(a-0)^2+\{a^2-(-a^2)\}^2}\\&=\sqrt{a^2+4a^4}\end{aligned}$$

であり，$a=\dfrac{\sqrt{3}}{2}$ のとき $\mathrm{PQ}=\sqrt{3}$ となる。◀◀答

Q を中心とし線分 PQ を半径とする円と y 軸との交点のうち，y 座標が正となるものを R とすると，おうぎ形 QPR の面積 S_1 は

半径は $\mathrm{PQ}=\sqrt{3}$。

$$S_1=\pi\cdot(\sqrt{3})^2\times\frac{30}{360}=\frac{\pi}{4}$$

$3\pi\times\frac{1}{12}=\frac{\pi}{4}$

また，C と l と y 軸によって囲まれる部分の面積 S_2 は

$$S_2=\int_0^a\{x^2-(2ax-a^2)\}dx=\int_0^a(x-a)^2dx$$

$$=\left[\frac{1}{3}(x-a)^3\right]_0^a=\frac{1}{3}a^3=\frac{\sqrt{3}}{8}$$

$a=\frac{\sqrt{3}}{2}$ より。

よって，Q を中心とし線分 PQ を半径とする円と放物線 C とで囲まれてできる2つの図形のうち小さい方の面積 S は

$$S=2(S_1-S_2)=2\left(\frac{\pi}{4}-\frac{\sqrt{3}}{8}\right)$$

$$=\frac{\pi}{2}-\frac{\sqrt{3}}{4}$$ ◀◀答

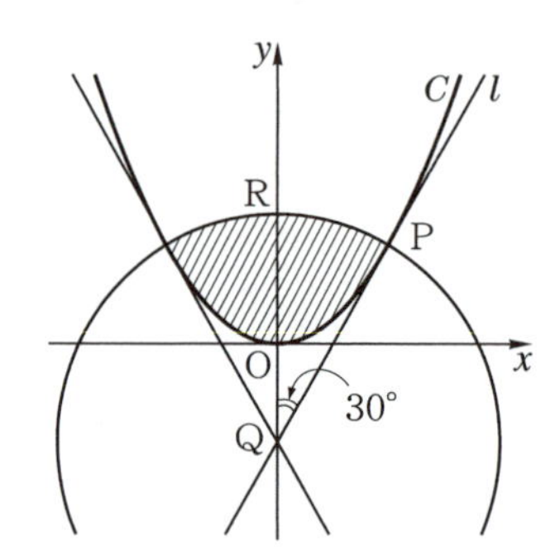

解説

線分 PQ の長さの求め方

解答では，2点間の距離の公式を用いて

$$\mathrm{PQ}=\sqrt{a^2+4a^4}=\sqrt{\left(\frac{\sqrt{3}}{2}\right)^2+4\cdot\left(\frac{\sqrt{3}}{2}\right)^4}$$

$$=\sqrt{\frac{3}{4}+4\cdot\frac{9}{16}}=\sqrt{3}$$

と求めたが，右の図のような直角三角形 PQS を考えることで PQ の長さを求めることもできる。△PQS は $\mathrm{QS}=\frac{\sqrt{3}}{2}$ で3辺の長さの比が $1:2:\sqrt{3}$ の直角三角形となるため

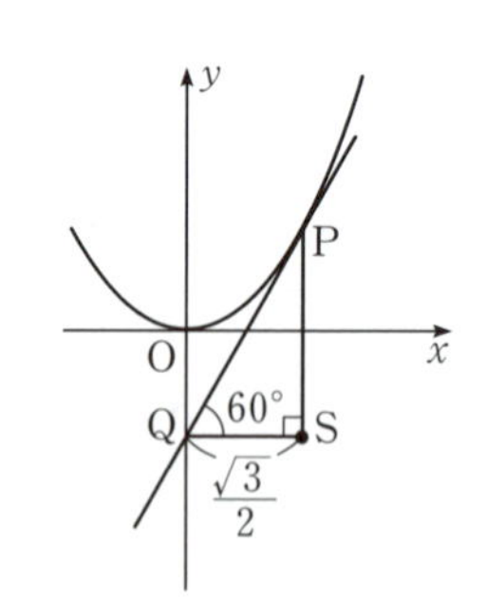

$$PQ=\frac{\sqrt{3}}{2}\cdot 2=\sqrt{3}$$

と求めることができる。

■ 円弧のからむ図形の面積

円やおうぎ形などの弧を一部に含む図形の面積は，数学Ⅱまでの範囲では，積分によって求めることができない。したがって，円の面積やおうぎ形の面積の公式を用いて面積を求められる図形と，積分によって面積を求められる図形をうまく組み合わせて面積を求めることになる。

なお，本問の面積を求める図形は y 軸に関して対称であるので，解答では第1象限の部分の面積のみを考えて，最後に2倍している。このような対称性の利用などの工夫も計算量を減らすには有効である。

類題2 オリジナル問題(解答は25ページ)

座標平面において放物線 $C_1: y=-x^2+2\sqrt{3}x$ 上に x 座標が a である点 $A(a,\ -a^2+2\sqrt{3}a)$ をとる。点Aにおける C_1 の接線 l は傾きが正で x 軸の正の方向と 60° の角をなす。このとき

$$a=\frac{\sqrt{\boxed{ア}}}{\boxed{イ}}$$

であるから，点Aの座標は $\left(\frac{\sqrt{\boxed{ア}}}{\boxed{イ}},\ \frac{\boxed{ウ}}{\boxed{エ}}\right)$ であり，l の方程式は

$$y=\sqrt{\boxed{オ}}\,x+\frac{\boxed{カ}}{\boxed{キ}}$$

である。

（1）点Aを通り l に垂直な直線 m の方程式は

$$y=-\frac{1}{\sqrt{\boxed{ク}}}x+\frac{\boxed{ケコ}}{\boxed{サ}}$$

である。また，m と y 軸の交点をBとすると，点Bを中心とする半径ABの円 C_2 の方程式は

$$x^2+\left(y-\frac{\boxed{シス}}{\boxed{セ}}\right)^2=\boxed{ソ}$$

である。

（2）C_1 と（1）の C_2 と y 軸とで囲まれた部分の面積は

$$\frac{\boxed{タ}\sqrt{\boxed{チ}}}{\boxed{ツ}}-\frac{\pi}{\boxed{テ}}$$

である。

例題 3 センター試験本試

k を実数とし，座標平面上に点 P(1, 0) をとる。曲線

$$y=-x^3+9x^2+kx$$

を C とする。

点 Q$(t,\ -t^3+9t^2+kt)$ における曲線 C の接線が点 P を通るとすると

$$-\boxed{ア}t^3+\boxed{イウ}t^2-\boxed{エオ}t=k$$

が成り立つ。$p(t)=-\boxed{ア}t^3+\boxed{イウ}t^2-\boxed{エオ}t$ とおくと，関数 $p(t)$ は $t=\boxed{カ}$ で極小値 $\boxed{キク}$ をとり，$t=\boxed{ケ}$ で極大値 $\boxed{コ}$ をとる。

したがって，点 P を通る曲線 C の接線の本数がちょうど 2 本となるのは，k の値が $\boxed{サ}$ または $\boxed{シス}$ のときである。また，点 P を通る曲線 C の接線の本数は $k=5$ のとき $\boxed{セ}$ 本，$k=-2$ のとき $\boxed{ソ}$ 本，$k=-12$ のとき $\boxed{タ}$ 本となる。

解答

$y=-x^3+9x^2+kx$ より，$y'=-3x^2+18x+k$ であるから，点 Q$(t,\ -t^3+9t^2+kt)$ における曲線 C の接線の方程式は

$$y-(-t^3+9t^2+kt)=(-3t^2+18t+k)(x-t)$$

これが点 P(1, 0) を通るとすると

$$0-(-t^3+9t^2+kt)=(-3t^2+18t+k)(1-t)$$

これを整理して

$$t^3-9t^2-kt=3t^3-21t^2+(18-k)t+k$$

$$\therefore\ \boldsymbol{-2t^3+12t^2-18t=k}$$ ◀◀答

左辺を $p(t)$ とおくと

$$p'(t)=-6t^2+24t-18=-6(t-1)(t-3)$$

であるから，$p(t)$ の増減は下の表のようになる。

t	$\cdots$	1	$\cdots$	3	$\cdots$
$p'(t)$	$-$	0	$+$	0	$-$
$p(t)$	↘	極小	↗	極大	↘

よって，$p(t)$ の極値は

$\boldsymbol{t=1}$ のとき，
　極小値 $p(1)=-2+12-18=-8$ 

$\boldsymbol{t=3}$ のとき，
　極大値 $p(3)=-54+108-54=0$ 

すると，Pを通るCの接線の本数は，tの方程式

$$-2t^3+12t^2-18t=k$$

の異なる実数解の個数に一致し，それは曲線 $u=p(t)$ と直線 $u=k$ の異なる共有点の個数に他ならない。よって，接線の本数がちょうど2本となるのは，2つのグラフの共有点が2個の場合であるから，グラフより

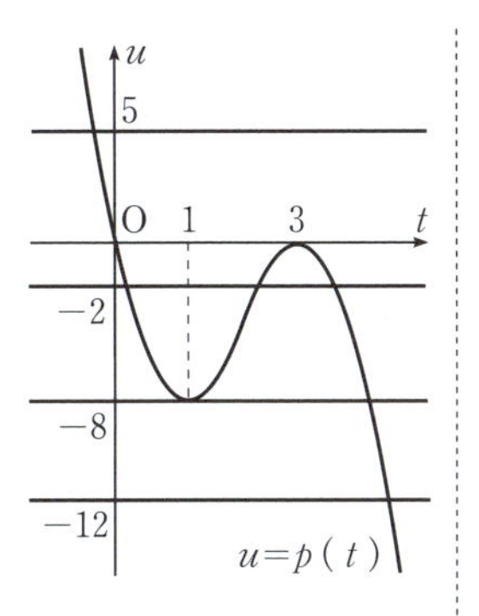

$k=0$ または -8 答

また，$k=5$，-2，-12 のときの接線の本数は，グラフよりそれぞれ

$$\begin{cases} k=5 \text{ のとき，} 1\text{本} \\ k=-2 \text{ のとき，} 3\text{本} \\ k=-12 \text{ のとき，} 1\text{本} \end{cases}$$ 答

$u=p(t)$ が極大・極小となるときに着目する。

解説

■ 接線の本数

$y=f(x)$ のグラフ上の点 $(t,\ f(t))$ における接線の方程式は，tの値によって決まるため，本問の点Pを通る曲線Cの接線の本数は，方程式 $-2t^3+12t^2-18t=k$ の解の個数に一致する。このことに気づけば，本問は曲線 $u=-2t^3+12t^2-18t$ と直線 $u=k$ の共有点の個数を調べることに帰着できる。

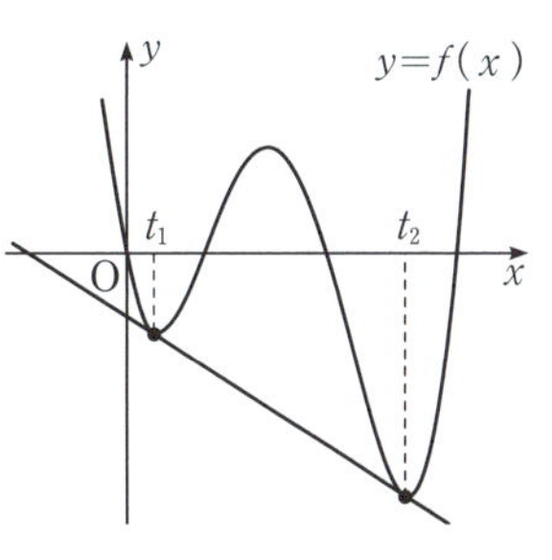

このことは，$f(x)$ が2次関数や3次関数のときには成り立つが，一般的には成り立たない場合があることに注意しよう。右上の図では，x座標がt_1の点における接線とx座標がt_2の点における接線の方程式が同じになるため，方程式の解の個数と接線の本数が必ずしも一致していない。

類題3 オリジナル問題(解答は27ページ)

k を実数とし，3次関数 $y=x^3+2x^2-6x$ のグラフ C と直線 $l:y=-2x+k$ の共有点について考える。

(1) $k=-16$ のとき，C と l は1点(アイ , ウエ)のみを共有する。

(2) C と l の共有点の個数は，3次方程式

$$x^3+\boxed{\text{オ}}x^2-\boxed{\text{カ}}x=k$$

の異なる実数解の個数に一致する。したがって，C と l が3点を共有するような k の値の範囲は

$$\frac{\boxed{\text{キクケ}}}{\boxed{\text{コサ}}}<k<\boxed{\text{シ}}$$

である。

例題 4　オリジナル問題

太郎さんと花子さんは次の【問題】の解き方を考えている。

【問題】

曲線 $C : y=|x^2-2x|$ と曲線 C 上の点 $\mathrm{A}\left(\frac{3}{2},\ \frac{3}{4}\right)$ における曲線 C の接線 ℓ がある。曲線 C と直線 ℓ によって囲まれた部分の面積を求めなさい。

太郎：曲線 C は座標平面上でどのように表されるのかな。
花子：まずは，曲線 C と直線 ℓ によって囲まれた部分がどうなるかかいてみよう。

（1）曲線 C と直線 ℓ のグラフの概形として最も適当なものを，次の⓪～③のうちから一つ選べ。［ア］

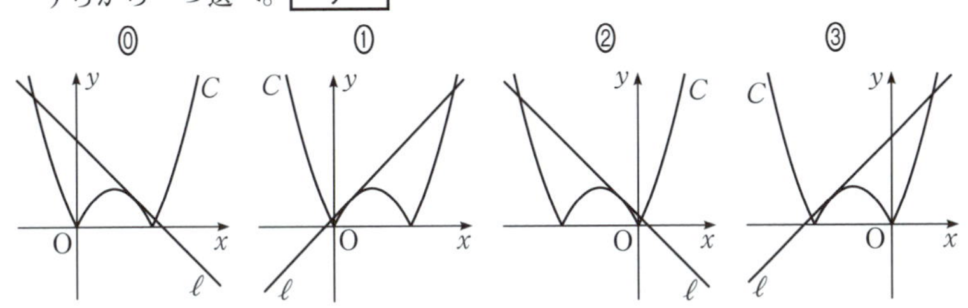

太郎：曲線 C と直線 ℓ によって囲まれた部分がどこにあるかがわかったね。
花子：これで，直線 ℓ の方程式と，曲線 C と直線 ℓ の交点の x 座標がわかれば，面積を求める式も立式できるね。

（2）直線 ℓ の式は

$$y=\boxed{イ}x+\frac{\boxed{ウ}}{\boxed{エ}}$$

であるから，曲線 C と直線 ℓ は，点 A で接し，x 座標が $\dfrac{\boxed{オ}\pm\sqrt{\boxed{カキ}}}{\boxed{ク}}$

である 2 点で交わることがわかる。

以下，$\alpha=\dfrac{\boxed{オ}-\sqrt{\boxed{カキ}}}{\boxed{ク}}$，$\beta=\dfrac{\boxed{オ}+\sqrt{\boxed{カキ}}}{\boxed{ク}}$，

$f(x)=\boxed{イ}x+\dfrac{\boxed{ウ}}{\boxed{エ}}$，$g(x)=x^2-2x$ とする。

太郎：曲線 C と直線 ℓ によって囲まれた部分の面積は $\int_{\alpha}^{\beta}\{f(x)-|g(x)|\}dx$ で求めることができるよね。

花子：でも，他にも面積を求める方法はありそうだね。

（3）曲線 C と直線 ℓ によって囲まれた部分の面積を求める式として正しいものを，次の⓪～④のうちから**すべて選べ**。 ケ

⓪ $\int_{\alpha}^{0}\{f(x)-g(x)\}dx+\int_{0}^{2}\{f(x)+g(x)\}dx+\int_{2}^{\beta}\{f(x)-g(x)\}dx$

① $\int_{\alpha}^{\beta}\{f(x)-g(x)\}dx+\int_{0}^{2}g(x)dx$

② $\int_{\alpha}^{\beta}f(x)dx+\int_{0}^{2}g(x)dx$

③ $\int_{\alpha}^{\beta}\{f(x)-g(x)\}dx+2\int_{0}^{2}g(x)dx$

④ $\frac{1}{2}\left\{\frac{9}{2}-(\alpha+\beta)\right\}(\beta-\alpha)-\int_{\alpha}^{0}g(x)dx+\int_{0}^{2}g(x)dx-\int_{2}^{\beta}g(x)dx$

（4）曲線 C と直線 ℓ によって囲まれた部分の面積を求めると

$$\frac{\boxed{コ}\sqrt{\boxed{サシ}}-\boxed{ス}}{\boxed{セ}}$$

である。

解答

（1）$C：y=|x^2-2x|$ のグラフは

$x^2-2x=x(x-2)$

より

$x \leqq 0$, $x \geqq 2$ のとき

$y=x^2-2x$

$0<x<2$ のとき

$y=-(x^2-2x)$

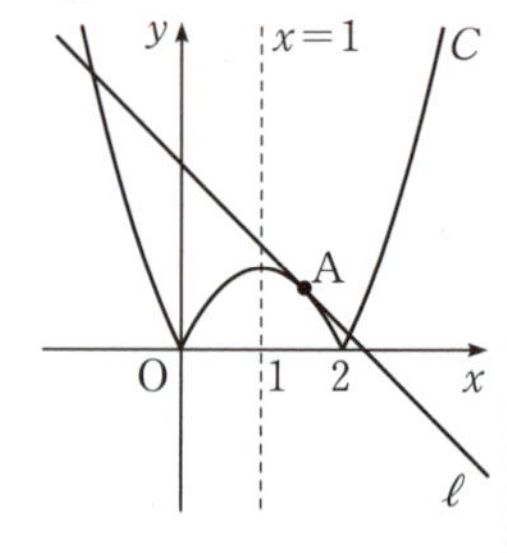

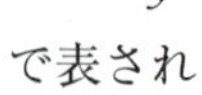

で表され

$x^2-2x=(x-1)^2-1$

より，曲線 C のグラフと点 A の位置は右上の図のようになるので，グラフの概形として最も適当なものは

⓪ である。◀◀答

点 A の x 座標は $\frac{3}{2}$ であるから，点 A は直線 $x=1$ よりも右側にある。

（2） 点Aは $y=-x^2+2x$ 上にあるので，接線 ℓ の式は

$$y=\left(-2\cdot\frac{3}{2}+2\right)\cdot\left(x-\frac{3}{2}\right)+\frac{3}{4}$$

$y'=-2x+2$

$\therefore\ \ \boldsymbol{y=-x+\frac{9}{4}}$ 

よって，曲線 C と直線 ℓ の交点の x 座標は

$$x^2-2x=-x+\frac{9}{4}$$

交点は $y=x^2-2x$ 上にある。

$$x^2-x-\frac{9}{4}=0$$

$$4x^2-4x-9=0 \qquad \therefore\ \ x=\frac{1\pm\sqrt{10}}{2}$$

である。答

（3） 曲線 C と直線 ℓ によって囲まれた部分の面積を S とする。

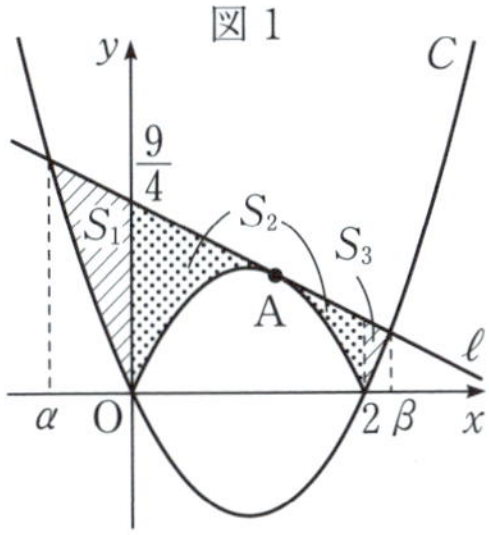

図 1

⓪は，図1において

$$\int_{\alpha}^{0}\{f(x)-g(x)\}dx$$

$$=S_1$$

$$\int_{0}^{2}\{f(x)+g(x)\}dx$$

$$=\int_{0}^{2}\{f(x)-(-g(x))\}dx$$

$$=S_2$$

$$\int_{2}^{\beta}\{f(x)-g(x)\}dx=S_3$$

より，$S_1+S_2+S_3=S$ であるから正しい。

C の式は，
$x\leqq0,\ x\geqq2$ のとき
$y=g(x)$
$0<x<2$ のとき
$y=-g(x)$
である。

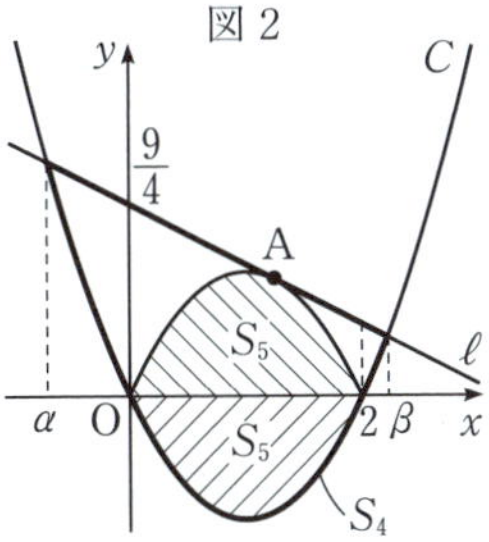

①は，図2において

図 2

$$\int_{\alpha}^{\beta}\{f(x)-g(x)\}dx$$

$$=S_4$$

$$\int_{0}^{2}g(x)dx$$

$$=-\int_{0}^{2}\{0-g(x)\}dx$$

$$=-S_5$$

より，$S_4-S_5>S$ であるから誤り。

太線で囲まれた部分の面積が S_4

②は，図 3 において

$$\int_{\alpha}^{\beta} f(x)\,dx = S_6$$

より，$S_6 - S_5 > S$ であるから誤り。

図 3

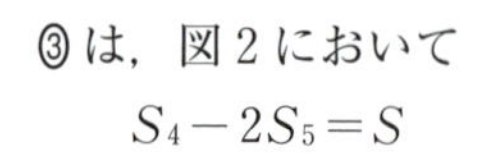

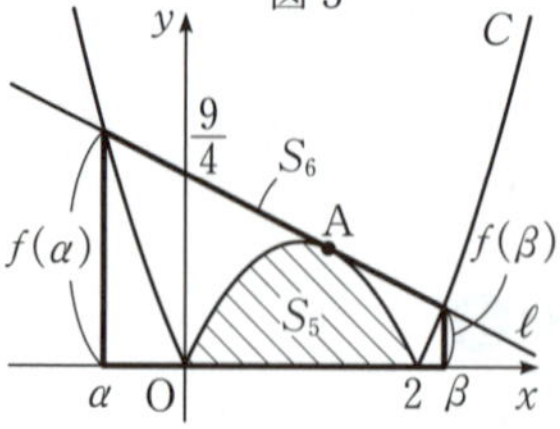

③は，図 2 において

$$S_4 - 2S_5 = S$$

であるから正しい。

④は，図 4 において

図 4

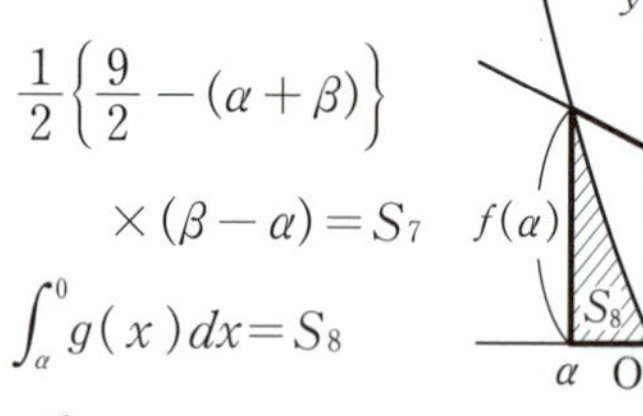

$$\frac{1}{2}\left\{\frac{9}{2} - (\alpha+\beta)\right\} \times (\beta-\alpha) = S_7$$

$$\int_{\alpha}^{0} g(x)\,dx = S_8$$

$$\int_{2}^{\beta} g(x)\,dx = S_9$$

より，$S_7 - S_8 - S_5 - S_9 = S$ であるから正しい。

したがって，面積を求める式として正しいものは⓪，③，④である。 ◀◀答

（4）③を利用する。

$$\int_{\alpha}^{\beta}\{f(x) - g(x)\}\,dx = \frac{1}{6}(\beta-\alpha)^3$$

$$= \frac{1}{6}(\sqrt{10})^3$$

$$= \frac{5\sqrt{10}}{3}$$

$$2\int_{0}^{2} g(x)\,dx = 2\cdot\left\{-\frac{1}{6}(2-0)^3\right\}$$

$$= 2\cdot\left(-\frac{4}{3}\right)$$

$$= -\frac{8}{3}$$

であるから

$$S = \frac{5\sqrt{10}}{3} - \frac{8}{3} = \mathbf{\frac{5\sqrt{10}-8}{3}}$$ ◀◀答

太線で囲まれた部分の面積が S_6

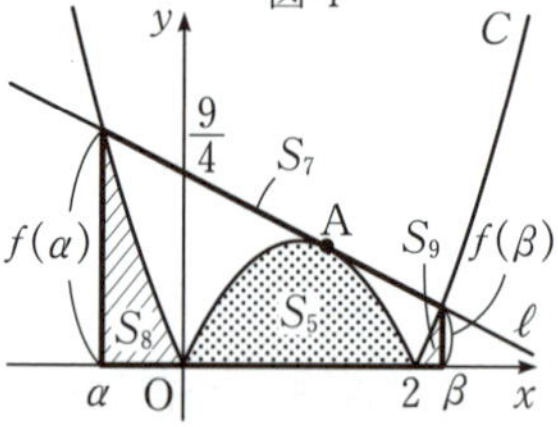

S_7 は上底 $-\beta+\frac{9}{4}$，下底 $-\alpha+\frac{9}{4}$，高さ $\beta-\alpha$ の台形とみれば

$$\frac{1}{2}\left\{\left(-\beta+\frac{9}{4}\right) + \left(-\alpha+\frac{9}{4}\right)\right\}(\beta-\alpha)$$

$$= \frac{1}{2}\left\{\frac{9}{2} - (\alpha+\beta)\right\}(\beta-\alpha)$$

である。

また，$S_6 = S_7$ である。

$$\int_{\alpha}^{\beta}(x-\alpha)(x-\beta)\,dx = -\frac{1}{6}(\beta-\alpha)^3$$

解説

面積の求め方

放物線や直線などによって囲まれた部分の面積は定積分を組み合わせることによって求めることができるが，共有点の x 座標がわかっているものに着目してうまく立式することで，面積を求める際の計算量を減らすことができる。本問では，(3)で面積を求める式についていろいろな立式の仕方があることを考察することで，面積を求める計算の見通しが立てられるようになっている。いろいろな求め方があることを理解しておいてほしい。

類題4 オリジナル問題(解答は28ページ)

k を正の実数とする。曲線 $C: y=|x^2-4|$ と直線 $\ell: y=k(x+2)$ があり，曲線 C と直線 ℓ は3点を共有している。

(1) k の値の範囲は $0<k<$ ア であり，共有点の x 座標は小さい順に イ ， ウ ， エ である。 イ ， ウ ， エ に当てはまるものを，次の ⓪～⑦ のうちからそれぞれ一つずつ選べ。

⓪ -2　① 2　② $-2-\dfrac{k}{2}$　③ $-2-k$　④ $2-\dfrac{k}{2}$

⑤ $2-k$　⑥ $2+\dfrac{k}{2}$　⑦ $2+k$

以下，$0<k<$ ア とする。曲線 C と直線 ℓ が共有する3点について，x 座標が イ の点をA，x 座標が ウ の点をB，x 座標が エ の点をCとする。曲線 C の イ $\leqq x \leqq$ ウ を満たす部分と線分ABのみで囲まれた図形の面積を S_1，曲線 C の ウ $\leqq x \leqq 2$ を満たす部分と線分ABと x 軸のみで囲まれた図形の面積を S_2，曲線 C の ウ $\leqq x \leqq$ エ を満たす部分と線分BCのみで囲まれた図形の面積を S_3 とする。

(2) $k=1$ のとき，$S_1=\dfrac{\text{オ}}{\text{カ}}$，$S_2=\dfrac{\text{キク}}{\text{ケ}}$，$S_3=$ コ である。

(3) $k=\alpha$ のとき，$S_1=S_3$ であるとする。このとき，$S_1+S_2=S_3+S_2$ であり，S_1+S_2 の値は k の値に関係なく一定であることを利用すると
$(\alpha+4)^3=$ サシス を満たすことがわかる。

(4) S_2 と S_3 の大小関係について正しく説明しているものを，次の ⓪～③ のうちから一つ選べ。 セ

⓪ k の値に関係なく $S_2<S_3$ である。

① k の値に関係なく $S_2>S_3$ である。

② $0<k<\beta$ のとき $S_2<S_3$，$\beta<k$ のとき $S_2>S_3$ となる実数 β が存在する。

③ $0<k<\beta$ のとき $S_2>S_3$，$\beta<k$ のとき $S_2<S_3$ となる実数 β が存在する。

例題5 センター試験本試

a を0でない実数とし，関数 $f(x)$ を

$$f(x)=3ax^2-(8a+6)x+4a+6$$

により定める。

（1）b, u, v を実数，$b \neq 0$ として，$g(x)=3bx^2+ux+v$ とおく。$g(x)$ が $\int_{-1}^{0} g(x)dx=-6$ をみたし，座標平面において，$y=g(x)$ の表す放物線 C が点 $(-1, -9)$ を通るとする。このとき u と v は b を用いて

$$u=\boxed{\text{アイ}}+\boxed{\text{ウ}},\quad v=\boxed{\text{エ}}-\boxed{\text{オ}}$$

と表される。さらに，放物線 $y=f(x)$ と放物線 C が，y 軸上で共有点をもち，その点における2つの放物線の接線が一致するならば

$$a=\boxed{\text{カキ}},\quad b=\boxed{\text{ク}}$$

となり，その接線の方程式は

$$y=\boxed{\text{ケコ}}x-\boxed{\text{サ}}$$

である。

（2）a を（1）の解のみに限定せずに，0でない実数とする。関数 $h(x)$ を

$$h(x)=\int_{0}^{x} f(t)dt$$

により定める。このとき $x=0$ および $x=2$ における $h(x)$ の値と微分係数は，それぞれ

$$h(0)=\boxed{\text{シ}},\quad h(2)=\boxed{\text{ス}}$$

$$h'(0)=\boxed{\text{セ}}a+\boxed{\text{ソ}},\quad h'(2)=\boxed{\text{タチ}}$$

である。$0 \leqq x \leqq 2$ の範囲で $h(x)$ が正の値も負の値も両方とるのは

$$a<\frac{\boxed{\text{ツテ}}}{\boxed{\text{ト}}}$$

のときである。

解答

(1) $\int_{-1}^{0} g(x)dx=-6$ より

$$\int_{-1}^{0}(3bx^2+ux+v)dx=\left[bx^3+\frac{1}{2}ux^2+vx\right]_{-1}^{0}$$

$$=b-\frac{1}{2}u+v=-6$$

$\therefore\quad u-2v=2b+12$ ……………………①

また，放物線 $y=g(x)$ が点 $(-1,\ -9)$ を通るから

$$g(-1)=3b-u+v=-9$$

$$\therefore\quad u-v=3b+9 \quad \cdots\cdots ②$$

①，②より

$$\boldsymbol{u=4b+6},\ \boldsymbol{v=b-3}$$ 答

b を定数とみて，u と v についての方程式を解く。

したがって

$$g(x)=3bx^2+(4b+6)x+b-3$$

と表せる。次に，2つの放物線 $y=f(x)$，$y=g(x)$ が y 軸上で共有点をもつとき

$$4a+6=b-3$$

$f(0)=g(0)$

$$\therefore\quad 4a-b=-9 \quad \cdots\cdots ③$$

また

$$f'(x)=6ax-8a-6$$
$$g'(x)=6bx+4b+6$$

であり，y 軸上の共有点における2つの放物線の接線が一致するから

$$-8a-6=4b+6$$

$f'(0)=g'(0)$

$$\therefore\quad 2a+b=-3 \quad \cdots\cdots ④$$

③，④より

$$\boldsymbol{a=-2},\ \boldsymbol{b=1}$$ 答

よって，$g'(0)=10$，$g(0)=-2$ より，接線の方程式は

$g'(x)=6x+10$
$g(x)=3x^2+10x-2$

$$\boldsymbol{y=10x-2}$$ 答

(2) $h(x)=\int_0^x\{3at^2-(8a+6)t+4a+6\}dt$

$h(x)=\int_0^x f(t)dt$

$$=\Big[at^3-(4a+3)t^2+(4a+6)t\Big]_0^x$$
$$=ax^3-(4a+3)x^2+(4a+6)x$$

であるから

$$h(0)=0$$ 答

$$h(2)=8a-4(4a+3)+2(4a+6)=0$$ 答

また，$h'(x)=f(x)$ であるから

$\frac{d}{dx}\int_0^x f(t)dt=f(x)$

$$h'(0)=f(0)=\boldsymbol{4a+6}$$ 答

$$h'(2)=f(2)=12a-2(8a+6)+4a+6$$
$$=-6$$ 答

である。これらの値より，$h(x)$ が $0 \leqq x \leqq 2$ の範囲で正の値も負の値もとるとき，$y=h(x)$ のグラフは右の図のようになる。よって

$$h'(0)=4a+6<0$$

$$\therefore \quad \boldsymbol{a<\frac{-3}{2}}$$ ◀◀答

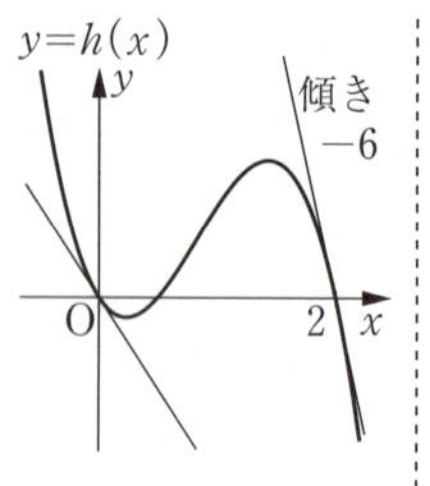

原点における接線の傾き $h'(0)$ が負になる。

解説

■ 共通接線

本問では $y=f(x)$ と C がどちらも放物線であることから，2次方程式

$$3ax^2-(8a+6)x+4a+6=3bx^2+(4b+6)x+b-3$$

$$\Longleftrightarrow 3(a-b)x^2-4(2a+b+3)x+4a-b+9=0 \quad \cdots\cdots⑤$$

が $x=0$ を重解にもつと考えて解くこともできる。⑤に $x=0$ を代入すると

$$4a-b+9=0 \quad \cdots\cdots⑥$$

⑤の重解は $x=\dfrac{2(2a+b+3)}{3(a-b)}$ であることから

$$2a+b+3=0 \quad \cdots\cdots⑦$$

となり，⑥，⑦より $a=-2,\ b=1$ を求めることができる。

■ 定積分と微分の関係

$h'(0)$，$h'(2)$ を求めるとき，定積分と微分の関係から $h'(x)=f(x)$ となることに気づいてほしい。これを利用すれば，$h(x)$ を改めて微分せずに済む。

また，$h(0)$ の値は，$h(x)=ax^3-(4a+3)x^2+(4a+6)x$ に代入するのではなく，$h(x)$ の積分区間の 0 と x に着目して，$h(0)=\int_0^0 f(t)\,dt$ から求めることもできる。

定積分で表された関数については

・$\dfrac{d}{dx}\displaystyle\int_0^x f(t)\,dt=f(x)$

・$\displaystyle\int_k^k f(t)\,dt=0$ （k は実数）

などの定積分の性質（**基本事項の確認5-4**の **POINT**）を使いこなせるようにしよう。

■ x 軸との交点を考える

最後の問題は，x 軸との交点を考えて求めることもできる。

$h(0)=h(2)=0$ より，$y=h(x)$ のグラフは x 軸と 2 点 (0, 0)，(2, 0) を共有する。よって，$h(x)$ が $0 \leqq x \leqq 2$ の範囲で正の値も負の値もとるとき，$y=h(x)$ のグラフは $0<x<2$ の範囲で x 軸と交わる。ここで，$h(x)$ は x, $x-2$ を因数にもち

$$h(x)=ax^3-(4a+3)x^2+(4a+6)x=x(x-2)\{ax-(2a+3)\}$$

と因数分解できる。したがって，$a \neq 0$ より

$$0<\frac{2a+3}{a}<2 \qquad \therefore \quad -2<\frac{3}{a}<0$$

となればよく，$\dfrac{3}{a}<0$ より $a<0$ であるから，$-2<\dfrac{3}{a}$ の両辺に a をかけると

$$-2a>3 \qquad \therefore \quad a<-\frac{3}{2}$$

これは $a<0$ をみたす。

5

類題5 オリジナル問題(解答は31ページ)

a を 0 でない実数，b，c を実数として，関数 $f(x)$ を

$$f(x)=3ax^2+2bx+c$$

により定める。$f(x)$ が $\displaystyle\int_0^2 f(x)dx=4$ をみたすとき

$$c=\boxed{\text{ア}}-\boxed{\text{イ}}a-\boxed{\text{ウ}}b$$

が成り立つ。さらに，関数 $g(x)$ を

$$g(x)=\int_0^x f(t)dt$$

により定め，座標平面上の 2 曲線 $C_1：y=f(x)$ および $C_2：y=g(x)$ を考える。C_2 は点 P $(2,\ \boxed{\text{エ}})$ を通り，C_1 も点 P を通るとする。さらに，点 P における C_1，C_2 の接線が一致するとき

$$a=\frac{\boxed{\text{オ}}}{\boxed{\text{カ}}},\quad b=\boxed{\text{キク}}$$

であり，その接線の方程式は

$$y=\boxed{\text{ケ}}x-\boxed{\text{コ}}$$

である。

例題 6　センター試験本試

a を正の実数とし，x の2次関数 $f(x)$，$g(x)$ を

$$f(x)=\frac{1}{8}x^2$$

$$g(x)=-x^2+3ax-2a^2$$

とする。また，放物線 $y=f(x)$ および $y=g(x)$ をそれぞれ C_1，C_2 とする。

(1) C_1 と C_2 の共有点をPとすると，点Pの座標は $\left(\dfrac{\boxed{\text{ア}}}{\boxed{\text{イ}}}a,\ \dfrac{\boxed{\text{ウ}}}{\boxed{\text{エ}}}a^2\right)$

である。また，点Pにおける C_1 の接線の方程式は

$$y=\frac{\boxed{\text{オ}}}{\boxed{\text{カ}}}ax-\frac{\boxed{\text{キ}}}{\boxed{\text{ク}}}a^2$$

である。

(2) C_1 と x 軸および直線 $x=2$ で囲まれた図形の面積は $\dfrac{\boxed{\text{ケ}}}{\boxed{\text{コ}}}$ である。また，C_2 と x 軸の交点の x 座標は $\boxed{\text{サ}}$，$\boxed{\text{シス}}$ であり，C_2 と x 軸で囲まれた図形の面積は $\dfrac{\boxed{\text{セ}}}{\boxed{\text{ソ}}}a^3$ である。

(3) $0\leqq x\leqq 2$ の範囲で，2つの放物線 C_1，C_2 と2直線 $x=0$，$x=2$ で囲まれた図形を R とする。R の中で，$y\geqq 0$ をみたすすべての部分の面積 $S(a)$ は

$0<a\leqq\boxed{\text{タ}}$ のとき $S(a)=-\dfrac{\boxed{\text{セ}}}{\boxed{\text{ソ}}}a^3+\dfrac{\boxed{\text{ケ}}}{\boxed{\text{コ}}}$

$\boxed{\text{タ}}<a\leqq\boxed{\text{チ}}$ のとき

$$S(a)=-\frac{\boxed{\text{ツ}}}{\boxed{\text{テ}}}a^3+\boxed{\text{ト}}a^2-\boxed{\text{ナ}}a+\boxed{\text{ニ}}$$

$\boxed{\text{チ}}<a$ のとき $S(a)=\dfrac{\boxed{\text{ケ}}}{\boxed{\text{コ}}}$

である。したがって，a が $a>0$ の範囲を動くとき，$S(a)$ は $a=\dfrac{\boxed{\text{ヌ}}}{\boxed{\text{ネ}}}$ で最小値 $\dfrac{\boxed{\text{ノ}}}{\boxed{\text{ハヒ}}}$ をとる。

解答

(1) C_1 と C_2 の共有点Pの座標は

$$\frac{1}{8}x^2=-x^2+3ax-2a^2$$

$$(3x-4a)^2=0 \qquad \therefore\quad x=\frac{4}{3}a$$

C_1 と C_2 の方程式から y を消去する。

であるから

$$\left(\frac{4}{3}a,\ \frac{2}{9}a^2\right)$$ ◀◀答

$y=\frac{1}{8}\cdot\left(\frac{4}{3}a\right)^2=\frac{2}{9}a^2$

また，$f'(x)=\frac{1}{4}x$ より，点 P における C_1 の接線の方程式は

共有点が 1 個なので，C_1，C_2 は点 P で接する。

$$y=\frac{1}{4}\cdot\frac{4}{3}a\left(x-\frac{4}{3}a\right)+\frac{2}{9}a^2$$

$$\therefore\ \ y=\frac{1}{3}ax-\frac{2}{9}a^2$$ ◀◀答

（2）C_1 と x 軸と直線 $x=2$ で囲まれた図形の面積は

$$\int_0^2\frac{1}{8}x^2dx=\left[\frac{1}{24}x^3\right]_0^2=\frac{1}{3}$$ ◀◀答　……①

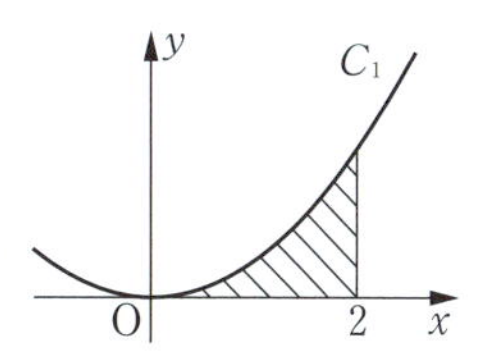

である。また，C_2 と x 軸の交点の x 座標は

$$-x^2+3ax-2a^2=0$$

$$(x-a)(x-2a)=0$$

$$\therefore\ \ x=a,\ 2a$$ ◀◀答

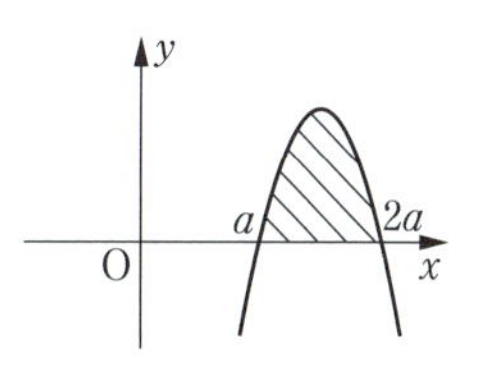

よって，C_2 と x 軸で囲まれた図形の面積は，$a>0$ より $a<2a$ であるから

$$\int_a^{2a}(-x^2+3ax-2a^2)dx$$

$$=-\int_a^{2a}(x-a)(x-2a)dx$$

$$=\frac{1}{6}(2a-a)^3=\frac{1}{6}a^3$$ ◀◀答　……………②

（3）（ⅰ）$0<2a\leqq 2$ つまり

$0<a\leqq 1$ ◀◀答

のとき

$S(a)$ は右の図の斜線部分の面積であり，①，②より

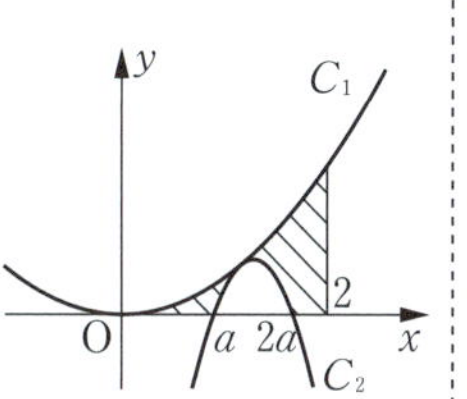

C_2 と x 軸の交点の x 座標 a，$2a$ と 2 の大小で場合分けする。（ⅰ）は $a<2a\leqq 2$ の場合。

$$S(a)=-\frac{1}{6}a^3+\frac{1}{3}$$

（ⅱ）$0<a\leqq 2<2a$ つまり

$1<a\leqq 2$ ◀◀答

のとき

$S(a)$ は右の図の斜線部分の面積であり，①より

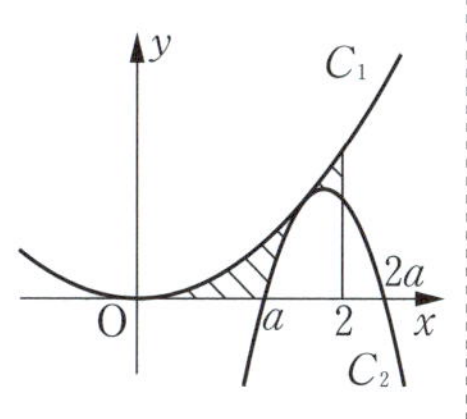

$a\leqq 2<2a$ の場合。

$$S(a)=\frac{1}{3}-\int_a^2(-x^2+3ax-2a^2)\,dx$$

$$=\frac{1}{3}+\left[\frac{1}{3}x^3-\frac{3}{2}ax^2+2a^2x\right]_a^2$$

$$=\frac{1}{3}+\frac{1}{3}(2^3-a^3)-\frac{3}{2}a(2^2-a^2)+2a^2(2-a)$$

$$=-\frac{5}{6}a^3+4a^2-6a+3$$ ◀◀答

(iii) $2<a$ のとき

$S(a)$ は右の図の斜線部分の面積であり，①より

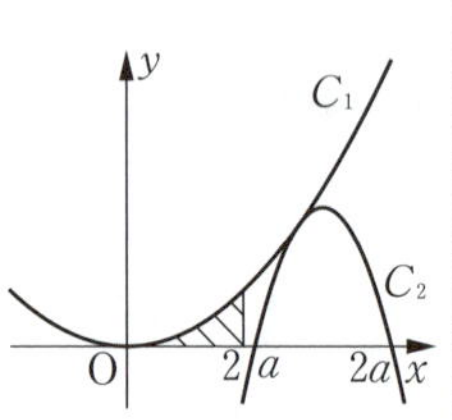

$$S(a)=\frac{1}{3}$$

$2<a<2a$ の場合。

ここで，(ii)について

$$S'(a)=-\frac{5}{2}a^2+8a-6=-\frac{1}{2}(a-2)(5a-6)$$

であるから，$a>0$ において，$S(a)$ の増減表は次のようになる。

a	(0)	…	1	…	$\frac{6}{5}$	…	2	…
$S'(a)$		−	−	−	0	+	0	
$S(a)$		↘	$\frac{1}{6}$	↘	最小	↗	$\frac{1}{3}$	$\frac{1}{3}$

(i)のとき

$S'(a)=-\frac{1}{2}a^2$

よって，$S(a)$ は

$$a=\frac{6}{5} \text{ で最小値 } S\left(\frac{6}{5}\right)=\frac{3}{25}$$ ◀◀答

をとる。

$-\frac{36}{25}+\frac{144}{25}-\frac{36}{5}+3$

解説

■ $\int_\alpha^\beta(x-\alpha)(x-\beta)\,dx=-\frac{1}{6}(\beta-\alpha)^3$ の利用

この公式を利用することで定積分の計算量を減らすことができるので，ここでもしっかり使いこなせるようにしてほしい。本問で

$$\int_a^{2a}(-x^2+3ax-2a^2)\,dx=\left[-\frac{x^3}{3}+\frac{3}{2}ax^2-2a^2x\right]_a^{2a}$$

のように計算を進めていくのは非常に効率が悪い。

■ C_2 の位置による場合分け

C_2 と直線 $x=2$ の位置関係によって図形 R の形が変わる。したがって，$S(a)$ の場合分けは C_2 と x 軸との交点の x 座標 a，$2a$ および 2 の大小によって行うことになる。

問題文の $0<a\leqq$ [タ] のとき，および [チ] $<a$ のときの $S(a)$ が（2）で求めた面積のみで表されているので，その面積を表す図がどのようになるかを考えることも，場合分けの仕方を捉えるきっかけとなる。

類題6 オリジナル問題（解答は32ページ）

a を正の実数とし，x の2次関数 $f(x)$，$g(x)$ を

$$f(x)=x^2-3x,\quad g(x)=-x^2+2ax$$

とする。また，$y=f(x)$，$y=g(x)$ のグラフをそれぞれ C_1，C_2 とする。

（1）C_1 および x 軸で囲まれた部分の面積を S_0 とすると

$$S_0=\frac{\boxed{ア}}{\boxed{イ}}$$

である。また，C_2 と x 軸の交点は原点Oおよび点 $(\boxed{ウエ},\ 0)$ であり，C_1 と C_2 の交点は原点Oおよび点 $\left(a+\frac{\boxed{オ}}{\boxed{カ}},\ a^2-\frac{\boxed{キ}}{\boxed{ク}}\right)$ である。

（2）$0\leqq x\leqq 3$ の範囲で，C_1，C_2，直線 $x=3$ によって閉じた部分の面積を $S(a)$ とする。ここで，C_1，C_2，直線 $x=3$ によって閉じた部分とは，これら3つのうち2つまたは3つを境界として囲まれたすべての部分を指す。

$0<a\leqq\frac{\boxed{ケ}}{\boxed{コ}}$ のとき

$$S(a)=\frac{\boxed{サ}}{\boxed{シ}}a^3+\boxed{ス}a^2-\frac{\boxed{セ}}{\boxed{ソ}}a+\frac{\boxed{タチ}}{\boxed{ツ}}$$

$a>\frac{\boxed{ケ}}{\boxed{コ}}$ のとき

$$S(a)=\boxed{テ}a-\frac{\boxed{ト}}{\boxed{ナ}}$$

である。したがって，a が $a>0$ の範囲を動くとき，$S(a)$ が最小となるのは $a=\frac{\boxed{ニ}(\sqrt{\boxed{ヌ}}-1)}{\boxed{ネ}}$ のときである。

第6章　数列

数列では,等差数列と等比数列の一般項と和,いろいろな数列の和,階差数列,群数列,漸化式などの出題が考えられる。また,日常生活の事象を題材とした問題が出題されることも考えられる。

試行調査では,薬の服用と血中濃度に関する問題や,ある漸化式の解き方を別の漸化式を解くのに応用する問題などが出題されている。

6 数列

基本事項の確認

6-1 等差数列

（1）等差数列 $\{a_n\}$ において，$a_8=16$，$a_6=10a_3$ であるとき，初項と公差を求めよ。さらに，$a_n=136$ をみたす n の値と $a_n \geqq 500$ をみたす最小の n の値を求めよ。

（2）初項 35 の等差数列 $\{a_n\}$ の初項から第 n 項までの和を S_n とすると，$S_6=120$ である。このとき，この等差数列の公差を求めよ。また，$S_n=80$ となる n の値を求めよ。

解答

（1） 初項を a，公差を d とすると，$a_n=a+(n-1)d$ であるから，$a_8=16$ より

$$a+7d=16 \quad \cdots\cdots①$$

$a_6=10a_3$ より

$$a+5d=10(a+2d) \qquad \therefore \quad 9a+15d=0 \quad \cdots\cdots②$$

①，②より

$$a=\mathbf{-5},\ d=\mathbf{3}$$ ◀◀答

よって，$\{a_n\}$ の第 n 項は

$$a_n=-5+3(n-1)=3n-8$$

したがって，$a_n=136$ をみたす n の値は

$$3n-8=136 \qquad \therefore \quad \mathbf{n=48}$$ ◀◀答

である。また，$a_n \geqq 500$ のとき

$$3n-8 \geqq 500 \qquad \therefore \quad n \geqq \frac{508}{3}$$

$\dfrac{508}{3}=169+\dfrac{1}{3}$ より，これをみたす最小の n の値は $\mathbf{n=170}$ である。◀◀答

（2） 公差を d とすると，$S_6=120$ より

$$\frac{6(2\cdot35+5d)}{2}=120$$

$$5d+70=40 \qquad \therefore \quad d=\mathbf{-6}$$ ◀◀答

よって

$$S_n=\frac{n\{2\cdot 35-6(n-1)\}}{2}=n(38-3n)$$

となるから，$S_n=80$ となるとき

$$n(38-3n)=80$$
$$3n^2-38n+80=0$$
$$(n-10)(3n-8)=0$$

n は自然数であるから

$n=10$ ◀◀答

解説

■ 等差数列の一般項

数列 $\{a_n\}$ が公差 d の等差数列であるとき，すべての自然数 n について

$$a_{n+1}=a_n+d$$

が成り立つ。初項が a であれば，第 n 項は a に d を $(n-1)$ 個加えたものになるから

$$a_n=a+(n-1)d$$

と表せる。この一般項の式，および等差数列の和の公式は頻繁に使用するので，正しく利用できるようにしておくこと。

POINT

等差数列：等差数列 $\{a_n\}$ の初項を a，公差を d，初項から第 n 項までの和を S_n とすると

一般項：$a_n=a+(n-1)d$

第 n 項までの和：

$$S_n=\frac{n(a_1+a_n)}{2}=\frac{n\{2a+(n-1)d\}}{2}$$

6-2 等比数列

（1）等比数列 $\{a_n\}$ は $a_2=6$，$a_1+a_2+a_3=21$ をみたしている。この等比数列の初項と公比を求めよ。

（2）等比数列 $\{a_n\}$ の公比は負で，初項から第 n 項までの和を S_n とすると，$S_3=9$，$S_9=513$ である。この等比数列の初項と公比を求めよ。

解答

（1） 初項を a，公比を r とすると，題意より

$a_2=ar=6$ ……………………①

$a_1+a_2+a_3=a(1+r+r^2)=21$ ……………………②

①より $r \fallingdotseq 0$ であるから

$a=\dfrac{6}{r}$ ……………………③

これを②に代入すると $\dfrac{6}{r}(1+r+r^2)=21$ であり，両辺を r 倍すると

$$6(1+r+r^2)=21r$$

$$2r^2-5r+2=0$$

$$(2r-1)(r-2)=0 \qquad \therefore \quad r=\frac{1}{2},\ 2$$

したがって，③より

$r=\dfrac{1}{2}$ のとき　$a=12$ ◀◀答

$r=2$ のとき　$a=3$ ◀◀答

（2） 初項を a，公比を r $(r<0)$ とすると，題意より

$S_3=a\cdot\dfrac{r^3-1}{r-1}=9$ ……………………①

$S_9=a\cdot\dfrac{r^9-1}{r-1}=513 \qquad \therefore \quad a\cdot\dfrac{(r^3-1)(r^6+r^3+1)}{r-1}=513$ ……②

したがって，②に①を代入すると

$$9(r^6+r^3+1)=513$$

$$r^6+r^3-56=0$$

$$(r^3-7)(r^3+8)=0$$

ここで，$r<0$ であるから

$r^3=-8 \qquad \therefore \quad r=-2$ ◀◀答

これを①に代入して

$$a\cdot\frac{-9}{-3}=9 \qquad \therefore\ a=3$$ 答

解説

■ 等比数列の一般項

数列 $\{a_n\}$ が公比 r の等比数列であるとき，すべての自然数 n について

$$a_{n+1}=ra_n$$

が成り立つ。初項が a であれば，第 n 項は a に r を $(n-1)$ 個かけたものになるから

$$a_n=ar^{n-1}$$

と表せる。等差数列と同様に，等比数列の一般項の式，および和の公式も頻繁に使用するので，こちらも正しく利用できるようにしておくこと。

■ 辺々を割って文字を消去する

（1）において，①より $a\neq0$，$r\neq0$ であるから，②を①で辺々割って

$$\frac{a(1+r+r^2)}{ar}=\frac{21}{6} \qquad \therefore\ \frac{1+r+r^2}{r}=\frac{7}{2}$$

と a を消去することもできる。（2）の①，②についても同様の処理で a を消去できる。

POINT

等比数列：等比数列 $\{a_n\}$ の初項を a，公比を r，初項から第 n 項までの和を S_n とすると

一般項：$a_n=ar^{n-1}$

第 n 項までの和：

$r\neq1$ のとき　$S_n=\dfrac{a(r^n-1)}{r-1}=\dfrac{a(1-r^n)}{1-r}$

$r=1$ のとき　$S_n=na$

6-3 いろいろな数列

（1）$\sum_{k=1}^{n}(2k+3\cdot4^{k-1})$ を求めよ。

（2）$1\cdot3+3\cdot4+5\cdot5+7\cdot6+\cdots+39\cdot22$ を求めよ。

（3）数列 $\{a_n\}$：3，6，11，18，27，38，… の第 n 項を求めよ。

解答

（1）

$$\sum_{k=1}^{n}(2k+3\cdot4^{k-1})=2\sum_{k=1}^{n}k+\sum_{k=1}^{n}3\cdot4^{k-1}$$
$$=2\cdot\frac{1}{2}n(n+1)+3\cdot\frac{4^n-1}{4-1}$$
$$=\mathbf{4^n+n^2+n-1}$$ 答

（2） 第 n 項を

$(2n-1)(n+2)$

とする数列の初項から第20項までの和であるから

$$\sum_{k=1}^{20}(2k-1)(k+2)=\sum_{k=1}^{20}(2k^2+3k-2)$$
$$=2\cdot\frac{1}{6}\cdot20\cdot21\cdot41+3\cdot\frac{1}{2}\cdot20\cdot21-2\cdot20$$
$$=5740+630-40=\mathbf{6330}$$ 答

（3） 数列 $\{a_n\}$ の階差数列は

3，5，7，9，11，…

であり，その第 n 項は $2n+1$ である。したがって，$n\geqq2$ のとき

$$a_n=a_1+\sum_{k=1}^{n-1}(2k+1)$$
$$=3+2\cdot\frac{1}{2}(n-1)n+(n-1)$$
$$=n^2+2$$

これは $a_1=3$ をみたす。したがって

$$\mathbf{a_n=n^2+2}$$ 答

解説

■ 和の記号Σ

$\sum_{k=1}^{n}a_k$ は数列 $\{a_n\}$ の初項から第 n 項までの和を表すから，（1）の $\sum_{k=1}^{n}3\cdot4^{k-1}$

は初項 3，公比 4 の等比数列の和を表す。

なお，（2）の和を

$$\sum_{k=1}^{20}(2k-1)(k+2)=\sum_{k=1}^{20}(2k-1)\times\sum_{k=1}^{20}(k+2)$$

としないように注意すること。一般に

$$\sum_{k=1}^{n}a_kb_k\neq\sum_{k=1}^{n}a_k\times\sum_{k=1}^{n}b_k$$

である。

■ 階差数列

数列 $\{a_n\}$ の階差数列を $\{b_n\}$，すなわち $a_{n+1}-a_n=b_n$ とすると

$$a_2-a_1=b_1$$
$$a_3-a_2=b_2$$
$$a_4-a_3=b_3$$
$$\vdots$$
$$a_n-a_{n-1}=b_{n-1}$$

であるから，辺々を加えると，a_2，a_3，…，a_{n-1} の項は相殺され

$$a_n-a_1=b_1+b_2+b_3+\cdots+b_{n-1}$$

$$\therefore\quad a_n=a_1+\sum_{k=1}^{n-1}b_k$$

となる。なお，この式が成り立つのは $n\geqq2$ のときであることに注意しよう。

POINT

累乗の和：c を定数とする。

$$\sum_{k=1}^{n}c=cn,\quad \sum_{k=1}^{n}k=\frac{1}{2}n(n+1),$$

$$\sum_{k=1}^{n}k^2=\frac{1}{6}n(n+1)(2n+1),\quad \sum_{k=1}^{n}k^3=\left\{\frac{1}{2}n(n+1)\right\}^2$$

階差数列：数列 $\{a_n\}$ の階差数列を $\{b_n\}$，すなわち

$$a_{n+1}-a_n=b_n$$

とすると

$$a_n=a_1+\sum_{k=1}^{n-1}b_k\quad(n\geqq2)$$

6-4 数列の和と一般項

数列 $\{a_n\}$ の初項から第 n 項までの和 S_n が $S_n=n(n+1)(2n-1)$ で与えられているとき，一般項 a_n を求めよ。

解答

$n\geqq 2$ のとき

$$\begin{aligned}a_n&=S_n-S_{n-1}\\&=n(n+1)(2n-1)-(n-1)n(2n-3)\\&=n\{(2n^2+n-1)-(2n^2-5n+3)\}\\&=2n(3n-2)\quad\cdots\cdots①\end{aligned}$$

また，$n=1$ のとき

$$a_1=S_1=1\cdot2\cdot1=2$$

であり，①において $n=1$ とすると

$$2\cdot1\cdot(3\cdot1-2)=2$$

となるから，①は $n=1$ のときも成り立つ。よって

$$a_n=2n(3n-2)$$ ◀◀答

解説

和から一般項を求める

数列 $\{a_n\}$ の初項から第 n 項までの和を S_n とすると，$n\geqq 2$ のとき

$$S_n=(a_1+a_2+\cdots+a_{n-1})+a_n=S_{n-1}+a_n$$

$$\therefore\quad a_n=S_n-S_{n-1}$$

が成り立つ。また，$n=1$ のとき $S_1=a_1$ である。これらを利用して，数列の和 S_n から一般項 a_n を求めることができる。

POINT

数列の和と一般項：数列 $\{a_n\}$ の初項から第 n 項までの和を S_n とするとき

$$a_1=S_1$$

$$a_n=S_n-S_{n-1}\quad(n\geqq 2)$$

6-5 漸化式

次の漸化式で定義される数列$\{a_n\}$の一般項を求めよ。

（1）$a_1=8$, $a_{n+1}=a_n-3$

（2）$a_1=3$, $a_{n+1}=-5a_n$

（3）$a_1=1$, $a_{n+1}=a_n+4n-1$

解答

（1） 与えられた漸化式より，$\{a_n\}$は初項8，公差-3の等差数列であるから，一般項は

$$a_n=8-3(n-1)=\mathbf{11-3n}$$ ◀◀答

（2） 与えられた漸化式より，$\{a_n\}$は初項3，公比-5の等比数列であるから，一般項は

$$\mathbf{a_n=3(-5)^{n-1}}$$ ◀◀答

（3） 与えられた漸化式より，$\{a_n\}$の階差数列が$\{4n-1\}$であるから，$n\geqq2$のとき

$$a_n=a_1+\sum_{k=1}^{n-1}(4k-1)$$

$$=1+4\cdot\frac{1}{2}(n-1)n-(n-1)$$

$$=2n^2-3n+2$$

これは$a_1=1$をみたす。よって

$$\mathbf{a_n=2n^2-3n+2}$$ ◀◀答

解説

■ 漸化式

本問で与えられた式や$a_{n+1}=pa_n+q$ ……(＊)（p, qは定数）などのように，数列の項を順に定めるための項の間の関係式を漸化式という。(＊)の形の漸化式から一般項を求める方法については**例題4**で述べている。

POINT

漸化式：

公差dの等差数列$\{a_n\}$の漸化式は　$a_{n+1}=a_n+d$

公比rの等比数列$\{a_n\}$の漸化式は　$a_{n+1}=ra_n$

例題 1　センター試験本試

（1）初項が 0 でない等比数列 $\{a_n\}$ が $a_1+2a_2=0$ をみたしている。このとき，

公比は $\dfrac{\boxed{アイ}}{\boxed{ウ}}$ である。$a_1+a_2+a_3=\dfrac{9}{4}$ ならば

$$a_4+a_5+a_6=\frac{\boxed{エオ}}{\boxed{カキ}}$$

であり，$\dfrac{1}{a_1}+\dfrac{1}{a_2}+\cdots+\dfrac{1}{a_n}=57$ となるのは $n=\boxed{ク}$ のときである。

（2）$b_n=pn+q$ で表される数列 $\{b_n\}$ に対して，初項から第 n 項までの和を S_n とする。$b_7=1$，$S_{12}=10$ ならば

$$p=\frac{\boxed{ケ}}{\boxed{コ}},\quad q=\frac{\boxed{サシ}}{\boxed{ス}}$$

であり

$$S_1+S_2+\cdots+S_{12}=\frac{\boxed{セソ}}{\boxed{タ}}$$

である。

解答

（1） この等比数列の公比を r とすると，$a_1+2a_2=0$ より $2a_2=-a_1$ であるから

$$r=\frac{a_2}{a_1}=\mathbf{\frac{-1}{2}}$$ ◀◀答

$a_2=ra_1$
$a_1\neq0$

したがって

$$a_1+a_2+a_3=a_1(1+r+r^2)$$
$$a_4+a_5+a_6=a_1r^3(1+r+r^2)$$

において

$$1+r+r^2=1+\left(-\frac{1}{2}\right)+\left(-\frac{1}{2}\right)^2=\frac{3}{4}$$

であるから

$$a_1+a_2+a_3=\frac{3}{4}a_1=\frac{9}{4}$$

より，$a_1=3$ となる。よって

$$a_4+a_5+a_6=3\cdot\left(-\frac{1}{2}\right)^3\cdot\frac{3}{4}=\mathbf{\frac{-9}{32}}$$ ◀◀答

次に

$$\frac{1}{a_1}+\frac{1}{a_2}+\cdots+\frac{1}{a_n}$$

$$=\frac{1}{a_1}\left(1+\frac{1}{r}+\cdots+\frac{1}{r^{n-1}}\right)$$

$$=\frac{1}{3}\{1+(-2)+\cdots+(-2)^{n-1}\}$$

$$=\frac{1}{3}\cdot\frac{(-2)^n-1}{(-2)-1}=-\frac{1}{9}\{(-2)^n-1\}$$

であるから，これが57となるとき

$$-\frac{1}{9}\{(-2)^n-1\}=57$$

$$(-2)^n=-512=(-2)^9$$

$\therefore$ $\boldsymbol{n=9}$ 答

$\left\{\frac{1}{a_n}\right\}$は等比数列となる。

初項a，公比rの等比数列の和は

$$\frac{a(r^n-1)}{r-1}$$

(2) $b_n=pn+q$ であるから

$$S_n=\sum_{k=1}^{n}(pk+q)=p\sum_{k=1}^{n}k+qn$$

$$=p\cdot\frac{n(n+1)}{2}+qn$$

$$\sum_{k=1}^{n}k=\frac{n(n+1)}{2}$$

となり，$b_7=1$, $S_{12}=10$ より

$$7p+q=1$$

$$78p+12q=10$$

$$p\cdot\frac{12\cdot13}{2}+q\cdot12$$

これを解いて

$$\boldsymbol{p=\frac{1}{3},\ q=\frac{-4}{3}}$$ 答

したがって

$$S_n=\frac{n(n+1)-8n}{6}=\frac{n^2-7n}{6}$$

$$\frac{1}{3}\cdot\frac{n(n+1)}{2}-\frac{4}{3}n$$

であるから

$$S_1+S_2+\cdots+S_{12}=\frac{1}{6}\sum_{k=1}^{12}(k^2-7k)$$

$$=\frac{1}{6}\left(\frac{12\cdot13\cdot25}{6}-7\cdot\frac{12\cdot13}{2}\right)$$

$$=\boldsymbol{\frac{52}{3}}$$ 答

$$\sum_{k=1}^{n}k^2=\frac{n(n+1)(2n+1)}{6}$$

解説

■ 等比数列の逆数からなる数列

初項 a，公比 r の等比数列 $a_n = ar^{n-1}$ について

$$\frac{1}{a_n} = \frac{1}{ar^{n-1}} = \frac{1}{a}\cdot\left(\frac{1}{r}\right)^{n-1}$$

であるから，$\left\{\frac{1}{a_n}\right\}$ は初項 $\frac{1}{a}$，公比 $\frac{1}{r}$ の等比数列である。等比数列の逆数からなる数列も等比数列となることを理解しておこう。

■ 一般項が $pn+q$ で表される数列

（2）の数列 $\{b_n\}$ は，$n \geqq 1$ において

$$b_{n+1} - b_n = \{p(n+1)+q\} - (pn+q) = p$$

となることより公差 p の等差数列であり，初項は $b_1 = p+q$ である。したがって，初項から第 n 項までの和 S_n を

$$S_n = \frac{n\{2(p+q)+(n-1)\cdot p\}}{2} = \frac{n(pn+p+2q)}{2}$$

と求めることもできる。$\sum$ の式を使うか，等差数列の和と考えるか，自分のやりやすい方法で計算できるようにしておこう。

類題1 オリジナル問題（解答は35ページ）

（1）等差数列 $\{a_n\}$ の初項から第 n 項までの和を S_n とする。$a_5=3$，$S_8=23$ ならば，この等差数列の初項は［ア］，公差は $\frac{［イ］}{［ウ］}$ であり

$$S_1+S_2+\cdots+S_8 = ［エオ］$$

である。

（2）初項が 0 でなく，公比が 1 でない正の数である等比数列 $\{b_n\}$ の初項から第 n 項までの和を T_n とする。$5T_2 = 4T_4$，$T_3 = \frac{21}{4}$ ならば，この等比数列の初項は［カ］，公比は $\frac{［キ］}{［ク］}$ であり，$\frac{1}{b_1}+\frac{1}{b_2}+\cdots+\frac{1}{b_n} = 85$ となるのは $n=$［ケ］のときである。

例題2 センター試験本試

a, b, cを相異なる実数とする。数列$\{x_n\}$は等差数列で，最初の3項が順にa, b, cであるとし，数列$\{y_n\}$は等比数列で，最初の3項が順にc, a, bであるとする。

（1）bとcはaを用いて

$$b=\frac{\boxed{アイ}}{\boxed{ウ}}a,\quad c=\boxed{エオ}\,a$$

と表され，等差数列$\{x_n\}$の公差は$\dfrac{\boxed{カキ}}{\boxed{ク}}a$である。

（2）等比数列$\{y_n\}$の公比は$\dfrac{\boxed{アイ}}{\boxed{ウ}}$であるから，$\{y_n\}$の初項から第8項までの和は，$a$を用いて$\dfrac{\boxed{ケコサ}}{\boxed{シス}}a$と表される。

（3）数列$\{z_n\}$は最初の3項が順にb, c, aであり，その階差数列$\{w_n\}$が等差数列であるとする。このとき，$\{w_n\}$の公差は$\dfrac{\boxed{セ}}{\boxed{ソ}}a$であり，$\{w_n\}$の一般項は

$$w_n=\frac{\boxed{タ}\,n-\boxed{チツ}}{\boxed{テ}}a$$

である。したがって，数列$\{z_n\}$の一般項は，aを用いて

$$z_n=\frac{a}{\boxed{ト}}\left(\boxed{ナ}\,n^2-\boxed{ニヌ}\,n+\boxed{ネノ}\right)$$

と表される。

解答

（1）a, b, cがこの順に等差数列をなすから

$$b=\frac{a+c}{2}\quad\cdots\cdots①$$

また，c, a, bがこの順に等比数列をなすから

$$a^2=bc\quad\cdots\cdots②$$

①を②に代入してbを消去すると

$$a^2=\frac{a+c}{2}\cdot c$$

$$c^2+ac-2a^2=0$$

$$(c-a)(c+2a)=0$$

$a \neq c$ より　　$\boldsymbol{c=-2a}$ ◀◀答

また

$$b=\frac{a+(-2a)}{2}=\frac{-1}{2}\boldsymbol{a}$$ ◀◀答

①に $c=-2a$ を代入。

よって，数列 $\{x_n\}$ は

$$a,\ -\frac{1}{2}a,\ -2a,\ \cdots$$

となり，公差は $\dfrac{-3}{2}\boldsymbol{a}$ である。 

$-\dfrac{1}{2}a-a=-\dfrac{3}{2}a$

（**2**） 数列 $\{y_n\}$ は，（1）より初項 $-2a$，公比 $-\dfrac{1}{2}$ の等比数列であるから，初項から第 8 項までの和は

$\{y_n\}:-2a,\ a,\ -\dfrac{1}{2}a$

$$\frac{-2a\left\{1-\left(-\frac{1}{2}\right)^8\right\}}{1-\left(-\frac{1}{2}\right)}=\frac{-85}{64}\boldsymbol{a}$$ ◀◀答

等比数列の和。

（**3**） 数列 $\{z_n\}$ の階差数列 $\{w_n\}$ は

$$-\frac{3}{2}a,\ 3a,\ \cdots$$

となり

$\{z_n\}:-\dfrac{1}{2}a,\ -2a,\ a$

$-\dfrac{3}{2}a,\ 3a$

$\dfrac{9}{2}a$

初項 $-\dfrac{3}{2}a$，**公差** $\dfrac{9}{2}\boldsymbol{a}$ ◀◀答

の等差数列であるから

$$w_n=-\frac{3}{2}a+(n-1)\cdot\frac{9}{2}a$$ ◀◀答

$$=\frac{9n-12}{2}\boldsymbol{a}$$

よって，数列 $\{z_n\}$ の一般項は，$n \geqq 2$ のとき

$$z_n=-\frac{1}{2}a+\sum_{k=1}^{n-1}\frac{9k-12}{2}a$$

$z_n=z_1+\displaystyle\sum_{k=1}^{n-1}w_k$

$$=\frac{a}{2}\left\{-1+\sum_{k=1}^{n-1}(9k-12)\right\}$$

$$=\frac{a}{2}\left\{-1+\frac{9}{2}n(n-1)-12(n-1)\right\}$$

$$=\frac{a}{2}\left(\frac{9}{2}n^2-\frac{33}{2}n+11\right)$$

$$=\frac{a}{4}(9n^2-33n+22) \quad \cdots\cdots③$$

③で $n=1$ とすると

$$\frac{a}{4}(9\cdot1^2-33\cdot1+22)=-\frac{1}{2}a$$

となるから，③は $n=1$ のときも成り立つ。よって

$$z_n=\frac{a}{4}(9n^2-33n+22)$$ ◀◀答

である。

$n=1$ のときの確認。

解説

■ 等差中項と等比中項

x，y，z がこの順に等差数列をなすとき，y をこの数列の等差中項という。公差を考えると $y-x=z-y$ であるから

$2y=x+z$ ……④

が成り立つ。また，x，y，z がこの順に等比数列をなすとき，y をこの数列の等比中項という。公比を考えると $\frac{y}{x}=\frac{z}{y}$ であるから

$y^2=xz$ ……⑤

が成り立つ。これらより，解答の①，②の式が直ちに得られるので，④，⑤の式はしっかり身につけておこう。

類題2 オリジナル問題（解答は36ページ）

相異なる実数 p，q に対して，p，1，q がこの順に等差数列をなし，また 1，p^2，q^2 もこの順に等差数列をなすとき

$p+q=$ ア ……①

かつ

イ $p^2-q^2=$ ウ ……②

となるので，①，②より

$p=$ エオ かつ $q=$ カ

である。以下，$p=$ エオ かつ $q=$ カ とする。

p，$q+3$ をこの順に最初の2項とする等差数列について，初項から第25項までの和は キクケコ である。また，1，p，q をこの順に最初の3項とする数列を $\{x_n\}$ としたとき，その階差数列が等比数列であるとすると，階差数列の公比は サシ であるから，$\{x_n\}$ の一般項は

$x_n=$ ス（ セソ $)^n-$ タ

と表される。

例題 3　センター試験本試・改

数直線上で点 P に実数 a が対応しているとき，a を点 P の座標といい，座標が a である点 P を $\mathrm{P}(a)$ で表す。

数直線上に点 $\mathrm{P}_1(1)$，$\mathrm{P}_2(2)$ をとる。線分 $\mathrm{P}_1\mathrm{P}_2$ を $3:1$ に内分する点を P_3 とする。一般に，自然数 n に対して，線分 $\mathrm{P}_n\mathrm{P}_{n+1}$ を $3:1$ に内分する点を P_{n+2} とする。点 P_n の座標を x_n とする。

$x_1=1$，$x_2=2$ であり，$x_3=\dfrac{\boxed{ア}}{\boxed{イ}}$ である。数列 $\{x_n\}$ の一般項を求めるために，この数列の階差数列を考えよう。自然数 n に対して $y_n=x_{n+1}-x_n$ とする。

$$y_1=\boxed{ウ},\quad y_{n+1}=\frac{\boxed{エオ}}{\boxed{カ}}y_n \quad (n=1,\ 2,\ 3,\ \cdots)$$

である。したがって，$y_n=\left(\dfrac{\boxed{エオ}}{\boxed{カ}}\right)^{\boxed{キ}}$ $(n=1,\ 2,\ 3,\ \cdots)$ であり

$$x_n=\frac{\boxed{ク}}{\boxed{ケ}}-\frac{\boxed{コ}}{\boxed{ケ}}\left(\frac{\boxed{エオ}}{\boxed{カ}}\right)^{\boxed{サ}} \quad (n=1,\ 2,\ 3,\ \cdots)$$

となる。

次に，自然数 n に対して $S_n=\sum_{k=1}^{n}k|y_k|$ を求めよう。$r=\left|\dfrac{\boxed{エオ}}{\boxed{カ}}\right|$ とおくと

$$S_n-rS_n=\sum_{k=1}^{\boxed{シ}}r^{k-1}-nr^{\boxed{ス}} \quad (n=1,\ 2,\ 3,\ \cdots)$$

であり，したがって

$$S_n=\frac{\boxed{セソ}}{\boxed{タ}}\left\{1-\left(\frac{1}{\boxed{チ}}\right)^{\boxed{ツ}}\right\}-\frac{n}{\boxed{テ}}\left(\frac{1}{\boxed{ト}}\right)^{\boxed{ナ}}$$

となる。ただし，$\boxed{キ}$，$\boxed{サ}$，$\boxed{シ}$，$\boxed{ス}$，$\boxed{ツ}$，$\boxed{ナ}$ については，当てはまるものを，次の⓪～③のうちから一つずつ選べ。同じものを繰り返し選んでもよい。

⓪ $n-1$　① n　② $n+1$　③ $n+2$

解答

P_{n+2} は線分 $\mathrm{P}_n\mathrm{P}_{n+1}$ を $3:1$ に内分するから

P_n　P_{n+2}　P_{n+1}
x_n　③　x_{n+2}　①　x_{n+1}

$$x_{n+2}=\frac{3}{4}x_{n+1}+\frac{1}{4}x_n \quad \cdots\cdots\cdots\cdots(*)$$

$$x_{n+2}=\frac{1\cdot x_n+3\cdot x_{n+1}}{3+1}$$

これより

$$x_3=\frac{3}{4}x_2+\frac{1}{4}x_1=\frac{3}{4}\cdot2+\frac{1}{4}\cdot1=\frac{7}{4}$$ ◀◀答

次に $y_n=x_{n+1}-x_n$ とおくと

$$y_1=x_2-x_1=2-1=1$$ ◀◀答

また，$y_{n+1}=x_{n+2}-x_{n+1}$ であるから，これに（＊）を代入すると

$$y_{n+1}=\left(\frac{3}{4}x_{n+1}+\frac{1}{4}x_n\right)-x_{n+1}$$

$$=-\frac{1}{4}(x_{n+1}-x_n)$$

$$=\frac{-1}{4}y_n$$ ◀◀答

よって，数列 $\{y_n\}$ は初項1，公比 $-\frac{1}{4}$ の等比数列となる。これより

$$y_n=\left(-\frac{1}{4}\right)^{n-1}$$ （⓪） ◀◀答

すなわち

$$x_1=1,\ x_{n+1}-x_n=\left(-\frac{1}{4}\right)^{n-1}$$

となるので，$n\geqq2$ のとき

$$x_n=1+\sum_{k=1}^{n-1}(x_{k+1}-x_k)=1+\sum_{k=1}^{n-1}\left(-\frac{1}{4}\right)^{k-1}$$

$$=1+\frac{1-\left(-\frac{1}{4}\right)^{n-1}}{1-\left(-\frac{1}{4}\right)}=1+\frac{4}{5}\left\{1-\left(-\frac{1}{4}\right)^{n-1}\right\}$$

$$=\frac{9}{5}-\frac{4}{5}\left(-\frac{1}{4}\right)^{n-1}$$ （⓪） ◀◀答

であり，$x_1=1$ なので，上式は $n=1$ のときも成立する。

階差数列から一般項を求める。

$\sum_{k=1}^{n-1}\left(-\frac{1}{4}\right)^{k-1}$ は初項1，公比 $-\frac{1}{4}$，項数 $n-1$ の等比数列の和。

次に，$r=\left|-\frac{1}{4}\right|=\frac{1}{4}$ より

$$|y_k|=\left(\frac{1}{4}\right)^{k-1}=r^{k-1} \qquad \therefore\ S_n=\sum_{k=1}^{n}kr^{k-1}$$

すると

$$S_n=1+2r+3r^2+\cdots+\qquad nr^{n-1}$$
$$rS_n=\qquad r+2r^2+\cdots+(n-1)r^{n-1}+nr^n$$

となるので，2式の差をとると

$$S_n-rS_n=1+r+r^2+\cdots+r^{n-1}-nr^n$$

$$=\sum_{k=1}^{n} r^{k-1}-nr^n \quad (①，①)$$ 答

（☆）

$r\neq 1$ であるから

$$S_n=\frac{1}{1-r}\left(\sum_{k=1}^{n} r^{k-1}-nr^n\right)$$

$$=\frac{1}{1-r}\left(\frac{1-r^n}{1-r}-nr^n\right)$$

$$=\frac{1}{\left(1-\frac{1}{4}\right)^2}\left\{1-\left(\frac{1}{4}\right)^n\right\}-\frac{n\left(\frac{1}{4}\right)^n}{1-\frac{1}{4}}$$

$$=\frac{16}{9}\left\{1-\left(\frac{1}{4}\right)^n\right\}-\frac{4n}{3}\left(\frac{1}{4}\right)^n$$

$$=\frac{16}{9}\left\{1-\left(\frac{1}{4}\right)^n\right\}-\frac{n}{3}\left(\frac{1}{4}\right)^{n-1} \quad (①，⓪)$$ 答

$\sum_{k=1}^{n} r^{k-1}$ は初項1，公比 r，項数 n の等比数列の和。

解説

■ 等差数列と r^{k-1} の積の和

数列$\{x_n\}$を等差数列，r を1でない定数とするとき，x_k と r^{k-1} の積を $k=1$ から $k=n$ まで加えた和 $S_n=\sum_{k=1}^{n} x_k r^{k-1}$ は，S_n-rS_n（または rS_n-S_n）を計算し，等比数列の和を利用して求める。これは等比数列の和の公式を導く際に用いる手法と同じである。

実際に計算するときは，同じ指数の項が縦に並ぶように書くとわかりやすい。本問の場合

$$\begin{array}{rrl} & S_n= & 1+2r+3r^2+\cdots+(n-1)r^{n-2}+\qquad nr^{n-1} \\ -) & rS_n= & \quad\ \ r+2r^2+\cdots+(n-2)r^{n-2}+(n-1)r^{n-1}+nr^n \\ \hline & S_n-rS_n= & 1+\ r+\ r^2+\cdots+\qquad r^{n-2}+\qquad r^{n-1}-nr^n \end{array}$$

となり，(☆)の式が得られる。計算間違いをしないよう，慣れないうちは丁寧に式を書く方が結果的には時間短縮となる。

類題3 オリジナル問題(解答は37ページ)

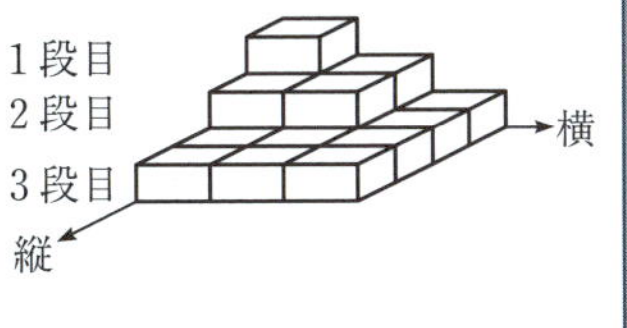

直方体のブロックを積み上げて作られたオブジェがあり，このオブジェは上から10段目までブロックが積まれている。そして，このオブジェの上から n 段目には，横に n 個，縦に a_n 個のブロックが並んでおり

$$a_1=1,\quad a_{n+1}=2a_n \quad (n=1,\ 2,\ \cdots,\ 9)$$

を満たしている。右上の図は上から3段目までを示したものである。

(1) 太郎さんはこのオブジェに使われているブロックの個数を調べるために，上から n 段目に使われているブロックの個数を求めることにした。

$a_n=$ [ア] より，上から n 段目に使われているブロックの個数を b_n とすると $b_n=$ [イ] a_n であるから，このオブジェに使われているブロックの個数は $\sum_{k=1}^{10} b_k$ である。ただし，[ア]，[イ] については，当てはまるものを，次の各解答群のうちから一つずつ選べ。

[ア] の解答群

⓪ 2^{n-1}　① 2^n　② 2^n+1　③ 2^{n+1}

[イ] の解答群

⓪ $(n-1)$　① n　② $(n+1)$　③ $2n$

(2) 花子さんはこのオブジェに使われているブロックの個数を調べるために，オブジェを正面から見ると，右の図のように，右から10列目までブロックが並んでいることに注目して，右から m 列目に使われているブロックの個数を求めることにした。

1段目
8段目
9段目
10段目
10 … 3 2 1 (列目)

右から m 列目に使われているブロックの個数を c_m とすると

$$c_1=a_{10},\quad c_2=a_{10}+a_9,\quad \cdots,\quad c_{10}=a_{10}+a_9+\cdots+a_1$$

より，$c_m=2^{[ウ]}-2^{[エ]}$ であるから，このオブジェに使われているブロックの個数は $\sum_{k=1}^{10} c_k$ である。ただし，[ウ]，[エ] については，当てはまるものを，次の⓪～⑧のうちから一つずつ選べ。

⓪ 9　① 10　② 11　③ $m-1$　④ m
⑤ $m+1$　⑥ $9-m$　⑦ $10-m$　⑧ $11-m$

(3) オブジェに使われているブロックの個数の総和は [オカキク] である。

例題4 試行調査

次の文章を読んで，下の問いに答えよ。

ある薬Dを服用したとき，有効成分の血液中の濃度(血中濃度)は一定の割合で減少し，T 時間が経過すると $\frac{1}{2}$ 倍になる。薬Dを1錠服用すると，服用直後の血中濃度は P だけ増加する。時間0で血中濃度が P であるとき，血中濃度の変化は右上のグラフで表される。適切な効果が得られる血中濃度の最小値を M，副作用を起こさない血中濃度の最大値を L とする。

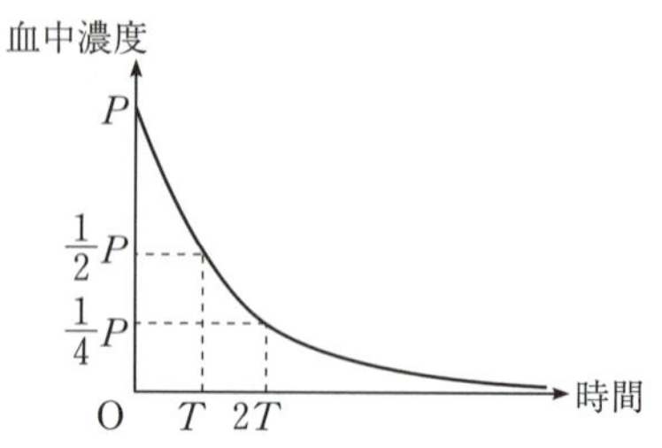

薬Dについては，$M=2$，$L=40$，$P=5$，$T=12$ である。

(1) 薬Dについて，12時間ごとに1錠ずつ服用するときの血中濃度の変化は右のグラフのようになる。

n を自然数とする。a_n は n 回目の服用直後の血中濃度である。a_1 は P と一致すると考えてよい。第 $(n+1)$ 回目の服用直前には，血中濃度は第 n 回目の服用直後から時間の経過に応じて減少しており，薬を服用した直後に血中濃度が P だけ上昇する。この血中濃度が a_{n+1} である。

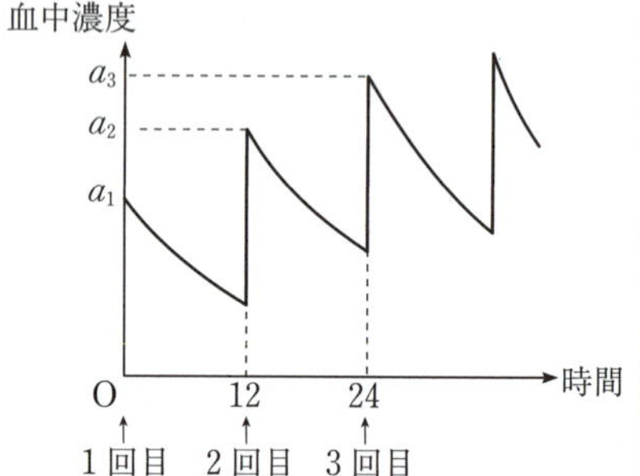

$P=5$，$T=12$ であるから，数列 $\{a_n\}$ の初項と漸化式は

$$a_1=\boxed{\text{ア}},\quad a_{n+1}=\frac{\boxed{\text{イ}}}{\boxed{\text{ウ}}}a_n+\boxed{\text{エ}}\quad (n=1,\ 2,\ 3,\ \cdots)$$

となる。

数列 $\{a_n\}$ の一般項を求めてみよう。

【考え方1】

数列 $\{a_n-d\}$ が等比数列となるような定数 d を求める。$d=\boxed{\text{オカ}}$ に対して，数列 $\{a_n-d\}$ が公比 $\frac{\boxed{\text{キ}}}{\boxed{\text{ク}}}$ の等比数列になることを用いる。

【考え方2】

階差数列をとって考える。数列$\{a_{n+1}-a_n\}$が公比$\dfrac{\boxed{ケ}}{\boxed{コ}}$の等比数列になることを用いる。

いずれの考え方を用いても，一般項を求めることができ，

$$a_n=\boxed{サシ}-\boxed{ス}\left(\frac{\boxed{セ}}{\boxed{ソ}}\right)^{n-1}\quad (n=1,\ 2,\ 3,\ \cdots)$$

である。

（2）薬Dについては，$M=2$，$L=40$である。薬Dを12時間ごとに1錠ずつ服用する場合，n回目の服用直前の血中濃度がa_n-Pであることに注意して，正しいものを，次の⓪～⑤のうちから二つ選べ。$\boxed{タ}$

⓪ 4回目の服用までは血中濃度がLを超えないが，5回目の服用直後に血中濃度がLを超える。

① 5回目の服用までは血中濃度がLを超えないが，服用し続けるといつか必ずLを超える。

② どれだけ継続して服用しても血中濃度がLを超えることはない。

③ 1回目の服用直後に血中濃度がPに達して以降，血中濃度がMを下回ることはないので，1回目の服用以降は適切な効果が持続する。

④ 2回目までは服用直前に血中濃度がM未満になるが，2回目の服用以降は，血中濃度がMを下回ることはないので，適切な効果が持続する。

⑤ 5回目までは服用直前に血中濃度がM未満になるが，5回目の服用以降は，血中濃度がMを下回ることはないので，適切な効果が持続する。

（3）（1）と同じ服用量で，服用間隔の条件のみを24時間に変えた場合の血中濃度を調べよう。薬Dを24時間ごとに1錠ずつ服用するときの，n回目の服用直後の血中濃度をb_nとする。n回目の服用直前の血中濃度はb_n-Pである。最初の服用から$24n$時間経過後の服用直前の血中濃度である$a_{2n+1}-P$と$b_{n+1}-P$を比較する。$b_{n+1}-P$と$a_{2n+1}-P$の比を求めると，

$$\frac{b_{n+1}-P}{a_{2n+1}-P}=\frac{\boxed{チ}}{\boxed{ツ}}$$

となる。

（4）薬Dを24時間ごとにk錠ずつ服用する場合には，最初の服用直後の血中濃度はkPとなる。服用量を変化させてもTの値は変わらないものとする。

薬Dを12時間ごとに1錠ずつ服用した場合と24時間ごとにk錠ずつ服用した場合の血中濃度を比較すると，最初の服用から$24n$時間経過後の各服用直前の血中濃度が等しくなるのは，$k=$ テ のときである。したがって，24時間ごとにk錠ずつ服用する場合の各服用直前の血中濃度を，12時間ごとに1錠ずつ服用する場合の血中濃度以上とするためには$k \geqq$ テ でなくてはならない。

また，24時間ごとの服用量を テ 錠にするとき，正しいものを，次の⓪〜③のうちから一つ選べ。 ト

⓪ 1回目の服用以降，服用直後の血中濃度が常にLを超える。

① 4回目の服用直後までの血中濃度はL未満だが，5回目以降は服用直後の血中濃度が常にLを超える。

② 9回目の服用直後までの血中濃度はL未満だが，10回目以降は服用直後の血中濃度が常にLを超える。

③ どれだけ継続して服用しても血中濃度がLを超えることはない。

解答

（1）薬Dについては，$P=5$，$T=12$であり，a_1はPと一致すると考えてよいので

$$\boldsymbol{a_1=5}$$ ◀◀答

血中濃度はT時間で$\frac{1}{2}$倍になり，薬Dを1錠服用すると，血中濃度が$P=5$だけ増加するので

$$\boldsymbol{a_{n+1}=\frac{1}{2}a_n+5} \quad (n=1,\ 2,\ 3,\ \cdots)$$ ◀◀答

となる。

そして，数列$\{a_n\}$の一般項を**【考え方1】**で求めると

$$a_{n+1}-10=\frac{1}{2}(a_n-10)$$

より

$$\boldsymbol{d=10}$$ ◀◀答

であり，数列$\{a_n-10\}$は公比

$$\boldsymbol{\frac{1}{2}}$$ ◀◀答

特性方程式

$$x=\frac{1}{2}x+5$$

の解は$x=10$である。

の等比数列であるから

$$a_n-10=(a_1-10)\cdot\left(\frac{1}{2}\right)^{n-1}$$

$\therefore\quad \boldsymbol{a_n=10-5\left(\frac{1}{2}\right)^{n-1}}\quad (n=1,\ 2,\ 3,\ \cdots)$ 

$a_1=5$ より。

また，数列 $\{a_n\}$ の一般項を【考え方 2】で求めると，$n\geqq 2$ のとき

$$a_n=\frac{1}{2}a_{n-1}+5$$

より

$$a_{n+1}-a_n=\frac{1}{2}(a_n-a_{n-1})$$

であり，数列 $\{a_{n+1}-a_n\}$ は，初項 $a_2-a_1=\frac{5}{2}$，公比

$\frac{1}{2}$ ◀◀答

の等比数列であるから，$n\geqq 2$ のとき

$$a_n=a_1+\sum_{k=1}^{n-1}\frac{5}{2}\left(\frac{1}{2}\right)^{k-1}$$

$$=5+\frac{5}{2}\cdot\frac{1\cdot\left\{1-\left(\frac{1}{2}\right)^{n-1}\right\}}{1-\frac{1}{2}}$$

等比数列の和。

$\therefore\quad a_n=10-5\left(\frac{1}{2}\right)^{n-1}$ ……………………①

であり，①に $n=1$ を代入すると $a_1=5$ となるから

$$a_n=10-5\left(\frac{1}{2}\right)^{n-1}\quad (n=1,\ 2,\ 3,\ \cdots)$$

である。

(2) $0<5\left(\frac{1}{2}\right)^{n-1}\leqq 5$ より

$$5\leqq a_n<10$$

であるから，血中濃度が $L=40$ を超えたり，1 回目の服用以降で血中濃度が $M=2$ を下回ることはない。
以上より，正しいものは

（3）薬Dの服用間隔の条件のみを24時間に変えた場合の血中濃度を b_n とすると

$$b_1=5,\ b_{n+1}=\frac{1}{4}b_n+5\quad(n=1,\ 2,\ 3,\ \cdots)$$

であり，(1)の**【考え方1】**をもとにして数列 $\{b_n\}$ の一般項を求めると

$$b_n-\frac{20}{3}=\frac{1}{4}\left(b_1-\frac{20}{3}\right)$$

$$\therefore\quad b_n=\frac{20}{3}-\frac{5}{3}\left(\frac{1}{4}\right)^{n-1}$$

であるから

$$b_{n+1}-P=\frac{20}{3}-\frac{5}{3}\left(\frac{1}{4}\right)^{n}-5$$

$$=\frac{5}{3}\left\{1-\left(\frac{1}{4}\right)^{n}\right\}$$

また

$$a_{2n+1}-P=10-5\left(\frac{1}{2}\right)^{2n}-5$$

$$=5\left\{1-\left(\frac{1}{4}\right)^{n}\right\}$$

であるから

$$\frac{b_{n+1}-P}{a_{2n+1}-P}=\frac{\frac{5}{3}\left\{1-\left(\frac{1}{4}\right)^{n}\right\}}{5\left\{1-\left(\frac{1}{4}\right)^{n}\right\}}=\frac{1}{3}$$ ◀◀答

となる。

（4）薬Dを24時間ごとに k 錠ずつ服用した場合の血中濃度を c_n $(n=1,\ 2,\ 3,\ \cdots)$ とすると

$$c_n=kb_n$$

であり，最初の服用から $24n$ 時間経過後の各服用直前の血中濃度は

$$c_{n+1}-kP=k(b_{n+1}-P)$$

であるから，最初の服用から $24n$ 時間経過後の各服用直前の血中濃度が等しくなるのは

$$\frac{k(b_{n+1}-P)}{a_{2n+1}-P}=1\qquad\therefore\quad\frac{k}{3}=1$$

より，$\boldsymbol{k=3}$ のときである。◀◀答

特性方程式

$$x=\frac{1}{4}x+5$$

の解は $x=\frac{20}{3}$ である。

$$a_n=10-5\left(\frac{1}{2}\right)^{n-1}$$

また，$k=3$ のとき

$$c_n=3\left\{\frac{20}{3}-\frac{5}{3}\left(\frac{1}{4}\right)^{n-1}\right\}$$

$$=5\left\{4-\left(\frac{1}{4}\right)^{n-1}\right\}$$

$c_n=3b_n$ より。

であるから，$3\leqq 4-\left(\frac{1}{4}\right)^{n-1}<4$ より

$0<\left(\frac{1}{4}\right)^{n-1}\leqq 1$ より。

$$15\leqq c_n<20$$

であり，どれだけ継続して服用しても血中濃度が $L=40$ を超えることはないため，正しいのは

③ 答

解説

■ 一定の割合で増加・減少する数列

薬を服用したときの血中濃度や銀行の預金額など，日常には一定の割合で増えたり減ったりするものがあり，共通テストでは，このような事象を題材とした数列の問題が出題されることがある。

本問では，薬を服用した直後の血中濃度の増加は等差（1錠につき P 増える）であり，薬を服用したあとの時間経過に伴う血中濃度の減少は等比$\left(T\right.$ 時間経過すると $\frac{1}{2}$ 倍になる$\left.\right)$であるが，薬を服用した直後の血中濃度を数列とみてその一般項を求めることで，血中濃度の最大値・最小値がどのようになるかを調べることが可能になる。

本問の考察から，薬を服用する間隔がある期間よりも長くなると適切な効果が得られなくなり，薬を服用する量がある量よりも多くなると副作用を起こすことが想定される。12時間ごとに1錠ずつ服用したり24時間ごとに3錠ずつ服用しても血中濃度は40を超えないので副作用を起こすことはないが，どのような服用をすると副作用を起こすかなど調べてみてもよいだろう。

■ $a_{n+1}=pa_n+q$ の形の漸化式

p を 0，1 でない定数，q を 0 でない定数とするとき

$$a_{n+1}=pa_n+q \quad \cdots\cdots Ⓐ$$

を漸化式とする数列 $\{a_n\}$ の一般項は，次のように求められる。

Ⓐの a_{n+1}，a_n を α とおくと

$$\alpha=p\alpha+q \quad \cdots\cdots Ⓑ$$

Ⓐ−Ⓑより

$$a_{n+1}-\alpha=p(a_n-\alpha)$$

よって，数列 $\{a_n-\alpha\}$ は初項 $a_1-\alpha$，公比 p の等比数列であるから

$$a_n-\alpha=(a_1-\alpha)p^{n-1} \qquad \therefore \quad a_n=(a_1-\alpha)p^{n-1}+\alpha$$

となる。とくに，Ⓑは特性方程式と呼ばれ，この形の漸化式を扱うときに有効となるので，しっかり身につけておこう。

類題4 オリジナル問題（解答は38ページ）

ある銀行では，X 万円を年利 Y％で借りて n 年目に P_n 万円（$n=1, 2, 3, \cdots$）を返済していったときの n 年目における残りの返済額 a_n（万円）は次のようになっている。

$$a_1=\left(1+\frac{Y}{100}\right)X-P_1, \quad a_{n+1}=\left(1+\frac{Y}{100}\right)a_n-P_{n+1}$$

ただし，$X>P_n>0$，$Y>0$ とし，$a_n \leqq 0$ となった時点で返済は終わるものとする。

太郎：1000 万円を年利 5％ で借りて毎年 100 万円ずつ返済するとどうなるんだろう。

花子：$X=1000$，$Y=5$ とし，$P_n=100$ とすると，$a_1=$ **アイウ**，$a_{n+1}=\dfrac{21}{20}a_n-100$ だから，この漸化式を解くことで数列 $\{a_n\}$ の一般項が求められるね。

（1）$X=1000$，$Y=5$，$P_n=100$ のときの a_n の一般項を求めると

$$a_n=\boxed{\text{エオカキ}}-1050\left(\frac{21}{20}\right)^{\boxed{\text{ク}}}$$

である。**ク** に当てはまるものを，次の⓪～②のうちから一つ選べ。

⓪ $n-1$　① n　② $n+1$

> 太郎：$X=1000$, $Y=5$, $P_n=10$ だと毎年の残りの返済額はどうなるんだろう。
> 花子：毎年の残りの返済額は a_n の一般項を求めないとわからないけれど，
> 　　返済が終わるかどうかはすぐに調べられるね。

（2）$X=1000$，$Y=5$，$P_n=10$ のとき，年数が経過したときの a_n についての説明として正しいものを，次の ⓪～③ のうちから一つ選べ。［ケ］

⓪ つねに $a_n>1000$ となるので，このままではいつまでも返済が終わらない。

① 最初は $a_n>1000$ であり，途中から $a_n<1000$ となるが，a_n が0になることはないので，このままではいつまでも返済が終わらない。

② 最初は $a_n>1000$ であるが，途中から $a_n<1000$ となり，いずれは $a_n\leqq 0$ となるので，返済が終わる。

③ つねに $a_n<1000$ となり，いずれは $a_n\leqq 0$ となるので，返済が終わる。

> 太郎：$X=1000$，$Y=5$，$P_n=10$ のときについて，返済が終わるかどうかを
> 　　調べたけれど，X，Y，P_n を他の値に変えてみたらどうなるかな。
> 花子：$P_n=p$（定数）とすると，$p>$［コ］であればいずれは返済が終わ
> 　　るけれど，$p\leqq$［コ］だといつまでも返済は終わらないね。

（3）［コ］に当てはまる式を，次の ⓪～③ のうちから一つ選べ。

⓪ XY　① $\dfrac{XY}{100}$　② $X\left(1+\dfrac{Y}{100}\right)$　③ $X+\dfrac{Y}{100}$

> 太郎：でも，毎年返済する金額は同じでなくてもよいよね。年によって返
> 　　済する金額を変えていくとどうなるのかな。
> 花子：$X=1000$，$Y=5$ のとき，$P_1+P_2+P_3$ の値を変えないように，P_1，
> 　　P_2，P_3 の値を変えてみたときの a_3 の値はどうなるか調べてみよう。

（4）$X=1000$，$Y=5$ とする。$a_3>1000$ となるような P_1，P_2，P_3 の値の組を，⓪～③ のうちからすべて選べ。［サ］

⓪ $P_1=0$，$P_2=50$，$P_3=100$　① $P_1=40$，$P_2=50$，$P_3=60$

② $P_1=60$，$P_2=50$，$P_3=40$　③ $P_1=100$，$P_2=50$，$P_3=0$

例題 5 センター試験追試

（1）初項 a，公差 d の等差数列 $\{a_n\}$ に対して，$S_n=\sum_{k=1}^{n} a_k$ とおく。このとき

$$S_{10}=\boxed{\text{ア}}(\boxed{\text{イ}}a+\boxed{\text{ウ}}d)$$

である。ここで，$S_{10}=-5$，$S_{16}=8$ が成り立つとき

$$a=\boxed{\text{エオ}},\quad d=\frac{\boxed{\text{カ}}}{\boxed{\text{キ}}}$$

であり，また，S_1，S_2，…，S_{100} の中で最小の値は $\boxed{\text{クケ}}$ である。

（2）初項 15，公比 2 の等比数列を $\{b_n\}$ とし，正の整数 n を 4 で割ったときの余りを c_n とする。このとき

$$c_1+c_2+\cdots+c_{40}=\boxed{\text{コサ}}$$

$$b_1c_1+b_2c_2+\cdots+b_{40}c_{40}=\boxed{\text{シス}}(2^{\boxed{\text{セソ}}}-1)$$

である。

解答

（1） 数列 $\{a_n\}$ の初項は a，公差は d であるから

$$S_n=\frac{n\{2a+(n-1)d\}}{2}$$

等差数列の和。

したがって

$$\boldsymbol{S_{10}=5(2a+9d)}$$ ◀◀答

である。

$S_{10}=-5$，$S_{16}=8$ が成り立つとき

$$5(2a+9d)=-5 \qquad \therefore\ 2a+9d=-1 \quad \cdots①$$

$$8(2a+15d)=8 \qquad \therefore\ 2a+15d=1 \quad \cdots\cdots②$$

$S_{16}=8(2a+15d)$

①，②より

$$\boldsymbol{a=-2,\quad d=\frac{1}{3}}$$ ◀◀答

したがって

$$a_n=-2+\frac{1}{3}(n-1)=\frac{n-7}{3}$$

であるから

$$\begin{cases} a_n<0 & (n\leqq 6) \\ a_7=0 & \\ a_n>0 & (n\geqq 8) \end{cases}$$

となる。よって，S_n は $n \leqq 6$ のとき減少，$n \geqq 8$ のとき増加するから，S_1，S_2，…，S_{100} の中で最小になるのは S_6 と S_7 であり

$S_1 > S_2 > \cdots > S_6$，$S_6 = S_7$，$S_7 < S_8 < \cdots$

$$S_6 = S_7 = \frac{6}{2} \cdot \left(-4 + \frac{5}{3}\right) = -7$$ ◀◀答

（2）数列 $\{c_n\}$ において，$k=0,\ 1,\ 2,\ \cdots$ とするとき

$$c_1 = c_5 = \cdots = c_{4k+1} = \cdots = 1$$
$$c_2 = c_6 = \cdots = c_{4k+2} = \cdots = 2$$
$$c_3 = c_7 = \cdots = c_{4k+3} = \cdots = 3$$
$$c_4 = c_8 = \cdots = c_{4k+4} = \cdots = 0$$

c_n は正の整数 n を 4 で割った余りである。

であるから

$$\begin{aligned} c_1 + c_2 + c_3 + c_4 &= c_5 + c_6 + c_7 + c_8 \\ &= \cdots = c_{37} + c_{38} + c_{39} + c_{40} \\ &= 1 + 2 + 3 + 0 = 6 \end{aligned}$$

c_n は 4 項ごとにまとめて考える。

したがって

$$\begin{aligned} &c_1 + c_2 + \cdots + c_{40} \\ &= (c_1 + c_2 + c_3 + c_4) + (c_5 + c_6 + c_7 + c_8) \\ &\qquad + \cdots + (c_{37} + c_{38} + c_{39} + c_{40}) \\ &= 6 \times \frac{40}{4} = 60 \end{aligned}$$ ◀◀答

次に，$b_n = 15 \cdot 2^{n-1}$ であるから，$k=0,\ 1,\ 2,\ \cdots$ に対して

$\{b_n\}$ は初項 15，公比 2 の等比数列。

$$\begin{aligned} &b_{4k+1}c_{4k+1} + b_{4k+2}c_{4k+2} + b_{4k+3}c_{4k+3} + b_{4k+4}c_{4k+4} \\ &= 15 \cdot 2^{4k} \cdot 1 + 15 \cdot 2^{4k+1} \cdot 2 + 15 \cdot 2^{4k+2} \cdot 3 + 15 \cdot 2^{4k+3} \cdot 0 \\ &= 15 \cdot 2^{4k} \cdot (1 + 2 \cdot 2 + 2^2 \cdot 3) \\ &= 15 \cdot 17 \cdot 2^{4k} \end{aligned}$$

4 項ずつ 1 つのまとまりとして考える。

よって

$$\begin{aligned} &b_1c_1 + b_2c_2 + \cdots + b_{40}c_{40} \\ &= 15 \cdot 17 \sum_{k=0}^{9} 2^{4k} \\ &= 15 \cdot 17 \cdot \frac{2^{40} - 1}{2^4 - 1} \\ &= 17(2^{40} - 1) \end{aligned}$$ ◀◀答

等比数列の和として表される。

解説

等差数列の和の最大・最小

等差数列 $\{a_n\}$ の初項から第 n 項までの和 S_n の最大・最小を考える際は，a_n の符号が変わる n の値に着目する。$n \geqq 2$ において，$S_n = S_{n-1} + a_n$ より

$a_n > 0$ のとき　$S_{n-1} < S_n$

$a_n = 0$ のとき　$S_{n-1} = S_n$

$a_n < 0$ のとき　$S_{n-1} > S_n$

となるから，a_n の符号から S_n の増減を捉えることができる。

S_n の最小値は，2次関数のグラフを利用して

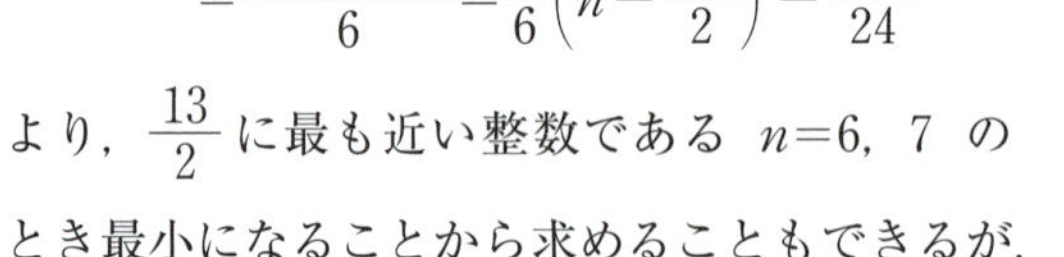

$$S_n = \frac{n}{2}\left\{-4 + \frac{1}{3}(n-1)\right\}$$

$$= \frac{n(n-13)}{6} = \frac{1}{6}\left(n - \frac{13}{2}\right)^2 - \frac{169}{24}$$

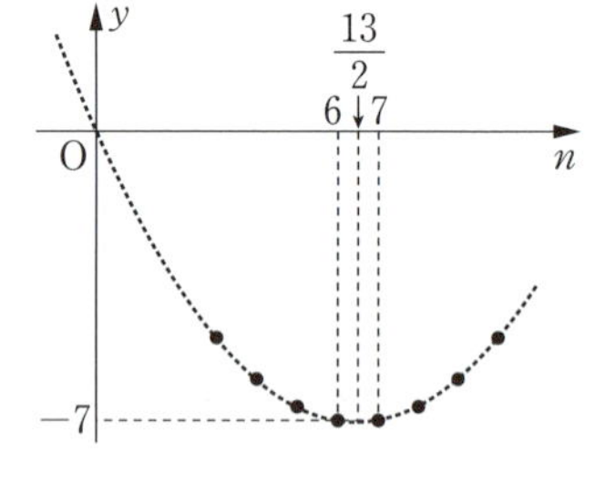

より，$\frac{13}{2}$ に最も近い整数である $n=6,\ 7$ のとき最小になることから求めることもできるが，a_n の符号に着目する方が時間短縮になる。

周期をもつ数列

(2)の数列 $\{c_n\}$ は4を周期として 1，2，3，0 を繰り返す数列である。したがって，数列 $\{c_n\}$ および数列 $\{b_nc_n\}$ は，4項ずつを1つのまとまりとして考えるのがポイントである。

周期をもつ数列は，その周期ごとで区切って考える群数列と捉えることができる。

類題5　オリジナル問題(解答は40ページ)

(1) 数列 $\{a_n\}$ は初項 a，公差 -4 の等差数列であり，初項から第 n 項までの和を S_n とすると，$S_{12} = -60$ である。このとき

$a =$ [アイ]

である。また，S_n は $n =$ [ウ] のとき最大値 [エオ] をとる。

(2) $\frac{24}{111}$ を小数で表したときに小数第 n 位に現れる数を b_n とする。

$b_{50} =$ [カ] であり，$\sum_{k=1}^{50} b_k =$ [キクケ] である。

また，(1)の数列 $\{a_n\}$ に対して $\sum_{k=1}^{30} a_kb_k =$ [コサシスセ] である。

例題 6 センター試験本試

（1）数列 $\{a_n\}$ の初項から第 n 項までの和 $S_n=\sum_{k=1}^{n} a_k$ が

$$S_n=-n^2+24n \quad (n=1,\ 2,\ 3,\ \cdots)$$

で与えられるものとする。このとき $a_1=$ アイ，$a_2=$ ウエ である。また $a_n<0$ となる自然数 n の値の範囲は $n\geqq$ オカ であり

$$\sum_{k=1}^{40} |a_k|= \text{キクケ}$$

となる。

（2）初項1，公比3の等比数列を $\{b_k\}$ とおく。各自然数 n に対して，$b_k\leqq n$ をみたす最大の b_k を c_n とおく。たとえば，$n=5$ のとき

$$b_2=3,\ b_3=9$$

であり

$$b_1<b_2\leqq 5<b_3<b_4<\cdots$$

なので $c_5=b_2=3$ である。

（i）$c_{10}=$ コ であり，$c_n=27$ である自然数 n は全部で サシ 個ある。

（ii）$\sum_{k=1}^{30} c_k=$ スセソ である。

解答

（1）$a_1=S_1$

$$=-1^2+24\cdot1=23$$ 《答》

$a_2=S_2-S_1$

$$=-2^2+24\cdot2-23=21$$ 《答》

また，$n\geqq2$ のとき

$$a_n=S_n-S_{n-1}$$
$$=-n^2+24n-\{-(n-1)^2+24(n-1)\}$$
$$=-2n+25$$

これは $n=1$ でも成り立つから

$$a_n=-2n+25 \quad (n\geqq1)$$

である。$a_n<0$ のとき

$$-2n+25<0$$

$$\therefore\quad n>\frac{25}{2}=12+\frac{1}{2}$$

$\begin{cases} a_1=S_1\ (n=1\ のとき) \\ a_n=S_n-S_{n-1} \\ \qquad (n\geqq2\ のとき) \end{cases}$

$a_1=-2\cdot1+25=23$

であるから，$a_n<0$ となる自然数 n の値の範囲は

$$\boldsymbol{n \geqq 13}$$ ◀◀答

であり

$$\sum_{k=1}^{40}|a_k|=(a_1+a_2+\cdots+a_{12})-(a_{13}+a_{14}+\cdots+a_{40})$$

$$=\frac{12\cdot(23+1)}{2}-\frac{28\cdot(-1-55)}{2}$$

$$=928$$ ◀◀答

a_1，…，a_{12} は正の数。
a_{13}，…，a_{40} は負の数。

等差数列の和を利用。
$a_1=23$，$a_{12}=1$，
$a_{13}=-1$，$a_{40}=-55$

(2) $b_k=1\cdot3^{k-1}=3^{k-1}$ $(k=1,\ 2,\ 3,\ \cdots)$ である。

（i） $b_3=9<10<27=b_4$

であるから

$$c_{10}=b_3=9$$ ◀◀答

$b_3=3^2=9$，
$b_4=3^3=27$

また

$$b_5=3^4=81$$

より，$c_n=27$ をみたす自然数は $n=27$ から $n=80$ まで全部で

$$80-(27-1)=54\ (個)$$ ◀◀答

$\{c_n\}$ を具体的に並べると
1，1 / 3，3，3，3，3，3 /
↑ $n=1\ (b_1=1)$　↖ $n=3\ (b_2=3)$
9，9，…，9 / 27，27，…
↑ $n=9\ (b_3=9)$　↑ $n=27\ (b_4=27)$

（ii） $\{c_n\}$ は $k=1,\ 2,\ 3,\ \cdots$ として第 k 群内の c_{b_k} から $c_{b_{k+1}-1}$ について等しく b_k という値が並ぶ群数列とみることができる。すなわち

$c_1=c_2=1$
$c_3=c_4=\cdots=c_8=3$　(6 個)
$c_9=c_{10}=\cdots=c_{26}=9$　(18 個)
$c_{27}=c_{28}=c_{29}=c_{30}=27$

$b_1=1$
$b_2=3$
$b_3=9$
$b_4=27$

であるから

$$\sum_{k=1}^{30}c_k=2\cdot1+6\cdot3+18\cdot9+4\cdot27$$

$$=290$$ ◀◀答

解説

■ 数列の和 S_n から一般項 a_n を求める

初項から第 n 項までの和 S_n から一般項 a_n を導く問題は頻出である。$n=1$ と $n\geqq2$ の場合に分けて考えることを忘れないようにしよう。

絶対値を含む数列

絶対値を含む数列では，絶対値記号の中身が正になるか負になるかによって分けて考える必要がある。(1)では $a_n=-2n+25$ であり，和を求める前の設問から $n\leqq 12$ のとき $a_n>0$ となり，$n\geqq 13$ のとき $a_n<0$ となるので

$$\sum_{k=1}^{40}|a_k|=\sum_{k=1}^{12}a_k+\sum_{k=13}^{40}(-a_k)=\sum_{k=1}^{12}a_k-\sum_{k=13}^{40}a_k$$

と絶対値記号をはずすことができる。

また

$$|a_1|=|a_{24}|=23,\ |a_2|=|a_{23}|=21,\ |a_3|=|a_{22}|=19,$$
$$|a_4|=|a_{21}|=17,\ \cdots,\ |a_{12}|=|a_{13}|=1$$

と，$|a_{25}|=25$，$|a_{40}|=55$ に着目することで

$$\begin{aligned}\sum_{k=1}^{40}|a_k|&=(|a_1|+|a_2|+\cdots|a_{24}|)+(|a_{25}|+|a_{26}|+\cdots+|a_{40}|)\\&=2\cdot(1+3+\cdots+23)+(25+27+\cdots+55)\\&=2\cdot\frac{12\cdot(1+23)}{2}+\frac{16\cdot(25+55)}{2}\\&=928\end{aligned}$$

のように計算することもできる。自分の考えやすい方法で速く正確に計算することを心がけよう。

数列を具体的に書き表す

(2)のように，問題を読んだだけでは規則を捉えにくい数列は，各項の値を具体的に書き並べてみると規則が見えてくる。

本問(2)では，設問で問われている c_{10} あたりまで書き並べてみると，規則が見えてくるだろう。すると，$c_1=c_2=1$ を第1群，$c_3=c_4=\cdots=c_8=3$ を第2群，… と，同じ値になる項を1つの群として捉える群数列と考えることができる。

類題6 オリジナル問題(解答は42ページ)

(1) 数列 $\{a_n\}$ と $\{b_n\}$ がそれぞれ $\sum_{k=1}^{n} a_k = n^2$, $\sum_{k=1}^{n} b_k = n^2+n$ をみたすとき

$$\sum_{k=1}^{10}(a_k{}^2+b_k{}^2)=\boxed{アイウエ},\quad \sum_{k=1}^{10}(a_k{}^2-b_k{}^2)=\boxed{オカキク}$$

である。

(2) 数列

$$\frac{1}{2},\ \frac{2}{3},\ \frac{1}{3},\ \frac{3}{4},\ \frac{2}{4},\ \frac{1}{4},\ \frac{4}{5},\ \frac{3}{5},\ \frac{2}{5},\ \frac{1}{5},\ \frac{5}{6},\ \cdots$$

の第 n 項を c_n とする。この数列を

$$\frac{1}{2}\,\Big|\,\frac{2}{3},\ \frac{1}{3}\,\Big|\,\frac{3}{4},\ \frac{2}{4},\ \frac{1}{4}\,\Big|\,\frac{4}{5},\ \frac{3}{5},\ \frac{2}{5},\ \frac{1}{5}\,\Big|\,\frac{5}{6},\ \cdots$$

のように1個，2個，3個，4個，… と区画に分ける。

このとき，c_{47} は第 $\boxed{ケコ}$ 区画の $\boxed{サ}$ 番目の項であるから

$$c_{47}=\frac{\boxed{シ}}{\boxed{スセ}}$$

である。また，第 n 区画に含まれる項の和は $\dfrac{n}{\boxed{ソ}}$ であるから

$$\sum_{k=1}^{47} c_k=\frac{\boxed{タチツ}}{\boxed{テト}}$$

である。

例題 7 オリジナル問題

太郎さんと花子さんは

$$\sum_{k=1}^{n} k^2 = \frac{1}{6} n(n+1)(2n+1) \quad \cdots\cdots ①$$

が成り立つことを証明するために，それぞれ次のように考えた。

太郎さんの考え方

$(k+1)^3 - k^3 = \boxed{ア} k^2 + \boxed{イ} k + \boxed{ウ}$ より

$$\sum_{k=1}^{n} \{(k+1)^3 - k^3\} = \sum_{k=1}^{n} (\boxed{ア} k^2 + \boxed{イ} k + \boxed{ウ})$$

となることを利用する。

花子さんの考え方

$n=1$ のとき，①について

$$(\text{左辺}) = 1^2 = 1, \quad (\text{右辺}) = \frac{1}{6} \cdot 1 \cdot (1+1) \cdot (2 \cdot 1 + 1) = 1$$

より①が成立するので，$n=m$ のときに①が成立することを仮定して，$n=m+1$ のときにも①が成立することを示す。

（1）太郎さんの考え方にそって証明してみよう。

$$\boxed{ア} \sum_{k=1}^{n} k^2 = \sum_{k=1}^{n} \{(k+1)^3 - k^3\} - \sum_{k=1}^{n} (\boxed{イ} k + \boxed{ウ})$$

であり

$$\sum_{k=1}^{n} \{(k+1)^3 - k^3\} = n^3 + \boxed{エ} n^2 + \boxed{オ} n$$

$$\sum_{k=1}^{n} (\boxed{イ} k + \boxed{ウ}) = \frac{\boxed{カ}}{\boxed{キ}} n^2 + \frac{\boxed{ク}}{\boxed{ケ}} n$$

であるから

$$\boxed{ア} \sum_{k=1}^{n} k^2$$

$$= n^3 + \boxed{エ} n^2 + \boxed{オ} n - \left(\frac{\boxed{カ}}{\boxed{キ}} n^2 + \frac{\boxed{ク}}{\boxed{ケ}} n \right)$$

より，①が成り立つことが証明できる。

（2）花子さんの考え方にそって証明してみよう。$n = m + 1$ のとき

$$\sum_{k=1}^{m+1} k^2 = \boxed{コ} + (m+1)^2$$

$$=\frac{\boxed{サ}}{\boxed{シ}}(m+1)\{m(2m+1)+\boxed{ス}(m+1)\}$$

$$=\frac{\boxed{サ}}{\boxed{シ}}(m+1)(m+\boxed{セ})(\boxed{ソ}m+\boxed{タ})$$

より，$n=m+1$ のときも①が成立するので，すべての自然数 n について①が成立する。（証明終）

$\boxed{コ}$ に当てはまるものを，次の ⓪～③ のうちから一つ選べ。

⓪ $\frac{1}{2}(m-1)m$　　① $\frac{1}{2}m(m+1)$

② $\frac{1}{6}(m-1)m(2m-1)$　　③ $\frac{1}{6}m(m+1)(2m+1)$

また，花子さんの考え方のような証明法は何と呼ばれているか。次の ⓪～③ のうちから一つ選べ。$\boxed{チ}$

⓪ 背理法　① 演繹法　② 数学的帰納法　③ 三段論法

太郎：どちらの方法でも証明することができるんだね。

花子：同じようにして $\sum_{k=1}^{n}k^3=\left\{\frac{1}{2}n(n+1)\right\}^2$ も確かめられるね。

太郎：$\sum_{k=1}^{n}k^4$ を求めることもできそうだね。

（3）太郎さんが実際に $\sum_{k=1}^{n}k^4$ を求めてみたところ

$$\sum_{k=1}^{n}k^4=\frac{1}{\boxed{ツテ}}n(n+1)(2n+1)(\boxed{ト}n^2+\boxed{ナ}n-\boxed{ニ})$$

となることがわかった。

解答

太郎さんの考え方において

$$(k+1)^3-k^3=(k^3+3k^2+3k+1)-k^3$$

$$=\mathbf{3k^2+3k+1}$$ ◀◀答

である。

（1） $\sum_{k=1}^{n}\{(k+1)^3-k^3\}=\sum_{k=1}^{n}(3k^2+3k+1)$ より

$$3\sum_{k=1}^{n}k^2=\sum_{k=1}^{n}\{(k+1)^3-k^3\}-\sum_{k=1}^{n}(3k+1)\quad\cdots②$$

であり

$$\sum_{k=1}^{n}\{(k+1)^3-k^3\}=(2^3-1^3)+(3^3-2^3)+\cdots+\{(n+1)^3-n^3\}$$

$$=(n+1)^3-1$$

$$=\boldsymbol{n^3+3n^2+3n}$$ ◀◀答

途中の項が消去できる。

$$\sum_{k=1}^{n}(3k+1)=\frac{3}{2}n(n+1)+n$$

$$=\boldsymbol{\frac{3}{2}n^2+\frac{5}{2}n}$$ ◀◀答

初項 4，末項 $3n+1$，項数 n の等差数列の和とみて

$$\frac{n\{4+(3n+1)\}}{2}$$

としてもよい。

であるから，②より

$$3\sum_{k=1}^{n}k^2=(n^3+3n^2+3n)-\left(\frac{3}{2}n^2+\frac{5}{2}n\right)$$

$$=n^3+\frac{3}{2}n^2+\frac{1}{2}n$$

$$=\frac{1}{2}n(2n^2+3n+1)$$

となり

$$\sum_{k=1}^{n}k^2=\frac{1}{6}n(2n^2+3n+1)$$

$$=\frac{1}{6}n(n+1)(2n+1)$$

両辺を 3 で割った。

となるので，①が成り立つ。

（2） $n=m$ のとき①が成立するという仮定より

$$\sum_{k=1}^{m}k^2=\frac{1}{6}m(m+1)(2m+1)$$

であるから

$$\sum_{k=1}^{m+1}k^2=\sum_{k=1}^{m}k^2+(m+1)^2$$

$$=\boldsymbol{\frac{1}{6}m(m+1)(2m+1)+(m+1)^2}\quad(③)$$

初項から第 n 項までの和と，第 $n+1$ 項に分ける。

$$=\boldsymbol{\frac{1}{6}(m+1)\{m(2m+1)+6(m+1)\}}$$ ◀◀答

$$=\frac{1}{6}(m+1)(2m^2+7m+6)$$

$$=\boldsymbol{\frac{1}{6}(m+1)(m+2)(2m+3)}$$ ◀◀答

$$=\frac{1}{6}(m+1)\{(m+1)+1\}\{2(m+1)+1\}$$

より，$n=m+1$ のときも①が成立するので，すべての自然数 n について①が成立する。

$\frac{1}{6}n(n+1)(2n+1)$ の n を $m+1$ に置き換えた式に変形できる。

また，花子さんの考え方のような証明法は数学的帰納法（②）と呼ばれている。 ◀◀答

（3） $\displaystyle\sum_{k=1}^{n}\{(k+1)^5-k^5\}=\sum_{k=1}^{n}(5k^4+10k^3+10k^2+5k+1)$

において，(左辺)$=(n+1)^5-1$ より

途中の項が消去される。

$$\sum_{k=1}^{n}(5k^4+10k^3+10k^2+5k+1)=(n+1)^5-1$$

$$\therefore\quad 5\sum_{k=1}^{n}k^4=\{(n+1)^5-1\}-\sum_{k=1}^{n}(10k^3+10k^2+5k+1)$$

であるから

$$5\sum_{k=1}^{n}k^4=\{(n+1)^5-1\}-10\cdot\frac{1}{4}n^2(n+1)^2$$
$$-10\cdot\frac{1}{6}n(n+1)(2n+1)$$
$$-5\cdot\frac{1}{2}n(n+1)-n$$

$\displaystyle\sum_{k=1}^{n}k^3=\left\{\frac{1}{2}n(n+1)\right\}^2$ を利用する。

$$=n^5+\frac{5}{2}n^4+\frac{5}{3}n^3-\frac{1}{6}n$$

$$=n\left(n^4+\frac{5}{2}n^3+\frac{5}{3}n^2-\frac{1}{6}\right)$$

であり

$$30\sum_{k=1}^{n}k^4=n(6n^4+15n^3+10n^2-1)$$

辺々6倍して分母をはらった。

で，右辺は $(n+1)$，$(2n+1)$ を因数にもつので

$$30\sum_{k=1}^{n}k^4=n(n+1)(2n+1)(3n^2+3n-1)$$

$$\therefore\quad \boldsymbol{\sum_{k=1}^{n}k^4=\frac{1}{30}n(n+1)(2n+1)(3n^2+3n-1)}$$

解説

■ $\sum_{k=1}^{n} k^3$ の証明

本問では，$\sum_{k=1}^{n} k^2$ について太郎さんと花子さんが証明をしているが，$\sum_{k=1}^{n} k^3$ についても同様に証明することができる。

$$\sum_{k=1}^{n}\{(k+1)^4-k^4\}=\sum_{k=1}^{n}(4k^3+6k^2+4k+1)$$

$$\therefore\quad 4\sum_{k=1}^{n}k^3=\sum_{k=1}^{n}\{(k+1)^4-k^4\}-\sum_{k=1}^{n}(6k^2+4k+1)$$

より

$$\sum_{k=1}^{n}k^3=\frac{1}{4}\left[\{(n+1)^4-1\}-\sum_{k=1}^{n}(6k^2+4k+1)\right]$$

を計算したり，数学的帰納法において，$n=m$ のとき成立するという仮定のもとで

$$\sum_{k=1}^{m+1}k^3=\left\{\frac{1}{2}m(m+1)\right\}^2+(m+1)^3$$
$$=\left\{\frac{1}{2}(m+1)(m+2)\right\}^2$$

となることを示すことで

$$\sum_{k=1}^{n}k^3=\left\{\frac{1}{2}n(n+1)\right\}^2$$

を証明することができる。

■ $\displaystyle\sum_{k=1}^{n} k^4 = \frac{1}{30} n(n+1)(2n+1)(3n^2+3n-1)$ の証明

$\displaystyle\sum_{k=1}^{n} k^4 = \frac{1}{30} n(n+1)(2n+1)(3n^2+3n-1)$ が成り立つことは，数学的帰納法を用いて次のようにして確かめられる。

$n=1$ のとき，(左辺)$=1$，(右辺)$=1$ より成立するので，$n=m$ のときに成立すると仮定すると，$n=m+1$ のとき

$$\begin{aligned}\sum_{k=1}^{m+1} k^4 &= \frac{1}{30} m(m+1)(2m+1)(3m^2+3m-1) + (m+1)^4 \\ &= \frac{1}{30}(m+1)(6m^4+39m^3+91m^2+89m+30) \\ &= \frac{1}{30}(m+1)(m+2)(6m^3+27m^2+37m+15) \\ &= \frac{1}{30}(m+1)(m+2)(2m+3)(3m^2+9m+5) \\ &= \frac{1}{30}(m+1)\{(m+1)+1\}\{2(m+1)+1\}\{3(m+1)^2+3(m+1)-1\}\end{aligned}$$

となることから，$n=m+1$ のときも成立することが示せる。

類題7 オリジナル問題(解答は43ページ)

太郎さんは，$\displaystyle\sum_{k=1}^{n}k=\frac{1}{2}n(n+1)$，$\displaystyle\sum_{k=1}^{n}k^2=\frac{1}{6}n(n+1)(2n+1)$ の式を使わないで $\displaystyle\sum_{k=1}^{n}k(k+1)$ を求めるために，次のような方針を立てた。

方針

$$(k+1)^3-k^3=\boxed{\text{ア}}\,k(k+1)+\boxed{\text{イ}}$$

より，$k=1,\ 2,\ \cdots,\ n$ としたときの両辺の和をとって求める。

(1) 太郎さんの方針で $\displaystyle\sum_{k=1}^{n}k(k+1)$ を求める。このとき

$$\sum_{k=1}^{n}\{(k+1)^3-k^3\}=\boxed{\text{ア}}\sum_{k=1}^{n}k(k+1)+\boxed{\text{ウ}}\quad\cdots\cdots\cdots①$$

であり，①の左辺が $\boxed{\text{エ}}$ であるから

$$\boxed{\text{ア}}\sum_{k=1}^{n}k(k+1)=\boxed{\text{エ}}-\boxed{\text{ウ}}$$

より

$$\sum_{k=1}^{n}k(k+1)=\frac{\boxed{\text{オ}}}{\boxed{\text{カ}}}n(n+\boxed{\text{キ}})(n+\boxed{\text{ク}})$$

(ただし，$\boxed{\text{キ}}<\boxed{\text{ク}}$ とする。)

だとわかる。$\boxed{\text{ウ}}$，$\boxed{\text{エ}}$ に当てはまるものを，次の⓪～⑥のうちから一つずつ選べ。

⓪ $n-1$　① n　② $n+1$　③ n^3-1

④ n^3-n　⑤ $(n+1)^3-1$　⑥ $(n+1)^3-n$

(2) 太郎さんは，$\displaystyle\sum_{k=1}^{n}k(k+1)(k+2)$ を求めるのに，$(k+1)^4-k^4$ を同じように計算しようとしたが

$$(k+1)^4-k^4=4k(k+1)(k+2)-6k^2-4k+1$$

となり，$\displaystyle\sum_{k=1}^{n}k^2$，$\displaystyle\sum_{k=1}^{n}k$ の公式が必要になってしまった。そこで，先生に相談をしたところ

$$\frac{1}{\boxed{\text{ケ}}}\{(k+3)-(k-1)\}=1$$

を使う方法を教わったので，太郎さんは

$$k(k+1)(k+2)=\frac{1}{\boxed{\text{ケ}}}\{\boxed{\text{コ}}-\boxed{\text{サ}}\}$$

と変形することで $\sum_{k=1}^{n} k(k+1)(k+2)$ を正しく求めることができた。

[コ], [サ] に当てはまるものを，次の ⓪～⑧ のうちから一つずつ選べ。

⓪ $k(k+1)(k+2)$

① $k(k+1)(k+2)(k+3)$

② $(k+1)(k+2)(k+3)$

③ $(k+1)(k+2)(k+3)(k+4)$

④ $k(k+1)(k+2)(k+3)(k+4)$

⑤ $(k-1)k(k+1)$

⑥ $(k-1)k(k+1)(k+2)$

⑦ $(k-1)k(k+1)(k+2)(k+3)$

⑧ $(k-1)k(k+1)(k+2)(k+3)(k+4)$

（3）太郎さんは，$\sum_{k=1}^{n} k(k+1)$ や $\sum_{k=1}^{n} k(k+1)(k+2)$ を求めた結果から

$$\sum_{k=1}^{n} \{k(k+1)\cdot\cdots\cdot(k+m)\} \quad (m \text{は自然数})$$

をいろいろな m の値について求められるのではないかと考えた。

$m=5$ のとき

$$\sum_{k=1}^{n} \{k(k+1)(k+2)(k+3)(k+4)(k+5)\} = \frac{\boxed{シ}}{\boxed{ス}} \boxed{セ}$$

である。[セ] に当てはまるものを，次の ⓪～④ のうちから一つ選べ。

⓪ $n(n+1)(n+2)(n+3)(n+4)(n+5)$

① $n(n+1)(n+2)(n+3)(n+4)(n+5)(n+6)$

② $n(n+1)(n+2)(n+3)(n+4)(n+5)(n+6)(n+7)$

③ $(n+1)(n+2)(n+3)(n+4)(n+5)(n+6)$

④ $(n+1)(n+2)(n+3)(n+4)(n+5)(n+6)(n+7)$

第7章　ベクトル

ベクトルでは,平面ベクトル・空間ベクトルともに,分点の位置ベクトル,内積と垂直条件,図形の交点の位置ベクトル,ベクトルの成分表示などがセンター試験では出題されていた。

試行調査では,立体の形や点の位置などを,ベクトルを用いて調べる問題が出題されている。図形について考察するための手段としてベクトルを使えるようにしておこう。

7 ベクトル

基本事項の確認

7-1 内分点・外分点とベクトル

（1）△ABC において，AB=3，AC=2 である。点 A を始点とし，次の各点を終点とするベクトルを $\overrightarrow{AB}$ と $\overrightarrow{AC}$ で表せ。

（a）辺 BC を 5：2 に内分する点 D および 5：2 に外分する点 E

（b）∠A の 2 等分線と辺 BC の交点 F

（c）△ABC の重心 G

（2）四面体 OABC において，辺 AB を 4：1 に内分する点を D，線分 CD の中点を E とするとき，$\overrightarrow{OE}$ を $\overrightarrow{OA}$，$\overrightarrow{OB}$，$\overrightarrow{OC}$ で表せ。

解答

（1）（a）点 D は辺 BC を 5：2 に内分するから

$$\overrightarrow{AD}=\frac{2\overrightarrow{AB}+5\overrightarrow{AC}}{7}$$ ◀◀答

また，点 E は辺 BC を 5：2 に外分するから

$$\overrightarrow{AE}=\frac{-2\overrightarrow{AB}+5\overrightarrow{AC}}{3}$$ ◀◀答

（b）角の 2 等分線の性質より

BF：FC=AB：AC=3：2

であるから，点 F は辺 BC を 3：2 に内分する。したがって

$$\overrightarrow{AF}=\frac{2\overrightarrow{AB}+3\overrightarrow{AC}}{5}$$ ◀◀答

（c）$\overrightarrow{AG}=\frac{1}{3}(\overrightarrow{AB}+\overrightarrow{AC})$ ◀◀答

（2） 点 D は辺 AB を 4：1 に内分するから

$$\overrightarrow{OD}=\frac{\overrightarrow{OA}+4\overrightarrow{OB}}{5}=\frac{1}{5}\overrightarrow{OA}+\frac{4}{5}\overrightarrow{OB}$$

よって，線分 CD の中点が E であるから

$$\overrightarrow{OE}=\frac{\overrightarrow{OC}+\overrightarrow{OD}}{2}$$

$$=\frac{1}{2}\left(\overrightarrow{OC}+\frac{1}{5}\overrightarrow{OA}+\frac{4}{5}\overrightarrow{OB}\right)$$

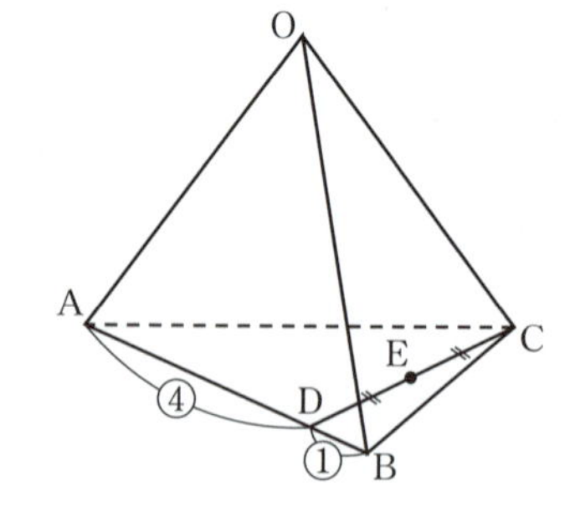

$\therefore \quad \overrightarrow{OE}=\frac{1}{10}\overrightarrow{OA}+\frac{2}{5}\overrightarrow{OB}+\frac{1}{2}\overrightarrow{OC}$ ◀◀答

解説

分点の公式

ある点をOとし，線分ABを $m:n$ に内分する点をPとすると

$$\overrightarrow{OP}=\frac{n\overrightarrow{OA}+m\overrightarrow{OB}}{m+n}$$

で表される。また，線分ABを $m:n$（ただし，$m \neq n$）に外分する点を表す式は，上の式の n を $-n$ に置き換えることで得られる。

角の2等分線の性質

△ABCにおいて，∠Aの2等分線と辺BCの交点をDとすると

$$BD:DC=AB:AC$$

が成り立つ。

三角形の重心

ある点をOとし，△ABCの重心をGとすると

$$\overrightarrow{OG}=\frac{\overrightarrow{OA}+\overrightarrow{OB}+\overrightarrow{OC}}{3}$$

が成り立つ。(1)の(c)では，ベクトルの始点が頂点の1つAになっているので，$\overrightarrow{AA}=\vec{0}$ であることに注意しよう。

POINT

分点の公式：

ある点をOとして，線分ABを $m:n$ に内分する点をP，線分ABを $m:n$（ただし，$m \neq n$）に外分する点をQとすると

$$\overrightarrow{OP}=\frac{n\overrightarrow{OA}+m\overrightarrow{OB}}{m+n},\quad \overrightarrow{OQ}=\frac{-n\overrightarrow{OA}+m\overrightarrow{OB}}{m-n}$$

とくに，点Pが線分ABの中点であるとき

$$\overrightarrow{OP}=\frac{\overrightarrow{OA}+\overrightarrow{OB}}{2}$$

7-2　1次独立

（1）△OAB において，辺 OA を 1：2 に内分する点を C，辺 OB を 2：1 に内分する点を D とし，線分 AD と線分 BC の交点を P とする。このとき，$\overrightarrow{\mathrm{OP}}$ を $\overrightarrow{\mathrm{OA}}$ と $\overrightarrow{\mathrm{OB}}$ で表せ。

（2）四面体 OABC の辺 OA，BC の中点をそれぞれ P，Q，辺 OC を 1：2 に内分する点を R，辺 AB を $s:(1-s)$ に内分する点を S とする。線分 PQ と RS が点 T で交わるとき，ベクトル $\overrightarrow{\mathrm{OS}}$ と $\overrightarrow{\mathrm{OT}}$ を $\overrightarrow{\mathrm{OA}}$，$\overrightarrow{\mathrm{OB}}$，$\overrightarrow{\mathrm{OC}}$ で表せ。

解答

（1）$\mathrm{AP}:\mathrm{PD}=s:(1-s)$ $(0<s<1)$，
$\mathrm{BP}:\mathrm{PC}=t:(1-t)$ $(0<t<1)$ とおくと

$$\overrightarrow{\mathrm{OP}}=(1-s)\overrightarrow{\mathrm{OA}}+s\overrightarrow{\mathrm{OD}}$$
$$=(1-s)\overrightarrow{\mathrm{OA}}+\frac{2}{3}s\overrightarrow{\mathrm{OB}}$$
$$\overrightarrow{\mathrm{OP}}=t\overrightarrow{\mathrm{OC}}+(1-t)\overrightarrow{\mathrm{OB}}$$
$$=\frac{1}{3}t\overrightarrow{\mathrm{OA}}+(1-t)\overrightarrow{\mathrm{OB}}$$

と2通りに表すことができ，$\overrightarrow{\mathrm{OA}}$ と $\overrightarrow{\mathrm{OB}}$ は1次独立であるから

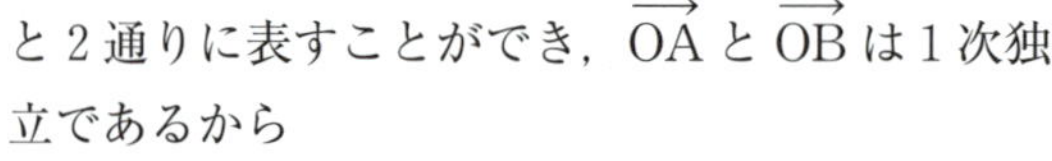

$$1-s=\frac{1}{3}t,\quad \frac{2}{3}s=1-t$$

これを解いて

$$s=\frac{6}{7},\quad t=\frac{3}{7}\qquad \therefore\quad \boldsymbol{\overrightarrow{\mathrm{OP}}=\frac{1}{7}\overrightarrow{\mathrm{OA}}+\frac{4}{7}\overrightarrow{\mathrm{OB}}}$$ ◀◀答

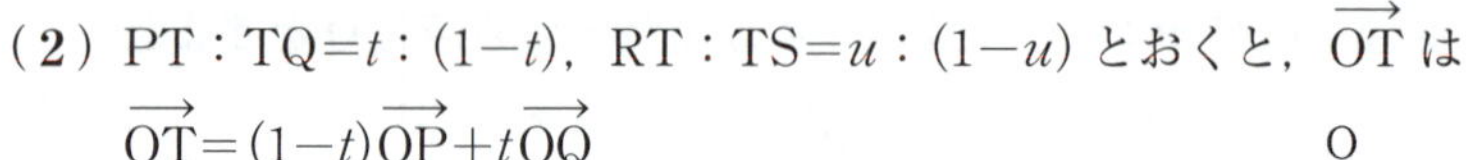

（2）$\mathrm{PT}:\mathrm{TQ}=t:(1-t)$，$\mathrm{RT}:\mathrm{TS}=u:(1-u)$ とおくと，$\overrightarrow{\mathrm{OT}}$ は

$$\overrightarrow{\mathrm{OT}}=(1-t)\overrightarrow{\mathrm{OP}}+t\overrightarrow{\mathrm{OQ}}$$
$$=(1-t)\cdot\frac{1}{2}\overrightarrow{\mathrm{OA}}+t\cdot\frac{1}{2}(\overrightarrow{\mathrm{OB}}+\overrightarrow{\mathrm{OC}})$$
$$=\frac{1-t}{2}\overrightarrow{\mathrm{OA}}+\frac{t}{2}\overrightarrow{\mathrm{OB}}+\frac{t}{2}\overrightarrow{\mathrm{OC}}$$
$$\overrightarrow{\mathrm{OT}}=u\overrightarrow{\mathrm{OS}}+(1-u)\overrightarrow{\mathrm{OR}}$$
$$=u\{(1-s)\overrightarrow{\mathrm{OA}}+s\overrightarrow{\mathrm{OB}}\}+(1-u)\cdot\frac{1}{3}\overrightarrow{\mathrm{OC}}$$
$$=(1-s)u\overrightarrow{\mathrm{OA}}+su\overrightarrow{\mathrm{OB}}+\frac{1-u}{3}\overrightarrow{\mathrm{OC}}$$

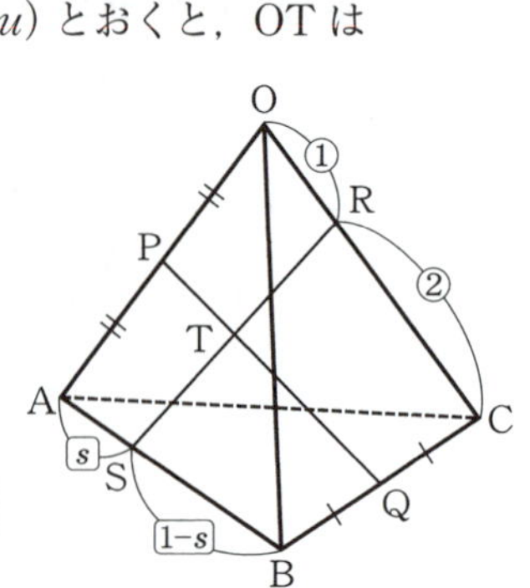

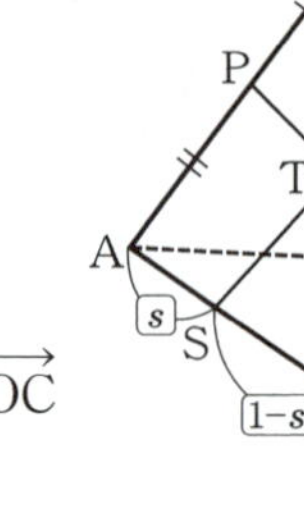

と2通りに表すことができ，$\overrightarrow{OA}$，$\overrightarrow{OB}$，$\overrightarrow{OC}$ は1次独立であるから

$$\frac{1-t}{2}=(1-s)u,\quad \frac{t}{2}=su,\quad \frac{t}{2}=\frac{1-u}{3}$$

これを解いて

$$s=\frac{1}{3},\quad t=\frac{1}{3},\quad u=\frac{1}{2}$$

したがって

$$\overrightarrow{OS}=\frac{2}{3}\overrightarrow{OA}+\frac{1}{3}\overrightarrow{OB}$$ ◀◀答

$$\overrightarrow{OT}=\frac{1}{3}\overrightarrow{OA}+\frac{1}{6}\overrightarrow{OB}+\frac{1}{6}\overrightarrow{OC}$$ ◀◀答

解説

■ 平面ベクトルの1次独立

平面上の $\vec{0}$ でなく平行でない2つのベクトル $\vec{a}$，$\vec{b}$ は1次独立であるといい，この平面上の任意のベクトル $\vec{p}$ は

$\vec{p}=m\vec{a}+n\vec{b}$　(m，n は実数)

の形にただ1通りに表すことができる。

■ 空間ベクトルの1次独立

空間内で $\vec{0}$ でなく，始点をそろえたときに同一平面上にない3つのベクトル $\vec{a}$，$\vec{b}$，$\vec{c}$ は1次独立であるといい，この空間内の任意のベクトル $\vec{p}$ は

$\vec{p}=l\vec{a}+m\vec{b}+n\vec{c}$　(l，m，n は実数)

の形にただ1通りに表すことができる。

POINT

1次独立とベクトルの表記：

平面ベクトル：平面において，$\vec{a}$，$\vec{b}$ が1次独立であるとき

$$m\vec{a}+n\vec{b}=m'\vec{a}+n'\vec{b} \iff m=m' \text{ かつ } n=n'$$

空間ベクトル：空間において，$\vec{a}$，$\vec{b}$，$\vec{c}$ が1次独立であるとき

$$l\vec{a}+m\vec{b}+n\vec{c}=l'\vec{a}+m'\vec{b}+n'\vec{c}$$

$$\iff l=l' \text{ かつ } m=m' \text{ かつ } n=n'$$

7-3 同一直線上・同一平面上にある条件

（1）△OAB において，辺 OA を 3：2 に内分する点を C，線分 BC を 3：1 に内分する点を D とし，直線 OD と辺 AB の交点を E とする。$\overrightarrow{\mathrm{OE}}$ を $\overrightarrow{\mathrm{OA}}$，$\overrightarrow{\mathrm{OB}}$ で表せ。

（2）四面体 OABC において，△OBC の重心を G，線分 AG を 2：1 に内分する点を P，直線 OP と平面 ABC の交点を Q とする。ベクトル $\overrightarrow{\mathrm{OP}}$ と $\overrightarrow{\mathrm{OQ}}$ を $\overrightarrow{\mathrm{OA}}$，$\overrightarrow{\mathrm{OB}}$，$\overrightarrow{\mathrm{OC}}$ で表せ。

解答

（1） $\overrightarrow{\mathrm{OC}}=\dfrac{3}{5}\overrightarrow{\mathrm{OA}}$ であり，点 D は線分 BC を 3：1 に内分するから

$$\overrightarrow{\mathrm{OD}}=\frac{1}{4}\overrightarrow{\mathrm{OB}}+\frac{3}{4}\overrightarrow{\mathrm{OC}}=\frac{1}{4}\overrightarrow{\mathrm{OB}}+\frac{3}{4}\cdot\frac{3}{5}\overrightarrow{\mathrm{OA}}$$

$$=\frac{9}{20}\overrightarrow{\mathrm{OA}}+\frac{1}{4}\overrightarrow{\mathrm{OB}}$$

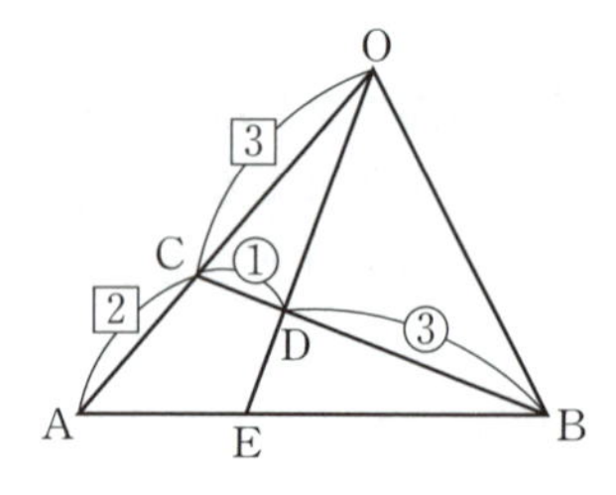

$\overrightarrow{\mathrm{OE}}=k\overrightarrow{\mathrm{OD}}$ とおけるから

$$\overrightarrow{\mathrm{OE}}=\frac{9}{20}k\overrightarrow{\mathrm{OA}}+\frac{1}{4}k\overrightarrow{\mathrm{OB}}$$

と表せて，点 E は直線 AB 上の点であるから

$$\frac{9}{20}k+\frac{1}{4}k=1 \qquad \therefore\ k=\frac{10}{7}$$

したがって

$$\boldsymbol{\overrightarrow{\mathrm{OE}}=\frac{9}{14}\overrightarrow{\mathrm{OA}}+\frac{5}{14}\overrightarrow{\mathrm{OB}}}$$ ◀◀答

（2） 点 G は △OBC の重心であるから

$$\overrightarrow{\mathrm{OG}}=\frac{1}{3}(\overrightarrow{\mathrm{OB}}+\overrightarrow{\mathrm{OC}})$$

点 P は線分 AG を 2：1 に内分するから

$$\overrightarrow{\mathrm{OP}}=\frac{1}{3}\overrightarrow{\mathrm{OA}}+\frac{2}{3}\overrightarrow{\mathrm{OG}}$$

$$=\frac{1}{3}\overrightarrow{\mathrm{OA}}+\frac{2}{3}\cdot\frac{1}{3}(\overrightarrow{\mathrm{OB}}+\overrightarrow{\mathrm{OC}})$$

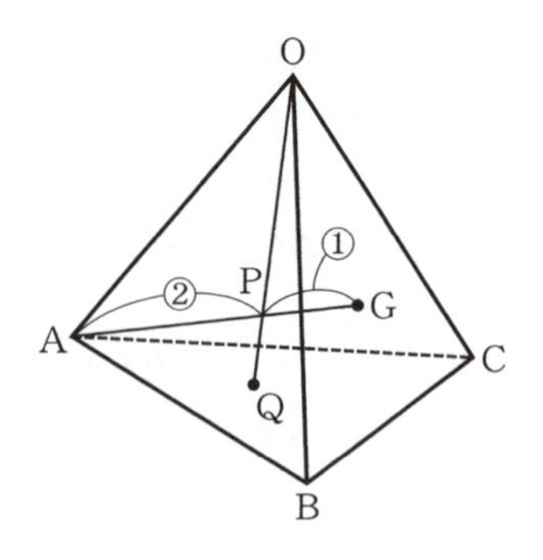

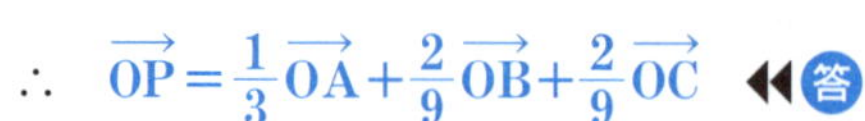

$$\therefore\ \boldsymbol{\overrightarrow{\mathrm{OP}}=\frac{1}{3}\overrightarrow{\mathrm{OA}}+\frac{2}{9}\overrightarrow{\mathrm{OB}}+\frac{2}{9}\overrightarrow{\mathrm{OC}}}$$ ◀◀答

また，$\overrightarrow{\mathrm{OQ}}=k\overrightarrow{\mathrm{OP}}$ とおけるから

$$\overrightarrow{\mathrm{OQ}}=\frac{1}{3}k\overrightarrow{\mathrm{OA}}+\frac{2}{9}k\overrightarrow{\mathrm{OB}}+\frac{2}{9}k\overrightarrow{\mathrm{OC}}$$

と表せて，点 Q は平面 ABC 上の点であるから

$$\frac{1}{3}k+\frac{2}{9}k+\frac{2}{9}k=1 \qquad \therefore \quad k=\frac{9}{7}$$

したがって

$$\overrightarrow{OQ}=\frac{3}{7}\overrightarrow{OA}+\frac{2}{7}\overrightarrow{OB}+\frac{2}{7}\overrightarrow{OC}$$ ◀◀答

解説

■ 点 P が直線 AB 上にある条件

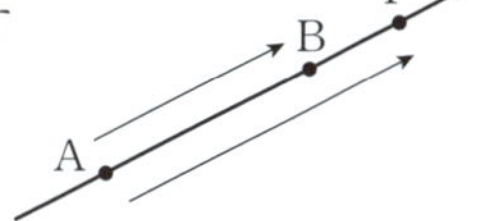

点 P が直線 AB 上にあるとき，$\overrightarrow{AP}=k\overrightarrow{AB}$ をみたす実数 k が存在する。この式は，O を始点として

$$\overrightarrow{OP}=(1-k)\overrightarrow{OA}+k\overrightarrow{OB}$$

と変形でき，$1-k=s$，$k=t$ とおくと，下の POINT の 1 つ目の(ii)が得られる。

■ 点 P が平面 ABC 上にある条件

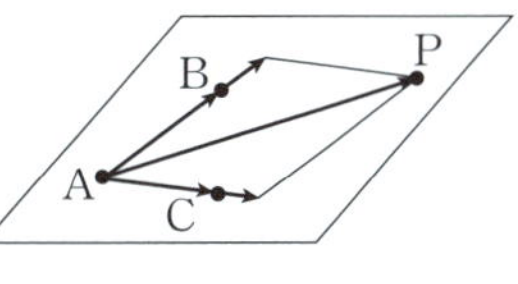

点 P が平面 ABC 上にあるとき，$\overrightarrow{AP}=s\overrightarrow{AB}+t\overrightarrow{AC}$ をみたす実数 s，t が存在する。この式は，O を始点として

$$\overrightarrow{OP}=(1-s-t)\overrightarrow{OA}+s\overrightarrow{OB}+t\overrightarrow{OC}$$

と変形でき，$1-s-t=l$，$s=m$，$t=n$ とおくと，下の POINT の 2 つ目の(ii)が得られる。

POINT

3 点が同一直線上にある条件：

点 P が直線 AB 上にある条件は

(i) $\overrightarrow{AP}=k\overrightarrow{AB}$ をみたす実数 k が存在する

(ii) $\overrightarrow{OP}=s\overrightarrow{OA}+t\overrightarrow{OB}$ のとき，$s+t=1$

4 点が同一平面上にある条件：

空間において，点 P が平面 ABC 上にある条件は

(i) $\overrightarrow{AP}=s\overrightarrow{AB}+t\overrightarrow{AC}$ をみたす実数 s，t が存在する

(ii) $\overrightarrow{OP}=l\overrightarrow{OA}+m\overrightarrow{OB}+n\overrightarrow{OC}$ のとき，$l+m+n=1$

7-4 ベクトルの内積

（1）平面上の3点O，A，Bが

$$|\overrightarrow{OA}+\overrightarrow{OB}|=|2\overrightarrow{OA}+\overrightarrow{OB}|=|\overrightarrow{OA}|=1$$

をみたすとき，$\overrightarrow{OA}\cdot\overrightarrow{OB}$，$|\overrightarrow{OB}|$，$\angle AOB$，$|\overrightarrow{AB}|$ を求めよ。

（2）$OA=2$，$OB=\sqrt{2}$，$OC=3$，$\angle AOB=45°$，$\angle BOC=90°$，$\angle COA=60°$ である四面体OABCがある。辺BC上に点Pを $AP\perp BC$ となるようにとるとき，$\overrightarrow{AP}$ を $\overrightarrow{OA}$，$\overrightarrow{OB}$，$\overrightarrow{OC}$ で表せ。

解答

（1） $|\overrightarrow{OA}+\overrightarrow{OB}|=1$ の両辺を2乗すると

$$(\overrightarrow{OA}+\overrightarrow{OB})\cdot(\overrightarrow{OA}+\overrightarrow{OB})=1^2$$

$$\therefore\quad |\overrightarrow{OA}|^2+2\overrightarrow{OA}\cdot\overrightarrow{OB}+|\overrightarrow{OB}|^2=1$$

ここで，$|\overrightarrow{OA}|=1$ であるから

$$2\overrightarrow{OA}\cdot\overrightarrow{OB}+|\overrightarrow{OB}|^2=0 \quad \cdots\cdots①$$

同様に，$|2\overrightarrow{OA}+\overrightarrow{OB}|=1$ の両辺を2乗すると

$$4|\overrightarrow{OA}|^2+4\overrightarrow{OA}\cdot\overrightarrow{OB}+|\overrightarrow{OB}|^2=1$$

$$\therefore\quad 4\overrightarrow{OA}\cdot\overrightarrow{OB}+|\overrightarrow{OB}|^2=-3 \quad \cdots\cdots②$$

①，②を解いて

$$\overrightarrow{OA}\cdot\overrightarrow{OB}=-\frac{3}{2},\quad |\overrightarrow{OB}|=\sqrt{3}$$ ◀◀答

したがって

$$\cos\angle AOB=\frac{\overrightarrow{OA}\cdot\overrightarrow{OB}}{|\overrightarrow{OA}||\overrightarrow{OB}|}=\frac{-\frac{3}{2}}{1\cdot\sqrt{3}}=-\frac{\sqrt{3}}{2}$$

$\therefore$ $\angle AOB=150°$ ◀◀答

次に，$|\overrightarrow{AB}|=|\overrightarrow{OB}-\overrightarrow{OA}|$ の両辺を2乗すると

$$|\overrightarrow{AB}|^2=|\overrightarrow{OB}|^2-2\overrightarrow{OA}\cdot\overrightarrow{OB}+|\overrightarrow{OA}|^2$$

$$=(\sqrt{3})^2-2\cdot\left(-\frac{3}{2}\right)+1^2=7 \qquad \therefore\quad |\overrightarrow{AB}|=\sqrt{7}$$ ◀◀答

（2） $BP:PC=t:(1-t)$ とおくと

$$\overrightarrow{OP}=(1-t)\overrightarrow{OB}+t\overrightarrow{OC}$$

$$\therefore\quad \overrightarrow{AP}=\overrightarrow{OP}-\overrightarrow{OA}$$

$$=-\overrightarrow{OA}+(1-t)\overrightarrow{OB}+t\overrightarrow{OC}$$

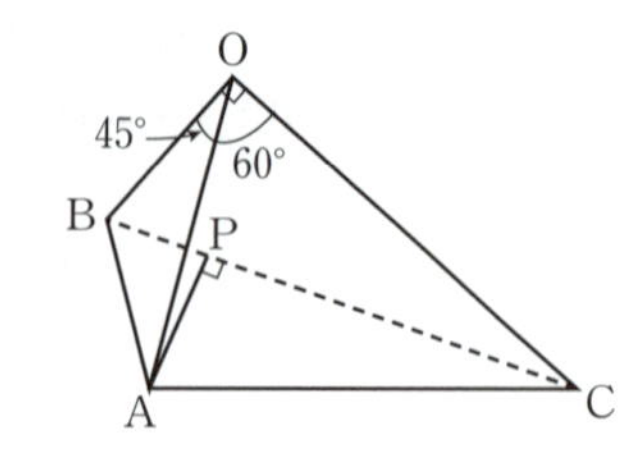

$AP\perp BC$ より $\overrightarrow{AP}\cdot\overrightarrow{BC}=0$ であるから

$$\{-\overrightarrow{OA}+(1-t)\overrightarrow{OB}+t\overrightarrow{OC}\}\cdot(\overrightarrow{OC}-\overrightarrow{OB})=0$$
$$-\overrightarrow{OA}\cdot\overrightarrow{OC}+\overrightarrow{OA}\cdot\overrightarrow{OB}+(1-2t)\overrightarrow{OB}\cdot\overrightarrow{OC}-(1-t)|\overrightarrow{OB}|^2+t|\overrightarrow{OC}|^2=0$$

ここで，$|\overrightarrow{OA}|=2$，$|\overrightarrow{OB}|=\sqrt{2}$，$|\overrightarrow{OC}|=3$ であり

$$\overrightarrow{OA}\cdot\overrightarrow{OB}=2\cdot\sqrt{2}\cos 45^\circ=2$$
$$\overrightarrow{OB}\cdot\overrightarrow{OC}=\sqrt{2}\cdot 3\cos 90^\circ=0$$
$$\overrightarrow{OA}\cdot\overrightarrow{OC}=2\cdot 3\cos 60^\circ=3$$

であるから

$$-3+2+0-2(1-t)+9t=0 \qquad \therefore\ t=\frac{3}{11}$$

よって　$\overrightarrow{AP}=-\overrightarrow{OA}+\frac{8}{11}\overrightarrow{OB}+\frac{3}{11}\overrightarrow{OC}$ ◀◀答

解説

■ 内積の定義

$\vec{0}$ でない2つのベクトル $\vec{a}$，$\vec{b}$ のなす角を θ（$0^\circ \leqq \theta \leqq 180^\circ$）とするとき，$\vec{a}$ と $\vec{b}$ の内積 $\vec{a}\cdot\vec{b}$ を

$$\vec{a}\cdot\vec{b}=|\vec{a}||\vec{b}|\cos\theta$$

と定める。なお，$\vec{a}$，$\vec{b}$ の少なくとも一方が $\vec{0}$ のとき $\vec{a}\cdot\vec{b}=0$ とする。

■ 内積の性質

内積について

$$\vec{a}\cdot\vec{b}=\vec{b}\cdot\vec{a},\quad \vec{a}\cdot\vec{a}=|\vec{a}|^2$$
$$(k\vec{a})\cdot\vec{b}=\vec{a}\cdot(k\vec{b})=k(\vec{a}\cdot\vec{b})\quad (k\text{ は実数})$$
$$\vec{a}\cdot(\vec{b}+\vec{c})=\vec{a}\cdot\vec{b}+\vec{a}\cdot\vec{c},\quad (\vec{a}+\vec{b})\cdot\vec{c}=\vec{a}\cdot\vec{c}+\vec{b}\cdot\vec{c}$$

が成り立ち，内積の計算はこれらを用いて行う。

■ ベクトルの垂直と内積

内積の定義より，$\vec{a}\neq\vec{0}$，$\vec{b}\neq\vec{0}$ のとき，$\vec{a}\perp\vec{b}$ であれば

$$\vec{a}\cdot\vec{b}=|\vec{a}||\vec{b}|\cos 90^\circ=0$$

である。

POINT

ベクトルの垂直と内積：$\vec{a}\neq\vec{0}$，$\vec{b}\neq\vec{0}$ のとき

$$\vec{a}\perp\vec{b}\iff\vec{a}\cdot\vec{b}=0$$

7-5 ベクトルの成分

(1) $\overrightarrow{OA}=\vec{a}=(x_1,\ y_1)$, $\overrightarrow{OB}=\vec{b}=(x_2,\ y_2)$ とし, △OAB の面積を S とおくと

$$S=\frac{1}{2}\sqrt{|\vec{a}|^2|\vec{b}|^2-(\vec{a}\cdot\vec{b})^2}=\frac{1}{2}|x_1y_2-x_2y_1|$$

が成り立つことを示せ。

(2) 原点をOとする座標空間に3点 A$(-2,\ 1,\ 0)$, B$(0,\ 1,\ 1)$, C$(2,\ 0,\ 1)$ がある。$\overrightarrow{AB}$, $\overrightarrow{AC}$ の両方に垂直で, 大きさが3のベクトル $\overrightarrow{AD}$ をとるとき, 点Dの座標を求めよ。

解答

(1) $\angle AOB=\theta$ $(0^\circ<\theta<180^\circ)$ とおくと

$$\cos\theta=\frac{\vec{a}\cdot\vec{b}}{|\vec{a}||\vec{b}|}\qquad\therefore\quad\sin\theta=\sqrt{1-\frac{(\vec{a}\cdot\vec{b})^2}{|\vec{a}|^2|\vec{b}|^2}}\ (>0)$$

よって

$$S=\frac{1}{2}|\vec{a}||\vec{b}|\sin\theta=\frac{1}{2}|\vec{a}||\vec{b}|\sqrt{1-\frac{(\vec{a}\cdot\vec{b})^2}{|\vec{a}|^2|\vec{b}|^2}}$$
$$=\frac{1}{2}\sqrt{|\vec{a}|^2|\vec{b}|^2-(\vec{a}\cdot\vec{b})^2}$$

ここで, $|\vec{a}|=\sqrt{x_1^2+y_1^2}$, $|\vec{b}|=\sqrt{x_2^2+y_2^2}$, $\vec{a}\cdot\vec{b}=x_1x_2+y_1y_2$ より

$$|\vec{a}|^2|\vec{b}|^2-(\vec{a}\cdot\vec{b})^2=(x_1^2+y_1^2)(x_2^2+y_2^2)-(x_1x_2+y_1y_2)^2$$
$$=x_1^2y_2^2+x_2^2y_1^2-2x_1x_2y_1y_2$$
$$=(x_1y_2-x_2y_1)^2$$

であるから　$S=\frac{1}{2}|x_1y_2-x_2y_1|$　**(証明終)**

(2) $\overrightarrow{AD}=(p,\ q,\ r)$ とする。

$\overrightarrow{AB}=\overrightarrow{OB}-\overrightarrow{OA}=(0,\ 1,\ 1)-(-2,\ 1,\ 0)=(2,\ 0,\ 1)$
$\overrightarrow{AC}=\overrightarrow{OC}-\overrightarrow{OA}=(2,\ 0,\ 1)-(-2,\ 1,\ 0)=(4,\ -1,\ 1)$

であるから, $\overrightarrow{AB}\perp\overrightarrow{AD}$, $\overrightarrow{AC}\perp\overrightarrow{AD}$ より

$\overrightarrow{AB}\cdot\overrightarrow{AD}=2\cdot p+0\cdot q+1\cdot r=2p+r=0$ ……①
$\overrightarrow{AC}\cdot\overrightarrow{AD}=4\cdot p+(-1)\cdot q+1\cdot r=4p-q+r=0$ ……②

①, ②より

$q=2p$, $r=-2p$ ……③

また，$|\overrightarrow{AD}|=3$ であるから

$$|\overrightarrow{AD}|^2=p^2+q^2+r^2=3^2$$

これに③を代入して

$$p^2+4p^2+4p^2=9 \qquad p^2=1 \qquad \therefore \quad p=\pm 1$$

したがって，$\overrightarrow{AD}=\pm(1,\ 2,\ -2)$ であるから

$$\overrightarrow{OD}=\overrightarrow{OA}+\overrightarrow{AD}=(-2,\ 1,\ 0)\pm(1,\ 2,\ -2)$$
$$=(-1,\ 3,\ -2),\ (-3,\ -1,\ 2)$$

よって　**D(−1, 3, −2) または D(−3, −1, 2)**　◀◀答

解説

■ 三角形の面積

(1)で与えた $\overrightarrow{OA}$，$\overrightarrow{OB}$ は平面ベクトルであるが，証明の前半を見ればわかるように，平面ベクトル，空間ベクトルの区別なく

$$S=\frac{1}{2}\sqrt{|\vec{a}|^2|\vec{b}|^2-(\vec{a}\cdot\vec{b})^2}$$

が成り立つ。

■ ベクトルの成分

2つのベクトルの和や差，また，ベクトルの大きさや内積を，成分を用いて計算できるようにしておくこと。なお，ベクトルの成分と点の座標を混同しないように注意してほしい。

POINT

平面ベクトルの成分：

平面ベクトル $\vec{a}=(a_1,\ a_2)$，$\vec{b}=(b_1,\ b_2)$ について

$$|\vec{a}|=\sqrt{a_1^2+a_2^2},\ \vec{a}\cdot\vec{b}=a_1b_1+a_2b_2$$

空間ベクトルの成分：

空間ベクトル $\vec{a}=(a_1,\ a_2,\ a_3)$，$\vec{b}=(b_1,\ b_2,\ b_3)$ について

$$|\vec{a}|=\sqrt{a_1^2+a_2^2+a_3^2},\ \vec{a}\cdot\vec{b}=a_1b_1+a_2b_2+a_3b_3$$

内積と三角形の面積： △OAB において，$\overrightarrow{OA}=\vec{a}$，$\overrightarrow{OB}=\vec{b}$ とすると，△OAB の面積 S は

$$S=\frac{1}{2}\sqrt{|\vec{a}|^2|\vec{b}|^2-(\vec{a}\cdot\vec{b})^2}$$

例題 1 オリジナル問題

　OA＝OB＝3の二等辺三角形OABの辺OA上に点L，辺OB上に点M，辺AB上に点Nがあり，OL：LA＝AN：NB＝2：1，∠LNM＝90°を満たすとする。$\overrightarrow{OA}=\vec{a}$，$\overrightarrow{OB}=\vec{b}$，∠AOB＝$\theta$，$\overrightarrow{OM}=s\vec{b}$とおき，$0°<\theta<180°$とするとき，次の問いに答えよ。

（1）sをθを用いた式で表そう。

$$\overrightarrow{ON}=\frac{\boxed{ア}}{\boxed{イ}}\vec{a}+\frac{\boxed{ウ}}{\boxed{エ}}\vec{b}$$

であり，$\overrightarrow{OL}=\frac{2}{3}\vec{a}$，$\overrightarrow{OM}=s\vec{b}$より

$$\overrightarrow{LN}=-\frac{\boxed{オ}}{\boxed{カ}}\vec{a}+\frac{\boxed{キ}}{\boxed{ク}}\vec{b},$$

$$\overrightarrow{MN}=\frac{\boxed{ケ}}{\boxed{コ}}\vec{a}+\left(\frac{\boxed{サ}}{\boxed{シ}}-s\right)\vec{b}$$

である。よって，$\boxed{ス}=0$より

$$s=\frac{\boxed{セ}}{\boxed{ソ}-\cos\theta}$$

であり，sのとり得る値の範囲は$\frac{\boxed{タ}}{\boxed{チ}}<s<\boxed{ツ}$である。$\boxed{ス}$に当てはまるものを，次の⓪～③のうちから一つ選べ。

⓪ $\overrightarrow{OL}\cdot\overrightarrow{OM}$　① $\overrightarrow{LN}\cdot\overrightarrow{MN}$　② $\overrightarrow{LM}\cdot\overrightarrow{AB}$　③ $\overrightarrow{ON}\cdot\overrightarrow{AB}$

（2）△OABの重心をGとする。このとき

$$\overrightarrow{OG}=\frac{\boxed{テ}}{\boxed{ト}}(\vec{a}+\vec{b})$$

であり，点Gが線分LM上にあるときのsの値を求めると

$$s=\frac{\boxed{ナ}}{\boxed{ニ}}$$

である。

（3）線分LM上以外に，△OABの重心Gの位置について考えられるものを，次の⓪～⑤のうちからすべて選べ。ただし，三角形の内部には辺上を含まないものとする。$\boxed{ヌ}$

⓪ 線分LN上　① 線分MN上　② △OLMの内部
③ △LMNの内部　④ △LANの内部　⑤ △MNBの内部

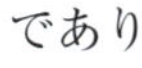

解答

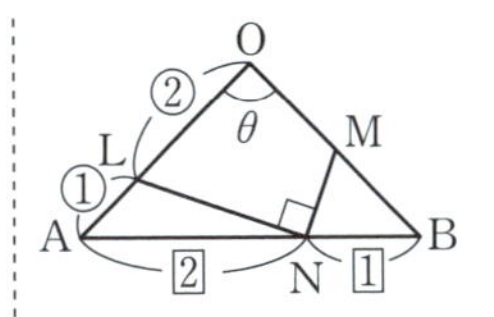

(1) AN : NB = 2 : 1 より

$$\overrightarrow{ON}=\frac{1}{3}\vec{a}+\frac{2}{3}\vec{b}$$ ◀◀答

であり

$$\overrightarrow{LN}=\overrightarrow{ON}-\overrightarrow{OL}$$
$$=\left(\frac{1}{3}-\frac{2}{3}\right)\vec{a}+\frac{2}{3}\vec{b}$$
$$=-\frac{1}{3}\vec{a}+\frac{2}{3}\vec{b}$$ ◀◀答

$$\overrightarrow{MN}=\overrightarrow{ON}-\overrightarrow{OM}$$
$$=\frac{1}{3}\vec{a}+\left(\frac{2}{3}-s\right)\vec{b}$$ ◀◀答

である。ここで，∠LNM＝90° より

$$\overrightarrow{LN}\cdot\overrightarrow{MN}=0\ (⓪)$$ 

であるから，$\overrightarrow{LN}\cdot\overrightarrow{MN}$ を計算すると

$$\overrightarrow{LN}\cdot\overrightarrow{MN}$$
$$=\left(-\frac{1}{3}\vec{a}+\frac{2}{3}\vec{b}\right)\cdot\left\{\frac{1}{3}\vec{a}+\left(\frac{2}{3}-s\right)\vec{b}\right\}$$
$$=-\frac{1}{9}|\vec{a}|^2+\left\{-\frac{1}{3}\left(\frac{2}{3}-s\right)+\frac{2}{3}\cdot\frac{1}{3}\right\}\vec{a}\cdot\vec{b}$$
$$+\frac{2}{3}\left(\frac{2}{3}-s\right)|\vec{b}|^2$$

であり

$$|\vec{a}|^2=|\vec{b}|^2=3^2=9$$
$$\vec{a}\cdot\vec{b}=|\vec{a}||\vec{b}|\cos\theta=9\cos\theta$$

OA＝OB＝3

を代入すると

$$\overrightarrow{LN}\cdot\overrightarrow{MN}=-1+3s\cdot\cos\theta+4-6s$$
$$=3s(\cos\theta-2)+3$$

となるので，$\overrightarrow{LN}\cdot\overrightarrow{MN}=0$ より

$$3s(\cos\theta-2)+3=0$$

$$\therefore\quad s=\frac{1}{2-\cos\theta}$$ ◀◀答

であり，$-1<\cos\theta<1$ より，s のとり得る値の範囲は

$$\frac{1}{3}<s<1$$ ◀◀答

である。

$\cos\theta=-1$ のとき

$$s=\frac{1}{2-(-1)}=\frac{1}{3}$$

$\cos\theta=1$ のとき

$$s=\frac{1}{2-1}=1$$

7 ベクトル

（2） 点Gは△OABの重心であるから

$$\overrightarrow{\mathrm{OG}}=\frac{1}{3}(\vec{a}+\vec{b})$$ ◀◀答

であり，点Gが線分LM上にあるとき，$\alpha+\beta=1$を満たす実数α，βを用いて

$$\overrightarrow{\mathrm{OG}}=\alpha\overrightarrow{\mathrm{OL}}+\beta\overrightarrow{\mathrm{OM}}$$
$$=\alpha\cdot\frac{2}{3}\vec{a}+\beta\cdot s\vec{b}$$

と表すことができるので

$$\alpha\cdot\frac{2}{3}=\frac{1}{3},\ \beta\cdot s=\frac{1}{3}$$

より

$$\alpha=\beta=\frac{1}{2},\ s=\frac{2}{3}$$ ◀◀答

である。

$\frac{1}{2-\cos\theta}=\frac{2}{3}$ より

$\cos\theta=\frac{1}{2}$ すなわち $\theta=60^\circ$

である。

（3） （2）より，$s=\frac{2}{3}$ すなわち $\theta=60^\circ$ のとき

点Gは線分LM上

$0^\circ<\theta<60^\circ$ すなわち $\frac{2}{3}<s<1$ のとき

点Gは△OLMの内部

$60^\circ<\theta<180^\circ$ すなわち $\frac{1}{3}<s<\frac{2}{3}$ のとき

点Gは△LMNの内部

にある。

よって，△OABの重心Gの位置について考えられるものは

②，③ ◀◀答

である。

直線OGと線分ABの交点をP，直線LGと線分OBの交点をQとすると

OL：LA＝OG：GP
＝2：1

よりOQ：QB＝2：1であるから，点Qと点Mの位置関係すなわち

sと$\frac{2}{3}$の大小関係

から線分LMと点Gの位置関係を調べることができる。

$0^\circ<\theta<60^\circ$ のとき

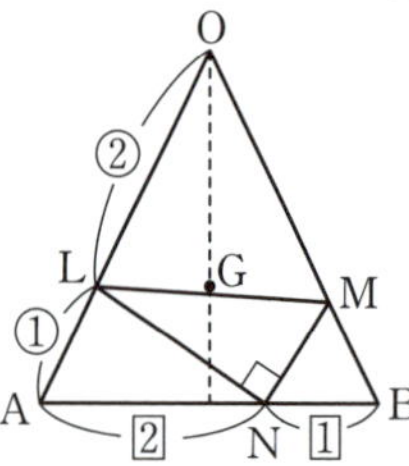

$60^\circ<\theta<180^\circ$ のとき

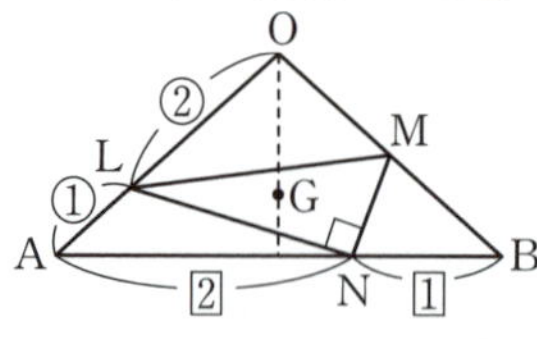

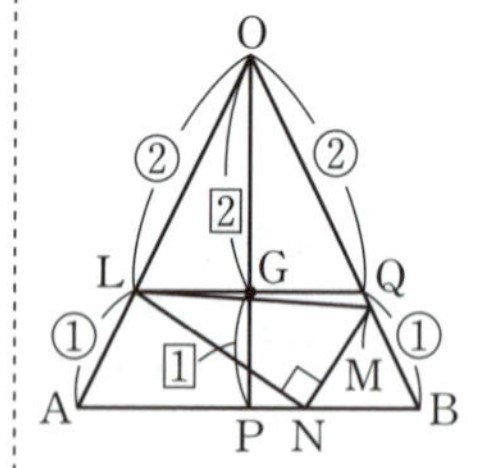

解説

点の位置

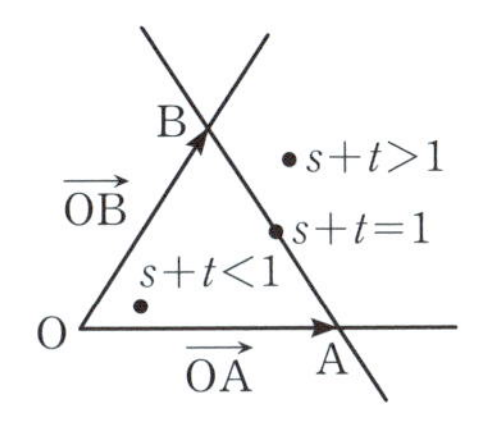

同一平面上に異なる3点O，A，Bと点Pがあり

$$\overrightarrow{OP}=s\overrightarrow{OA}+t\overrightarrow{OB}$$

で表されるとき

$$s+t=1 \Longleftrightarrow \text{P は直線 AB 上の点}$$

が成り立ち，さらに $s>0$ かつ $t>0$ であれば

$s+t=1$ かつ $s>0$ かつ $t>0$

$\Longleftrightarrow$ P は線分 AB 上の点(ただし，点A，Bを除く)

が成り立つ。

また，$s>0$ かつ $t>0$ かつ $s+t<1$ であれば

P は三角形 OAB の内部の点

となる。本問では，これらを応用して，点の位置についての考察をしている。

類題1　オリジナル問題（解答は45ページ）

$PA=6$，$PB=4$，$AB=5$ の△PAB において，∠APB の二等分線と ∠PAB の二等分線の交点を I とし，辺 PA 上に点 Q，辺 PB 上に点 R をとる。ただし，点 Q と点 A が一致したり，点 R と点 B が一致する場合も含めるものとする。

実数 s，t を用いて，$\overrightarrow{PQ}=s\overrightarrow{PA}$，$\overrightarrow{PR}=t\overrightarrow{PB}$ とおくとき，次の問いに答えよ。

（1）$\overrightarrow{PI}$ を $\overrightarrow{PA}$ と $\overrightarrow{PB}$ を用いて表そう。直線 PI と辺 AB との交点を C とすると

$$\overrightarrow{PC}=\frac{\boxed{ア}}{\boxed{イ}}\overrightarrow{PA}+\frac{\boxed{ウ}}{\boxed{エ}}\overrightarrow{PB}$$

より

$$\overrightarrow{PI}=\frac{\boxed{オ}}{\boxed{カキ}}\overrightarrow{PA}+\frac{\boxed{ク}}{\boxed{ケ}}\overrightarrow{PB}$$

である。

（2）点 I が線分 QR 上にあるときを考える。このとき，$\overrightarrow{PI}$ を $\overrightarrow{PQ}$ と $\overrightarrow{PR}$ を用いて表すと

$$\overrightarrow{PI}=\frac{\boxed{コ}}{\boxed{サシ}s}\overrightarrow{PQ}+\frac{\boxed{ス}}{\boxed{セ}t}\overrightarrow{PR}$$

かつ

$$\frac{\boxed{コ}}{\boxed{サシ}s}+\frac{\boxed{ス}}{\boxed{セ}t}=\boxed{ソ}$$

であるから，s の値が1つ決まれば，t の値が1つ決まることがわかる。

（3）（i）～（iii）の s，t の値の組について当てはまるものを，次の⓪～②のうちから一つずつ選べ。ただし，三角形の内部や外部に辺上は含まないものとする。また，同じものを繰り返し選んでもよい。

（i）$s=\dfrac{1}{3}$，$t=\dfrac{2}{3}$ のとき　$\boxed{タ}$

（ii）$s=\dfrac{1}{2}$，$t=\dfrac{6}{7}$ のとき　$\boxed{チ}$

（iii）$s=\dfrac{8}{15}$，$t=\dfrac{4}{5}$ のとき　$\boxed{ツ}$

⓪　点 I は △PQR の内部にある。

①　点 I は線分 QR 上にある。

②　点 I は △PQR の外部にある。

例題 2　センター試験本試

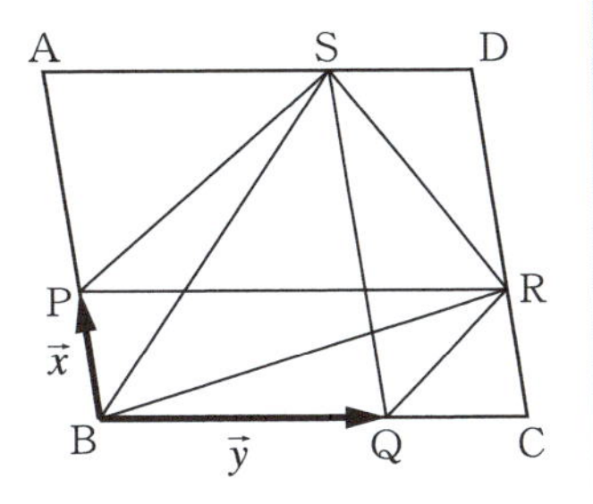

平行四辺形ABCDにおいて，辺ABを$a:1$に内分する点をP，辺BCを$b:1$に内分する点をQとする。辺CD上の点Rおよび辺DA上の点Sをそれぞれ$\mathrm{PR}/\!/\mathrm{BC}$，$\mathrm{SQ}/\!/\mathrm{AB}$となるようにとり，$\vec{x}=\overrightarrow{\mathrm{BP}}$，$\vec{y}=\overrightarrow{\mathrm{BQ}}$とおく。

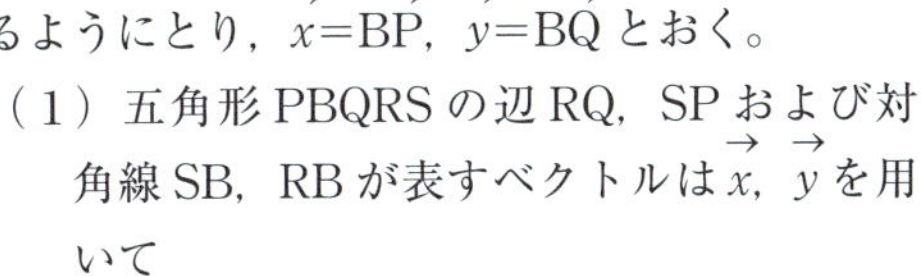

（1）五角形PBQRSの辺RQ，SPおよび対角線SB，RBが表すベクトルは$\vec{x}$，$\vec{y}$を用いて

$$\overrightarrow{\mathrm{RQ}}=-\vec{x}-\frac{\boxed{ア}}{\boxed{イ}}\vec{y},\quad \overrightarrow{\mathrm{SP}}=\boxed{ウエ}\,\vec{x}-\vec{y}$$

$$\overrightarrow{\mathrm{SB}}=-(\boxed{オ}+\boxed{カ})\vec{x}-\vec{y}$$

$$\overrightarrow{\mathrm{RB}}=-\vec{x}-\left(\boxed{キ}+\frac{\boxed{ク}}{\boxed{ケ}}\right)\vec{y}$$

となる。

（2）$\overrightarrow{\mathrm{SP}}\cdot\vec{x}=\vec{x}\cdot\vec{y}=\vec{y}\cdot\overrightarrow{\mathrm{RQ}}$が成り立つとする。このとき

$$\vec{x}\cdot\vec{y}=-\frac{\boxed{コ}}{\boxed{サ}}|\vec{x}|^2=-\frac{1}{\boxed{シス}}|\vec{y}|^2$$

である。

（3）$\mathrm{RQ}/\!/\mathrm{SB}$および$\mathrm{SP}/\!/\mathrm{RB}$が成り立つとする。このとき

$$a=\frac{\boxed{セソ}+\sqrt{\boxed{タ}}}{\boxed{チ}},\quad b=\frac{\boxed{ツ}+\sqrt{\boxed{テ}}}{\boxed{ト}}$$

である。

（4）（2）と（3）の条件が同時に成り立つとき$\dfrac{|\vec{y}|}{|\vec{x}|}=\boxed{ナ}$であるから

$$\cos\angle\mathrm{PBQ}=\frac{\boxed{ニ}-\sqrt{\boxed{ヌ}}}{\boxed{ネ}}$$

を得る。

解答

（1） $\mathrm{AP}:\mathrm{PB}=a:1$，$\mathrm{BQ}:\mathrm{QC}=b:1$であるから

$$\overrightarrow{\mathrm{BA}}=(a+1)\vec{x},\quad \overrightarrow{\mathrm{BC}}=\frac{b+1}{b}\vec{y}$$

したがって

$\overrightarrow{RQ}=\overrightarrow{RC}+\overrightarrow{CQ}=-\vec{x}-\frac{1}{b}\vec{y}$ ◀◀答 ……①

$\overrightarrow{SP}=\overrightarrow{SA}+\overrightarrow{AP}$

$=-a\vec{x}-\vec{y}$ ◀◀答 ……………………②

$\overrightarrow{SB}=\overrightarrow{SQ}+\overrightarrow{QB}=-(a+1)\vec{x}-\vec{y}$ ◀◀答

$\overrightarrow{RB}=\overrightarrow{RP}+\overrightarrow{PB}=-\vec{x}-\frac{b+1}{b}\vec{y}$

$=-\vec{x}-\left(1+\frac{1}{b}\right)\vec{y}$ ◀◀答

$\overrightarrow{SQ}=\overrightarrow{AB}=-(a+1)\vec{x}$

$\overrightarrow{RP}=\overrightarrow{CB}=-\frac{b+1}{b}\vec{y}$

(2) ①，②より

$\overrightarrow{SP}\cdot\vec{x}=(-a\vec{x}-\vec{y})\cdot\vec{x}=-a|\vec{x}|^2-\vec{x}\cdot\vec{y}$

$\vec{y}\cdot\overrightarrow{RQ}=\vec{y}\cdot\left(-\vec{x}-\frac{1}{b}\vec{y}\right)=-\vec{x}\cdot\vec{y}-\frac{1}{b}|\vec{y}|^2$

となるから，$\overrightarrow{SP}\cdot\vec{x}=\vec{x}\cdot\vec{y}=\vec{y}\cdot\overrightarrow{RQ}$ が成り立つとき

$-a|\vec{x}|^2-\vec{x}\cdot\vec{y}=\vec{x}\cdot\vec{y}=-\vec{x}\cdot\vec{y}-\frac{1}{b}|\vec{y}|^2$

$\therefore\ \vec{x}\cdot\vec{y}=-\frac{a}{2}|\vec{x}|^2=-\frac{1}{2b}|\vec{y}|^2$ ◀◀答 …③

(3) RQ∥SB が成り立つとき，$\overrightarrow{RQ}=k\overrightarrow{SB}$（$k$ は実数）と表すことができるから

ベクトルの平行条件。

$-\vec{x}-\frac{1}{b}\vec{y}=-k(a+1)\vec{x}-k\vec{y}$

$k\overrightarrow{SB}=k\{-(a+1)\vec{x}-\vec{y}\}$

$\vec{x}$ と $\vec{y}$ は1次独立であるから

$k(a+1)=1,\ k=\frac{1}{b}\qquad\therefore\ \frac{a+1}{b}=1$

すなわち

$b=a+1$ ……………………④

SP∥RB が成り立つとき，$\overrightarrow{SP}=l\overrightarrow{RB}$（$l$ は実数）と表すことができるから

$-a\vec{x}-\vec{y}=-l\vec{x}-l\left(1+\frac{1}{b}\right)\vec{y}$

$l\overrightarrow{RB}=l\left\{-\vec{x}-\left(1+\frac{1}{b}\right)\vec{y}\right\}$

$\vec{x}$ と $\vec{y}$ は1次独立であるから

$l=a,\ l\left(1+\frac{1}{b}\right)=1\qquad\therefore\ a\left(1+\frac{1}{b}\right)=1$

すなわち

$a(b+1)=b$ ……………………⑤

④を⑤に代入すると

$$a(a+2)=a+1 \qquad \therefore \quad a^2+a-1=0$$

b を消去。

$a>0$ に注意してこれを解くと

$$\boldsymbol{a}=\frac{-1+\sqrt{5}}{2},\quad \boldsymbol{b}=\frac{1+\sqrt{5}}{2}$$ 答 ……⑥

$b=a+1$

（4）③，⑥より

$$\frac{|\vec{y}|^2}{|\vec{x}|^2}=ab=\frac{(-1+\sqrt{5})(1+\sqrt{5})}{4}=1$$

$-\frac{a}{2}|\vec{x}|^2=-\frac{1}{2b}|\vec{y}|^2$

$(-1+\sqrt{5})(1+\sqrt{5})=4$

$$\therefore \quad \frac{|\vec{\boldsymbol{y}}|}{|\vec{\boldsymbol{x}}|}=1$$ 答

したがって，$|\vec{x}|=|\vec{y}|$ であるから，③より

$$\cos\angle\mathrm{PBQ}=\frac{\vec{x}\cdot\vec{y}}{|\vec{x}||\vec{y}|}=\frac{-\frac{a}{2}|\vec{x}|^2}{|\vec{x}|^2}$$

$$=-\frac{a}{2}=\frac{1-\sqrt{5}}{4}$$ 答

$a=\frac{-1+\sqrt{5}}{2}$

解説

ベクトルの平行

2つの線分AB，CDが平行であるとき，ベクトルの実数倍の定義から

$$\overrightarrow{\mathrm{AB}}=k\overrightarrow{\mathrm{CD}}$$

をみたす実数 k が存在する。

（1）では

AB∥SQ∥DC より　$\overrightarrow{\mathrm{RC}}$，$\overrightarrow{\mathrm{AP}}$，$\overrightarrow{\mathrm{SQ}}$，$\overrightarrow{\mathrm{PB}}$ は $\vec{x}$ の実数倍

AD∥PR∥BC より　$\overrightarrow{\mathrm{CQ}}$，$\overrightarrow{\mathrm{SA}}$，$\overrightarrow{\mathrm{QB}}$，$\overrightarrow{\mathrm{RP}}$ は $\vec{y}$ の実数倍

で表されることを用いる。

また，（3）ではこのことを利用して a，b についての方程式を導き，a，b の値を求めている。$\overrightarrow{\mathrm{RQ}}=k\overrightarrow{\mathrm{SB}}$（$k$ は実数），$\overrightarrow{\mathrm{SP}}=l\overrightarrow{\mathrm{RB}}$（$l$ は実数）とおくことで，文字 k，l を自分で設定することになるが，結局は k，l を消去して，a と b だけの式にしていることに注目しよう。

■ ベクトルの分解

ベクトルの分解の仕方は1通りではない。たとえば$\overrightarrow{\mathrm{SB}}$は，$\overrightarrow{\mathrm{SP}}$を求めたあと

$$\overrightarrow{\mathrm{SB}}=\overrightarrow{\mathrm{SP}}+\overrightarrow{\mathrm{PB}}=(-a\vec{x}-\vec{y})-\vec{x}=-(a+1)\vec{x}-\vec{y}$$

としてもよい。また，差に分解して

$$\overrightarrow{\mathrm{SB}}=\overrightarrow{\mathrm{AB}}-\overrightarrow{\mathrm{AS}}=-(a+1)\vec{x}-\vec{y}$$

と求めることもできる。平面図形において，1次独立な2つのベクトルと，それに平行な線分があるときは，表したいベクトルがうまく分解できないかを考えると時間の短縮になる。

類題2 オリジナル問題(解答は46ページ)

右の図のように，AD//BC，BC=2AD である等脚台形ABCDがある。$0<t<1$ とし，対角線BDを$t:(1-t)$ に内分する点をP，辺BCを$(1-t):t$ に内分する点をQとする。また，$\overrightarrow{\mathrm{AB}}=\vec{a}$，$\overrightarrow{\mathrm{AD}}=\vec{b}$ とする。

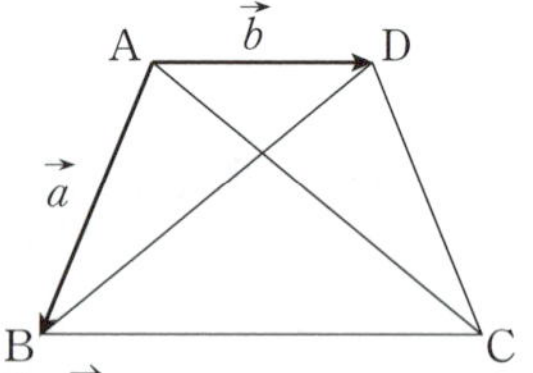

(1) $\overrightarrow{\mathrm{AC}}=\vec{a}+\boxed{\text{ア}}\vec{b}$，$\overrightarrow{\mathrm{AQ}}=\vec{a}+(\boxed{\text{イ}}-\boxed{\text{ウ}}t)\vec{b}$ であり

$$\overrightarrow{\mathrm{PQ}}=t\vec{a}+(\boxed{\text{エ}}-\boxed{\text{オ}}t)\vec{b}$$

である。したがって，PQ//AC のとき $t=\dfrac{\boxed{\text{カ}}}{\boxed{\text{キ}}}$ である。

(2) $t=\dfrac{\boxed{\text{カ}}}{\boxed{\text{キ}}}$ とする。AB=BQ であるとき，$|\vec{a}|=\dfrac{\boxed{\text{ク}}}{\boxed{\text{ケ}}}|\vec{b}|$ である。

また，AC=BD であることから $\vec{a}\cdot\vec{b}=\dfrac{\boxed{\text{コサ}}}{\boxed{\text{シ}}}|\vec{b}|^2$ が成り立つ。したがって

$$\cos\angle\mathrm{BAD}=\frac{\boxed{\text{スセ}}}{\boxed{\text{ソタ}}}$$

となる。

例題3 センター試験追試

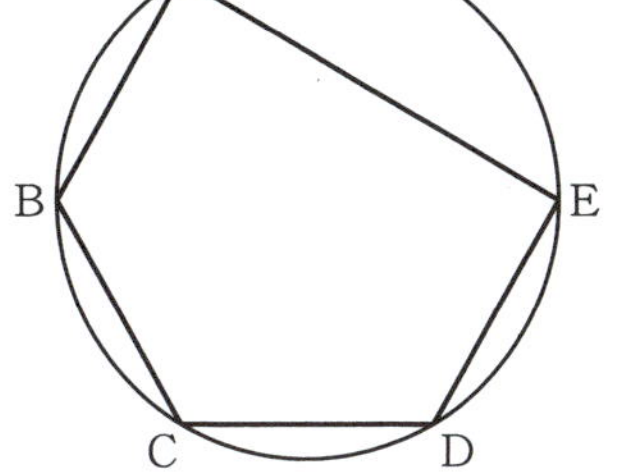

五角形ABCDEは，半径1の円に内接し
$\angle EAD=30^\circ$，$\angle ADE=\angle BAD=\angle CDA=60^\circ$
をみたしている。$\overrightarrow{AB}=\vec{a}$，$\overrightarrow{AE}=\vec{b}$ とおく。

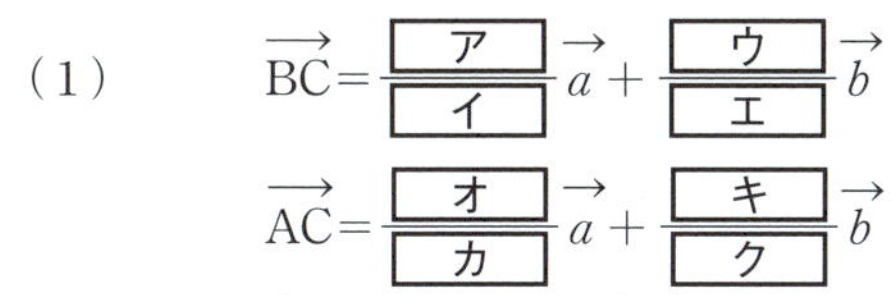

（1）　$\overrightarrow{BC}=\dfrac{\boxed{\text{ア}}}{\boxed{\text{イ}}}\vec{a}+\dfrac{\boxed{\text{ウ}}}{\boxed{\text{エ}}}\vec{b}$

$\overrightarrow{AC}=\dfrac{\boxed{\text{オ}}}{\boxed{\text{カ}}}\vec{a}+\dfrac{\boxed{\text{キ}}}{\boxed{\text{ク}}}\vec{b}$

である。$\vec{a}$ と $\vec{b}$ の内積は $\vec{a}\cdot\vec{b}=\boxed{\text{ケ}}$ であり

$|\overrightarrow{AC}|=\sqrt{\boxed{\text{コ}}}$

である。

（2）$\angle CAD$ の2等分線と線分CDとの交点をPとする。このとき

$\overrightarrow{AP}=(\boxed{\text{サ}}-\sqrt{\boxed{\text{シ}}})\vec{a}+(\sqrt{\boxed{\text{ス}}}-\boxed{\text{セ}})\vec{b}$

であり，$|\overrightarrow{AP}|^2=\boxed{\text{ソタ}}-\boxed{\text{チツ}}\sqrt{\boxed{\text{テ}}}$ である。

さらに，線分APと線分CEとの交点をQとする。このとき

$\overrightarrow{AQ}=\dfrac{\sqrt{\boxed{\text{ト}}}}{\boxed{\text{ナ}}}\overrightarrow{AP}$

である。

解答

$\angle EAD=30^\circ$，$\angle ADE=60^\circ$ より，$\angle AED=90^\circ$ であるから，線分ADは半径1の円の直径である。したがって

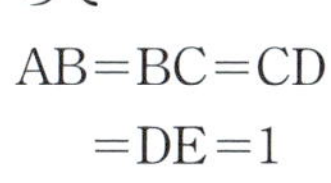

$AB=BC=CD$
$=DE=1$

であり，点A，B，C，D，Eは円周の6等分点のうちの5点である。

> $\angle AED$ は弧ADに対する円周角である。

（1）$BC/\!/AD$，$AD=2$，$BC=1$ であるから

> 四角形ABCDは等脚台形である。

$\overrightarrow{BC}=\dfrac{1}{2}\overrightarrow{AD}=\dfrac{1}{2}\vec{a}+\dfrac{1}{2}\vec{b}$ ◀◀答

> $\overrightarrow{AD}=\overrightarrow{AB}+\overrightarrow{AE}$
> $=\vec{a}+\vec{b}$

$\overrightarrow{AC}=\overrightarrow{AB}+\overrightarrow{BC}=\dfrac{3}{2}\vec{a}+\dfrac{1}{2}\vec{b}$ ◀◀答

> $\vec{a}+\left(\dfrac{1}{2}\vec{a}+\dfrac{1}{2}\vec{b}\right)$

AB ⊥ AE であるから

$$\vec{a}\cdot\vec{b}=0$$ ◀◀答

また，∠ACD=90°，AD=2，CD=1 より

$$|\overrightarrow{AC}|=\sqrt{3}$$ ◀◀答

（2）線分 AP は ∠CAD の 2 等分線であるから

$$CP:PD=AC:AD=\sqrt{3}:2$$

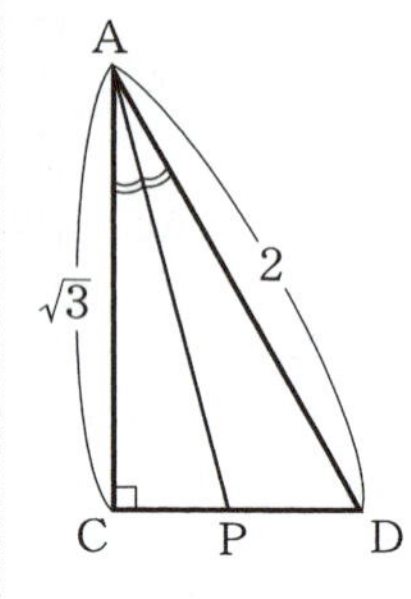

したがって

$$\overrightarrow{AP}=\frac{2\overrightarrow{AC}+\sqrt{3}\,\overrightarrow{AD}}{2+\sqrt{3}}$$

$$=(2-\sqrt{3})\left\{2\left(\frac{3}{2}\vec{a}+\frac{1}{2}\vec{b}\right)+\sqrt{3}(\vec{a}+\vec{b})\right\}$$

$$=(3-\sqrt{3})\vec{a}+(\sqrt{3}-1)\vec{b}$$ ◀◀答

$\frac{1}{2+\sqrt{3}}=2-\sqrt{3}$

$\vec{a}\cdot\vec{b}=0$ および $|\vec{b}|=\sqrt{3}$ に注意すると

$$|\overrightarrow{AP}|^2=\left|(3-\sqrt{3})\vec{a}+(\sqrt{3}-1)\vec{b}\right|^2$$

$$=(\sqrt{3}-1)^2|\sqrt{3}\vec{a}+\vec{b}|^2$$

$$=(4-2\sqrt{3})(3|\vec{a}|^2+|\vec{b}|^2)$$

$$=(4-2\sqrt{3})\cdot 6$$

$$=24-12\sqrt{3}$$ ◀◀答

$3-\sqrt{3}=(\sqrt{3}-1)\cdot\sqrt{3}$

$3|\vec{a}|^2+2\sqrt{3}\vec{a}\cdot\vec{b}+|\vec{b}|^2$

$|\vec{a}|=1$

次に，CQ : QE $=t:(1-t)$ とおくと

$$\overrightarrow{AQ}=(1-t)\overrightarrow{AC}+t\overrightarrow{AE}$$

Q は線分 CE 上の点。

となる。したがって

$(1-t)\left(\frac{3}{2}\vec{a}+\frac{1}{2}\vec{b}\right)+t\vec{b}$

$$\overrightarrow{AQ}=\frac{3(1-t)}{2}\vec{a}+\frac{1+t}{2}\vec{b}\quad\cdots\cdots①$$

また，$\overrightarrow{AQ}=k\overrightarrow{AP}$ とおくことができるから

$$\overrightarrow{AQ}=(3-\sqrt{3})k\vec{a}+(\sqrt{3}-1)k\vec{b}\quad\cdots\cdots②$$

$\vec{a}$ と $\vec{b}$ は 1 次独立であるから，①，②より

$$\frac{3(1-t)}{2}=(3-\sqrt{3})k\quad\cdots\cdots③$$

$$\frac{1+t}{2}=(\sqrt{3}-1)k\quad\cdots\cdots④$$

③，④より

$$\frac{3(1-t)}{2}=\sqrt{3}\cdot\frac{1+t}{2}\qquad\therefore\quad t=2-\sqrt{3}$$

$\sqrt{3}(\sqrt{3}-1)k=(3-\sqrt{3})k$ より k を消去できる。

$t=2-\sqrt{3}$ を④に代入して

$$\frac{3-\sqrt{3}}{2}=(\sqrt{3}-1)k \qquad \therefore \quad k=\frac{\sqrt{3}}{2}$$

よって　$\overrightarrow{\mathbf{AQ}}=\frac{\sqrt{3}}{2}\overrightarrow{\mathbf{AP}}$　◀◀答

解説

■ 初等幾何の利用

ベクトルを使わずに，平面図形に関する知識を活用して解くこともできる。必要に応じて使いこなせるようにしておきたい。

たとえば，△ACQ と △ADP において

$$\angle\mathrm{CAQ}=\angle\mathrm{DAP},\ \angle\mathrm{ACQ}=\angle\mathrm{ADP}$$

より △ACQ ∽ △ADP となるから

$$\frac{\mathrm{AQ}}{\mathrm{AP}}=\frac{\mathrm{AC}}{\mathrm{AD}}=\frac{\sqrt{3}}{2}$$

$$\therefore \quad \overrightarrow{\mathrm{AQ}}=\frac{\sqrt{3}}{2}\overrightarrow{\mathrm{AP}}$$

と求めることもできる。

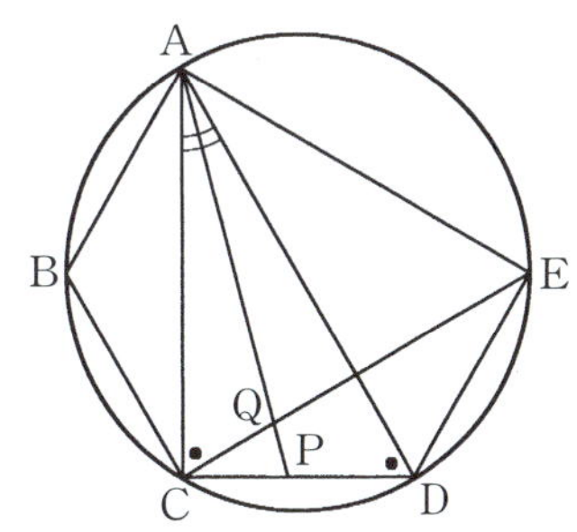

類題3　オリジナル問題（解答は47ページ）

AB=4，AC=3，∠A=60° である △ABC の外接円において，A を通る直径のもう一方の端を D とし，$\overrightarrow{\mathrm{AB}}=\vec{b}$，$\overrightarrow{\mathrm{AC}}=\vec{c}$ とおく。

（1）$\vec{b}\cdot\vec{c}=$ ［ア］ である。

（2）$\overrightarrow{\mathrm{AD}}=x\vec{b}+y\vec{c}$ とおくと，AB⊥BD であることから

［イ］$x+$［ウ］$y=8$

また，AC⊥CD であることから

［エ］$x+$［オ］$y=3$

である。したがって，$x=\frac{［カ］}{［キ］}$，$y=\frac{［ク］}{［ケ］}$ となるから

$\overrightarrow{\mathrm{AD}}=\frac{［カ］}{［キ］}\vec{b}+\frac{［ク］}{［ケ］}\vec{c}$

である。

（3）（2）の結果から，この円の半径は $\frac{\sqrt{［コサ］}}{［シ］}$ である。

例題 4 センター試験本試

点Oを原点とする座標空間に4点A(1, 0, 0), B(0, 1, 1), C(1, 0, 1), D(−2, −1, −2)がある。$0<a<1$ とし，線分ABを $a:(1-a)$ に内分する点をE，線分CDを $a:(1-a)$ に内分する点をFとする。

(1) $\overrightarrow{EF}$ は a を用いて

$$\overrightarrow{EF}=(\boxed{アイ}\,a,\ \boxed{ウエ}\,a,\ \boxed{オ}-\boxed{カ}\,a)$$

と表される。さらに，$\overrightarrow{EF}$ が $\overrightarrow{AB}$ に垂直であるのは $a=\dfrac{\boxed{キ}}{\boxed{ク}}$ のときである。

(2) $a=\dfrac{\boxed{キ}}{\boxed{ク}}$ とする。$0<b<1$ として，線分EFを $b:(1-b)$ に内分する点をGとすると，$\overrightarrow{OG}$ は b を用いて

$$\overrightarrow{OG}=\left(\frac{\boxed{ケ}-\boxed{コ}\,b}{\boxed{サ}},\ \frac{\boxed{シ}-\boxed{ス}\,b}{\boxed{サ}},\ \frac{\boxed{セ}}{\boxed{サ}}\right)$$

と表される。

(3) (2)において，直線OGと直線BCが交わるときの b の値と，その交点Hの座標を求めよう。

点Hは直線BC上にあるから，実数 s を用いて $\overrightarrow{BH}=s\overrightarrow{BC}$ と表される。また，ベクトル $\overrightarrow{OH}$ は実数 t を用いて $\overrightarrow{OH}=t\overrightarrow{OG}$ と表される。よって

$$b=\frac{\boxed{ソ}}{\boxed{タ}},\quad s=\frac{\boxed{チ}}{\boxed{ツ}},\quad t=\boxed{テ}$$

である。したがって，点Hの座標は $\left(\dfrac{\boxed{ト}}{\boxed{ナ}},\ \dfrac{\boxed{ニヌ}}{\boxed{ナ}},\ \boxed{ネ}\right)$ である。

また，点Hは線分BCを $\boxed{ノ}:1$ に外分する。

解答

(1) $\overrightarrow{OE}=(1-a)\overrightarrow{OA}+a\overrightarrow{OB}$

$=(1-a,\ 0,\ 0)+(0,\ a,\ a)$

$=(1-a,\ a,\ a)$ ……①

$\overrightarrow{OF}=(1-a)\overrightarrow{OC}+a\overrightarrow{OD}$

$=(1-a,\ 0,\ 1-a)+(-2a,\ -a,\ -2a)$

$=(1-3a,\ -a,\ 1-3a)$

であるから

$\overrightarrow{EF}=\overrightarrow{OF}-\overrightarrow{OE}$

$=\boldsymbol{(-2a,\ -2a,\ 1-4a)}$ 答 ……②

点Eは線分ABを $a:(1-a)$ に内分する。

点Fは線分CDを $a:(1-a)$ に内分する。

と表される。$\overrightarrow{EF} \perp \overrightarrow{AB}$ のとき $\overrightarrow{EF} \cdot \overrightarrow{AB} = 0$ であり

垂直条件。

$$\overrightarrow{AB} = \overrightarrow{OB} - \overrightarrow{OA} = (-1,\ 1,\ 1)$$

であるから

$$\overrightarrow{EF} \cdot \overrightarrow{AB} = (-2a) \cdot (-1) + (-2a) \cdot 1 + (1-4a) \cdot 1$$

成分による内積の計算。

$$= 1 - 4a = 0 \qquad \therefore\ \boldsymbol{a = \frac{1}{4}}$$ 答

（**2**）$a = \dfrac{1}{4}$ のとき，①，②より

$$\overrightarrow{OE} = \left(\frac{3}{4},\ \frac{1}{4},\ \frac{1}{4}\right),\ \overrightarrow{EF} = \left(-\frac{1}{2},\ -\frac{1}{2},\ 0\right)$$

$$\therefore\ \overrightarrow{OG} = \overrightarrow{OE} + b\overrightarrow{EF}$$

$$= \left(\frac{\boldsymbol{3-2b}}{\boldsymbol{4}},\ \frac{\boldsymbol{1-2b}}{\boldsymbol{4}},\ \frac{\boldsymbol{1}}{\boldsymbol{4}}\right)$$ 答

$\overrightarrow{OG} = \overrightarrow{OE} + \overrightarrow{EG}$
$\overrightarrow{EG} = b\overrightarrow{EF}$
$\overrightarrow{OG} = (1-b)\overrightarrow{OE} + b\overrightarrow{OF}$
から求めてもよい。

（**3**）点Hは直線BC上にあり，$\overrightarrow{BH} = s\overrightarrow{BC}$ と表せて

$$\overrightarrow{BC} = \overrightarrow{OC} - \overrightarrow{OB} = (1,\ -1,\ 0)$$

であるから

$$\overrightarrow{OH} = \overrightarrow{OB} + s\overrightarrow{BC} = (s,\ 1-s,\ 1) \quad \cdots\cdots\cdots\cdots ③$$

$\overrightarrow{OH} = \overrightarrow{OB} + \overrightarrow{BH}$

また，点Hは直線OG上にもあり，$\overrightarrow{OH} = t\overrightarrow{OG}$ と表せるから

$$\overrightarrow{OH} = \left(\frac{3-2b}{4}t,\ \frac{1-2b}{4}t,\ \frac{t}{4}\right) \quad \cdots\cdots\cdots\cdots ④$$

③，④より

$$s = \frac{3-2b}{4}t,\ 1-s = \frac{1-2b}{4}t,\ 1 = \frac{t}{4}$$

各成分が一致する。

これらを解いて

$$\boldsymbol{b = \frac{3}{4},\ s = \frac{3}{2},\ t = 4}$$ 答

よって，③より $\overrightarrow{OH} = \left(\dfrac{3}{2},\ -\dfrac{1}{2},\ 1\right)$ であるから，点Hの座標は

$$\left(\frac{\boldsymbol{3}}{\boldsymbol{2}},\ \frac{\boldsymbol{-1}}{\boldsymbol{2}},\ \boldsymbol{1}\right)$$ 答

また，$\overrightarrow{BH} = \dfrac{3}{2}\overrightarrow{BC}$ であるから

$$BH : CH = 3 : 1$$

よって，点Hは線分BCを **3：1** に外分する。答

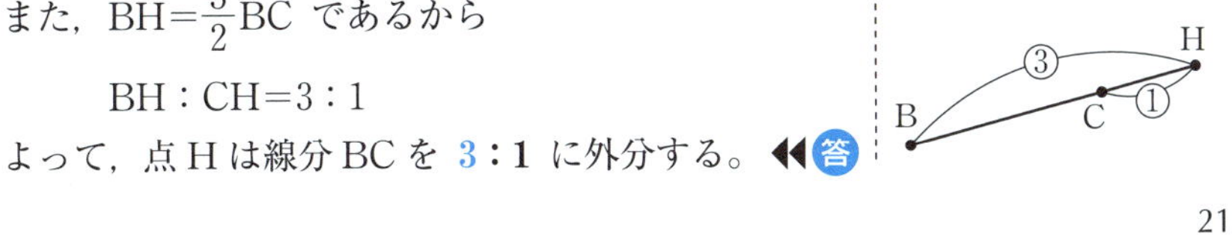

解説

直線のベクトル方程式

Oを原点とする座標空間において，2点A，Bを通る直線上の点をPとすると，実数tを用いて $\overrightarrow{AP}=t\overrightarrow{AB}$ と表せる。これより

$$\overrightarrow{OP}=\overrightarrow{OA}+\overrightarrow{AP}=\overrightarrow{OA}+t\overrightarrow{AB}$$

と表すことができ，これが2点A，Bを通る直線を表している。

一般に，点Aを通り$\vec{d}$に平行な直線l上の点をPとし，位置ベクトルの始点をOとして $\overrightarrow{OP}=\vec{p}$，$\overrightarrow{OA}=\vec{a}$ とおくと

$$\vec{p}=\vec{a}+t\vec{d}\quad(t\text{は実数})$$

と表せる。これを直線lのベクトル方程式といい，$\vec{d}$をlの方向ベクトルという。

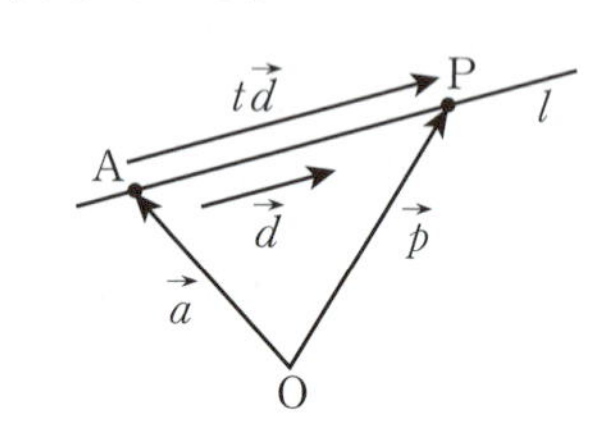

2直線l，mの交点の座標や位置ベクトルを求めるときは，その点が直線l上にあることと，直線m上にあることから，それぞれ立式して解き進めることを押さえておこう。

類題4 オリジナル問題(解答は49ページ)

Oを原点とする空間座標において，3点A$(-4,\ 1,\ 0)$，B$(-4,\ 6,\ -5)$，C$(-3,\ 7,\ -2)$があり，2点A，Bを通る直線をlとする。また，点Dは直線lと$\overrightarrow{AD}$が垂直で，かつ線分ADの長さが$4\sqrt{3}$となる位置にある。

(1) 線分ABを$2:3$に内分する点をRとすると

$$\overrightarrow{OR}=\frac{\boxed{ア}\overrightarrow{OA}+\boxed{イ}\overrightarrow{OB}}{5}$$

であるからR$(\boxed{ウエ},\ \boxed{オ},\ \boxed{カキ})$であり，線分DRの長さは$\boxed{ク}\sqrt{\boxed{ケコ}}$となる。

(2) 点Cから直線lに下ろした垂線とlの交点をHとすると，$\overrightarrow{CH}$はある実数tと$\vec{u}=(\boxed{サ},\ 1,\ \boxed{シス})$を用いて

$$\overrightarrow{CH}=\overrightarrow{CA}+t\vec{u}$$

と表される。このとき，$\overrightarrow{CH}\perp l$より$t=\boxed{セ}$と定まるので，点Hの座標はH$(\boxed{ソタ},\ \boxed{チ},\ \boxed{ツテ})$となる。

(3) l上に点Pをとり，CP+PDの値を最小にする点PをP′とすると

$$HP':P'A=\sqrt{\boxed{ト}}:\boxed{ナ}$$

である。

例題5 オリジナル問題

空間内に異なる4点O，A，B，Cを，$\overrightarrow{OA}\perp\overrightarrow{OB}$，$\overrightarrow{OB}\perp\overrightarrow{OC}$，$\overrightarrow{OC}\perp\overrightarrow{OA}$となるようにとり，さらに4点D，E，F，Gを，$\overrightarrow{OD}=\overrightarrow{OA}+\overrightarrow{OB}$，$\overrightarrow{OE}=\overrightarrow{OB}+\overrightarrow{OC}$，$\overrightarrow{OF}=\overrightarrow{OA}+\overrightarrow{OC}$，$\overrightarrow{OG}=\overrightarrow{OA}+\overrightarrow{OB}+\overrightarrow{OC}$となるようにとる。また，点Oから平面ABCに引いた垂線と平面ABCとの交点をHとする。

(1) $|\overrightarrow{OA}|=1$，$|\overrightarrow{OB}|=2$，$|\overrightarrow{OC}|=3$のとき，次の問いに答えよ。

(i) 線分OHの長さを求めたい。次の**方針1**または**方針2**について，［ア］～［シ］に当てはまる数を求めよ。

方針1

点Hは平面ABC上にあるので

$$\overrightarrow{OH}=\alpha\overrightarrow{OA}+\beta\overrightarrow{OB}+\gamma\overrightarrow{OC}$$

とおくと，$\alpha+\beta+\gamma=$［ア］であり，$\overrightarrow{OH}\perp\overrightarrow{AB}$かつ$\overrightarrow{OH}\perp\overrightarrow{AC}$であることを利用すると

$$\alpha=\frac{\boxed{イウ}}{\boxed{エオ}},\quad \beta=\frac{\boxed{カ}}{\boxed{キク}},\quad \gamma=\frac{\boxed{ケ}}{\boxed{コサ}}$$

がわかるので

$$|\overrightarrow{OH}|^2=|\alpha\overrightarrow{OA}+\beta\overrightarrow{OB}+\gamma\overrightarrow{OC}|^2$$

から線分OHの長さが求められる。

方針2

四面体OABCの体積Vを計算すると$V=$［シ］であり，三角形ABCの面積Sを求めれば

$$V=\frac{1}{3}S|\overrightarrow{OH}|$$

から線分OHの長さが求められる。

方針1または**方針2**を用いて線分OHの長さを求めると，

$$|\overrightarrow{OH}|=\frac{\boxed{ス}}{\boxed{セ}}$$ である。

(ii) $\overrightarrow{OP}=k\overrightarrow{OH}$とする。点Pが$k\geqq0$の範囲で動くとき，$\overrightarrow{OP}$を$\overrightarrow{OA}$，$\overrightarrow{OB}$，$\overrightarrow{OC}$を用いて表し，$\overrightarrow{OA}$，$\overrightarrow{OB}$，$\overrightarrow{OC}$のいずれかの係数が1になるときに着目すると，動点Pは直方体OADB-CFGEの面［ソ］を通過することがわかる。［ソ］に当てはまるものを，次の⓪～②のうちから一つ選べ。

⓪ ADGF　① BDGE　② CFGE

また，面［ソ］と半直線OHの交点をIとしたときの四面体IABCの体積は$\dfrac{\boxed{タチ}}{\boxed{ツテ}}$である。

（2）$|\overrightarrow{OA}|$, $|\overrightarrow{OB}|$, $|\overrightarrow{OC}|$ の値を変えたとき，半直線OHと直方体OADB-CFGEとの交点について調べよう。（ｉ）～（iii）のそれぞれの $|\overrightarrow{OA}|$, $|\overrightarrow{OB}|$, $|\overrightarrow{OC}|$ の値の組において，半直線OHと直方体OADB-CFGEとの交点について正しいものを，下の⓪～④のうちから一つずつ選べ。ただし，同じものを繰り返し選んでもよい。

（ｉ）$|\overrightarrow{OA}|=3$, $|\overrightarrow{OB}|=2$, $|\overrightarrow{OC}|=1$　［ト］

（ii）$|\overrightarrow{OA}|=|\overrightarrow{OB}|=|\overrightarrow{OC}|=1$　［ナ］

（iii）$|\overrightarrow{OA}|=3$, $|\overrightarrow{OB}|=4$, $|\overrightarrow{OC}|=5$　［ニ］

⓪ 直方体OADB-CFGEの面ADGF上（ただし，辺上および頂点を除く）にある。

① 直方体OADB-CFGEの面BDGE上（ただし，辺上および頂点を除く）にある。

② 直方体OADB-CFGEの面CFGE上（ただし，辺上および頂点を除く）にある。

③ 辺GD上（ただし，頂点G，Dを除く）にある。

④ 頂点Gと一致する。

解答

（1）（ｉ）方針1について

$$\overrightarrow{OH}=\alpha\overrightarrow{OA}+\beta\overrightarrow{OB}+\gamma\overrightarrow{OC}$$

とおくと，点Hが平面ABC上にあるとき

$$\boldsymbol{\alpha+\beta+\gamma=1} \quad \text{◀◀答} \quad \cdots\cdots ①$$

4点が同一平面上にある条件。

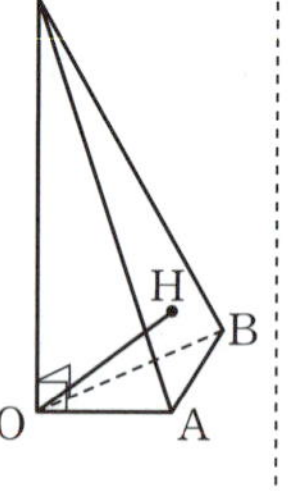

であり，$\overrightarrow{OH}\perp\overrightarrow{AB}$ かつ $\overrightarrow{OH}\perp\overrightarrow{AC}$ より

$$\overrightarrow{OH}\cdot\overrightarrow{AB}=0 \text{ かつ } \overrightarrow{OH}\cdot\overrightarrow{AC}=0$$

であるから

$$\overrightarrow{OH}\cdot\overrightarrow{AB}=(\alpha\overrightarrow{OA}+\beta\overrightarrow{OB}+\gamma\overrightarrow{OC})\cdot(\overrightarrow{OB}-\overrightarrow{OA})$$
$$=-\alpha|\overrightarrow{OA}|^2+\beta|\overrightarrow{OB}|^2$$
$$\overrightarrow{OH}\cdot\overrightarrow{AC}=(\alpha\overrightarrow{OA}+\beta\overrightarrow{OB}+\gamma\overrightarrow{OC})\cdot(\overrightarrow{OC}-\overrightarrow{OA})$$
$$=-\alpha|\overrightarrow{OA}|^2+\gamma|\overrightarrow{OC}|^2$$

$\overrightarrow{OA}\cdot\overrightarrow{OB}=\overrightarrow{OB}\cdot\overrightarrow{OC}=\overrightarrow{OC}\cdot\overrightarrow{OA}=0$

より

$$-\alpha+4\beta=0 \cdots\cdots ②$$
$$-\alpha+9\gamma=0 \cdots\cdots ③$$

$|\overrightarrow{OA}|^2=1^2=1$
$|\overrightarrow{OB}|^2=2^2=4$
$|\overrightarrow{OC}|^2=3^2=9$

である。よって，①，②，③より

$$\boldsymbol{\alpha}=\frac{36}{49},\ \boldsymbol{\beta}=\frac{9}{49},\ \boldsymbol{\gamma}=\frac{4}{49}$$ ◀◀答

である。

方針2について，四面体OABCの体積は，△OABを底面とみると，線分OCが高さにあたるので

$$V=\frac{1}{3}\cdot\left(\frac{1}{2}\cdot1\cdot2\right)\cdot3=1$$ ◀◀答

である。そして

$$|\overrightarrow{AB}|^2=|\overrightarrow{OA}|^2+|\overrightarrow{OB}|^2$$
$$=1^2+2^2=5$$
$$|\overrightarrow{AC}|^2=|\overrightarrow{OA}|^2+|\overrightarrow{OC}|^2$$
$$=1^2+3^2=10$$
$$\overrightarrow{AB}\cdot\overrightarrow{AC}=(\overrightarrow{OB}-\overrightarrow{OA})\cdot(\overrightarrow{OC}-\overrightarrow{OA})$$
$$=|\overrightarrow{OA}|^2=1$$

より，△ABCの面積Sは

$$S=\frac{1}{2}\sqrt{|\overrightarrow{AB}|^2|\overrightarrow{AC}|^2-\overrightarrow{AB}\cdot\overrightarrow{AC}}$$
$$=\frac{1}{2}\sqrt{5\cdot10-1}$$
$$=\frac{7}{2}$$

であるから

$$V=\frac{1}{3}\cdot\frac{7}{2}\cdot|\overrightarrow{OH}|=1$$

より

$$|\overrightarrow{\mathbf{OH}}|=\frac{6}{7}$$ ◀◀答

である。

（ii）$\overrightarrow{OP}=k\overrightarrow{OH}\ (k\geqq0)$より

$$\overrightarrow{OP}=k\left(\frac{36}{49}\overrightarrow{OA}+\frac{9}{49}\overrightarrow{OB}+\frac{4}{49}\overrightarrow{OC}\right)$$

であり，$\overrightarrow{OA}$，$\overrightarrow{OB}$，$\overrightarrow{OC}$のいずれかの係数が1になるのは

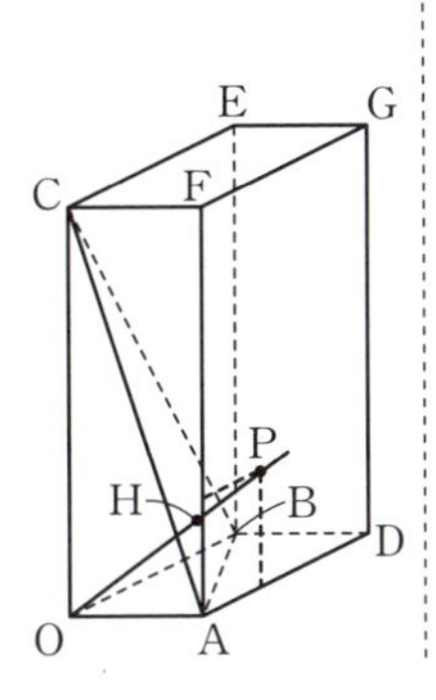

$$\triangle OAB=\frac{1}{2}\cdot OA\cdot OB$$

解答では**方針2**で$|\overrightarrow{OH}|$を求めたが，**方針1**で求めると次のようになる。

$$|\alpha\overrightarrow{OA}+\beta\overrightarrow{OB}+\gamma\overrightarrow{OC}|^2$$
$$=\alpha^2|\overrightarrow{OA}|^2+\beta^2|\overrightarrow{OB}|^2+\gamma^2|\overrightarrow{OC}|^2$$
$$=1\cdot\left(\frac{36}{49}\right)^2+4\cdot\left(\frac{9}{49}\right)^2+9\cdot\left(\frac{4}{49}\right)^2$$

より

$$|\overrightarrow{OH}|=\frac{1}{49}\sqrt{6^2\cdot(6^2+3^2+2^2)}=\frac{6}{7}$$

$$k=\frac{49}{36},\ \frac{49}{9},\ \frac{49}{4}$$

のときであり，$k=\frac{49}{36}$ のとき

$$\overrightarrow{OP}=\overrightarrow{OA}+\frac{1}{4}\overrightarrow{OB}+\frac{1}{9}\overrightarrow{OC}$$

となり，点Pが直方体OADB-CFGEの

面ADGF（⓪） ◀◀答

を通過することがわかる。

$k=\frac{49}{9}$ のとき

$$\overrightarrow{OP}=4\overrightarrow{OA}+\overrightarrow{OB}+\frac{4}{9}\overrightarrow{OC}$$

$k=\frac{49}{4}$ のとき

$$\overrightarrow{OP}=9\overrightarrow{OA}+\frac{9}{4}\overrightarrow{OB}+\overrightarrow{OC}$$

より，いずれも面BDGE，面CFGEの外部である。

また，$k=\frac{49}{36}$ のとき

$$|\overrightarrow{OI}|=\frac{49}{36}|\overrightarrow{OH}|=\frac{49}{36}\cdot\frac{6}{7}$$

$$=\frac{7}{6}$$

より，四面体IABCの体積は

$$\frac{1}{3}\cdot\left(\frac{7}{6}-\frac{6}{7}\right)\cdot\triangle ABC$$

$$=\frac{1}{3}\cdot\frac{13}{42}\cdot\frac{7}{2}$$

$$=\mathbf{\frac{13}{36}}$$ ◀◀答

底面を△ABCとしたときの四面体IABCの高さは

$$\frac{7}{6}-\frac{6}{7}=\frac{13}{42}$$

（2）（ⅰ）は，（1）で扱った

$$|\overrightarrow{OA}|=1,\ |\overrightarrow{OB}|=2,\ |\overrightarrow{OC}|=3$$

において，点Aと点Cを入れ替えたものであり，点Aと点Cを入れ替えることで，点Dと点Eも入れ替わるので，面ADGFにおいてA→C，D→Eに替えた面CEGFすなわち

面CFGE上にある。（②） ◀◀答

3辺の長さの組1，2，3は（1）と同じなので，点の名前を入れ替えて考察する。

（ⅱ）は，$\overrightarrow{OH}\cdot\overrightarrow{AB}=0$ より

$$-\alpha|\overrightarrow{OA}|^2+\beta|\overrightarrow{OB}|^2=0 \text{ すなわち } -\alpha+\beta=0$$

$\overrightarrow{OH}\cdot\overrightarrow{AC}=0$ より

$$-\alpha|\overrightarrow{OA}|^2+\gamma|\overrightarrow{OC}|^2=0 \text{ すなわち } -\alpha+\gamma=0$$

であるから

$$\alpha=\beta=\gamma=\frac{1}{3}$$

であり

$$\overrightarrow{OH}=\frac{1}{3}(\overrightarrow{OA}+\overrightarrow{OB}+\overrightarrow{OC})$$

より，点Hが半直線OG上にあることがわかるので

頂点Gと一致する。（④） 答

$\overrightarrow{OP}=k\overrightarrow{OH}$ とおくと，$k=3$ のとき点Pと点Gが一致する。

（iii）は，$\overrightarrow{OH}\cdot\overrightarrow{AB}=0$ より

$-\alpha|\overrightarrow{OA}|^2+\beta|\overrightarrow{OB}|^2=0$ すなわち $-9\alpha+16\beta=0$

$\overrightarrow{OH}\cdot\overrightarrow{AC}=0$ より

$-\alpha|\overrightarrow{OA}|^2+\gamma|\overrightarrow{OC}|^2=0$ すなわち $-9\alpha+25\gamma=0$

であり，$\alpha>0$，$\beta>0$，$\gamma>0$ と

$9\alpha=16\beta$，$9\alpha=25\gamma$

より

$\alpha>\beta>\gamma$

であるから，（1）の直方体と同様に

面ADGF上にある。（⓪） 答

α，β，γ のうち，どれが最大かがわかれば，直方体のどの面で交わるのかがわかる。「解説」参照。

解説

半直線OHと直方体の面との交点

本問では，半直線OHと直方体OADB-CFGEとの交点についての考察のために

$$\overrightarrow{OP}=k\overrightarrow{OH}=k(\alpha\overrightarrow{OA}+\beta\overrightarrow{OB}+\gamma\overrightarrow{OC})$$

において，$\overrightarrow{OA}$，$\overrightarrow{OB}$，$\overrightarrow{OC}$ のいずれかの係数が1になるときの k の値のうち，最小のものを調べている。$\overrightarrow{OA}$，$\overrightarrow{OB}$，$\overrightarrow{OC}$ の係数について，係数が1のものを除く残り2つの係数がいずれも1以下であれば，このときの点Pが半直線OHと直方体OADB-CFGEとの交点となる（いずれかの係数が1より大きいと，点Pは直方体OADB-CFGEの外部となる）。

したがって

$k\alpha$，$k\beta$，$k\gamma$ のうちで最大となるもの

すなわち

α，β，γ のうちで最大となるもの

がわかれば，直方体OADB-CFGEのどの面と交わるかが判定できる。具体的には

α が最も大きいとき，面ADGF
β が最も大きいとき，面BDGE
γ が最も大きいとき，面CFGE

で交わることがわかる。

類題5 オリジナル問題(解答は50ページ)

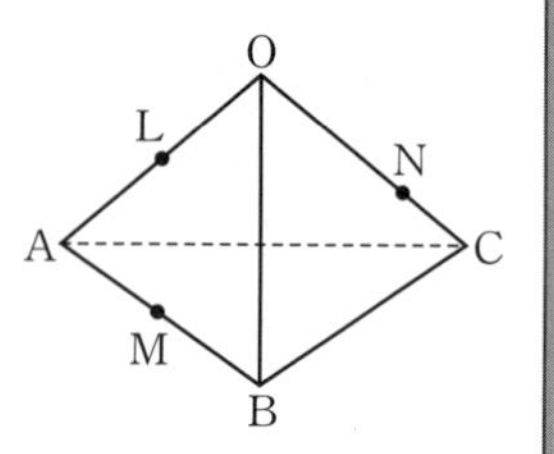

右の図のような1辺の長さが1の正四面体OABCがある。辺OA上に点L，辺AB上に点M，辺OC上に点Nがあり，点Lは辺OAの中点，点Nは辺OCを3：1に内分する点である。

平面LMNと線分BCとの交点をPとし，3点L，M，Nを通る平面で正四面体OABCを切断したときの切断面LMPNについて調べよう。

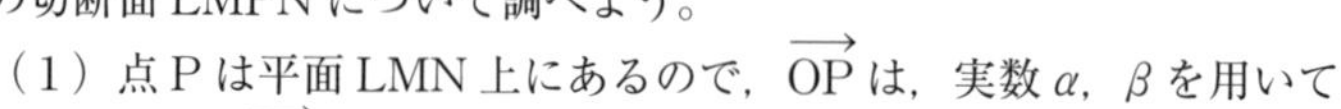

(1) 点Pは平面LMN上にあるので，$\overrightarrow{OP}$は，実数α，βを用いて

$$\overrightarrow{OP}=\boxed{ア}$$

と表すことができる。$\boxed{ア}$に当てはまる最も適当なものを，次の⓪～③のうちから一つ選べ。

⓪ $\overrightarrow{OL}+\alpha\overrightarrow{OB}+\beta\overrightarrow{OC}$　① $\overrightarrow{OA}+\alpha\overrightarrow{OB}+\beta\overrightarrow{OC}$

② $\overrightarrow{OL}+\alpha\overrightarrow{LM}+\beta\overrightarrow{LN}$　③ $\overrightarrow{OA}+\alpha\overrightarrow{LM}+\beta\overrightarrow{LN}$

よって，点Mが線分ABの中点であるとき，$\overrightarrow{OP}$をα，βと$\overrightarrow{OA}$，$\overrightarrow{OB}$，$\overrightarrow{OC}$を用いて表すと

$$\overrightarrow{OP}=\frac{\boxed{イ}-\beta}{\boxed{ウ}}\overrightarrow{OA}+\frac{\alpha}{\boxed{エ}}\overrightarrow{OB}+\frac{\boxed{オ}\beta}{\boxed{カ}}\overrightarrow{OC}$$

となり，点Pが線分BC上の点でもあることからα，βの値を求めると

$$\alpha=\frac{\boxed{キ}}{\boxed{ク}},\ \beta=\boxed{ケ}$$

である。

このとき，BP：PC＝$\boxed{コ}$：1であるから，切断面LMPNは$\boxed{サ}$である。$\boxed{サ}$に当てはまる最も適当なものを，次の⓪～④のうちから一つ選べ。

⓪ 長方形　① 平行四辺形　② 辺LMと辺NPが平行な台形

③ 辺LNと辺MPが平行な台形　④ 平行な辺をもたない四角形

以下，点Mを線分AB上(ただし，2点A，B上を除く)で動かすとする。

(2) $0<x<1$とする。AM＝x，BP＝yとしたときのxとyについて成り立つ式を，ベクトルを用いて求めてみよう。

直線LNと直線ACの交点をQとすると

$$\overrightarrow{OQ}=-\frac{\boxed{シ}}{\boxed{ス}}\overrightarrow{OA}+\frac{\boxed{セ}}{\boxed{ソ}}\overrightarrow{OC}$$

であり，点Pが線分BC上にあることから

$$\overrightarrow{AP}=\boxed{タ}\overrightarrow{AB}+\boxed{チ}\overrightarrow{AC}\ \cdots\cdots\cdots①$$

であり，点 P が線分 MQ を $z:(1-z)$ に内分する点であるとき

$$\overrightarrow{AP}=\boxed{\text{ツ}}(1-z)\overrightarrow{AB}+\frac{\boxed{\text{テ}}}{\boxed{\text{ト}}}z\overrightarrow{AC} \quad \cdots\cdots\cdots\cdots ②$$

である。$\boxed{\text{タ}}$，$\boxed{\text{チ}}$，$\boxed{\text{ツ}}$ については，当てはまるものを，次の ⓪～⑤ のうちから一つずつ選べ。ただし，同じものを繰り返し選んでもよい。

⓪ x　① $(1-x)$　② $(1+x)$

③ y　④ $(1-y)$　⑤ $(1+y)$

よって，①，②より

$$\boxed{\text{ナ}}x+\boxed{\text{ニ}}y-\boxed{\text{ヌ}}xy=3$$

である。

(3) (2)で求めた式から，x の値がわかれば y の値を求めることが可能である。点 P が辺 BC の中点となるとき，点 M は線分 AB を $\boxed{\text{ネ}}:1$ に内分する点である。

例題 6　センター試験本試

四面体OABCにおいて，OA=OB=BC=$\sqrt{2}$，OC=CA=AB=$\sqrt{3}$ である。$\vec{a}=\overrightarrow{\mathrm{OA}}$，$\vec{b}=\overrightarrow{\mathrm{OB}}$，$\vec{c}=\overrightarrow{\mathrm{OC}}$ とおく。

（1）$|\vec{a}-\vec{b}|^2=$ [ア] であり，$\vec{a}\cdot\vec{b}=\dfrac{[イ]}{[ウ]}$ である。

また，$\vec{b}\cdot\vec{c}=\dfrac{[エ]}{[オ]}$，$\vec{c}\cdot\vec{a}=$ [カ] である。

（2）直線AB上の点Pを $\overrightarrow{\mathrm{CP}}\cdot\vec{a}=0$ であるようにとると

$$\overrightarrow{\mathrm{CP}}=\frac{[キ]}{[ク]}\vec{a}+\frac{[ケ]}{[コ]}\vec{b}-\vec{c}$$

となり，点Pは線分ABを $1:\dfrac{[サ]}{[シ]}$ に内分する。

また，$\overrightarrow{\mathrm{CP}}\cdot\vec{b}=$ [ス] であり，$|\overrightarrow{\mathrm{CP}}|=\dfrac{\sqrt{[セソ]}}{[タ]}$ である。

$\overrightarrow{\mathrm{CP}}$ は三角形 [チ] の各辺と垂直であるから，直線CPは三角形 [チ] を含む平面に垂直である。ただし，[チ] については，当てはまるものを，次の⓪～③のうちから一つ選べ。

⓪ ABC　① OBC　② OAC　③ OAB

三角形 [チ] の面積は $\dfrac{\sqrt{[ツテ]}}{[ト]}$ であるから，四面体OABCの体積は

$\dfrac{[ナ]}{[ニヌ]}$ である。

解答

（1） $|\vec{a}-\vec{b}|^2=|\overrightarrow{\mathrm{BA}}|^2=3$ ◀◀答

AB=$\sqrt{3}$

であるから

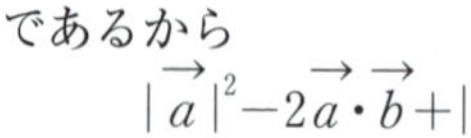

$$|\vec{a}|^2-2\vec{a}\cdot\vec{b}+|\vec{b}|^2=3$$

$$2-2\vec{a}\cdot\vec{b}+2=3$$

$|\vec{a}|=|\vec{b}|=\sqrt{2}$

$$\therefore\quad \boldsymbol{\vec{a}\cdot\vec{b}=\frac{1}{2}}$$ ◀◀答

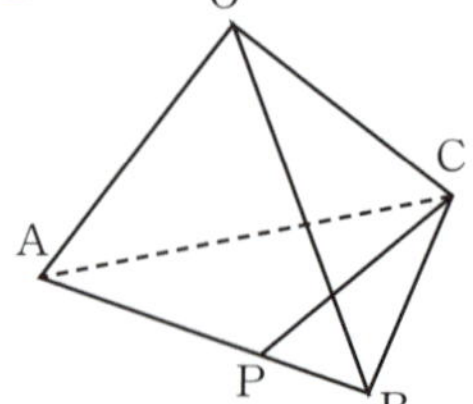

同様に

$$|\vec{b}-\vec{c}|^2=|\vec{b}|^2-2\vec{b}\cdot\vec{c}+|\vec{c}|^2=|\overrightarrow{\mathrm{CB}}|^2$$

$$2-2\vec{b}\cdot\vec{c}+3=2$$

$|\vec{c}|=\sqrt{3}$，BC=$\sqrt{2}$

$$\therefore\quad \boldsymbol{\vec{b}\cdot\vec{c}=\frac{3}{2}}$$ ◀◀答

$$|\vec{c}-\vec{a}|^2=|\vec{c}|^2-2\vec{c}\cdot\vec{a}+|\vec{a}|^2=|\overrightarrow{AC}|^2$$

$$3-2\vec{c}\cdot\vec{a}+2=3$$

$\therefore$ $\boldsymbol{\vec{c}\cdot\vec{a}=1}$ ◀◀答

CA$=\sqrt{3}$

（2） AP：PB$=t:(1-t)$ とおくと

$$\overrightarrow{OP}=(1-t)\vec{a}+t\vec{b}$$

$$\therefore\ \overrightarrow{CP}=\overrightarrow{OP}-\overrightarrow{OC}$$

$$=(1-t)\vec{a}+t\vec{b}-\vec{c}\ \cdots\cdots\cdots\cdots①$$

と表せる。よって，$\overrightarrow{CP}\cdot\vec{a}=0$ より

$$\overrightarrow{CP}\cdot\vec{a}=(1-t)|\vec{a}|^2+t\vec{b}\cdot\vec{a}-\vec{c}\cdot\vec{a}$$

$$=2(1-t)+\frac{1}{2}t-1=0\qquad\therefore\ t=\frac{2}{3}$$

$\{(1-t)\vec{a}+t\vec{b}-\vec{c}\}\cdot\vec{a}$

であるから，①より

$$\boldsymbol{\overrightarrow{CP}=\frac{1}{3}\vec{a}+\frac{2}{3}\vec{b}-\vec{c}}\ \text{◀◀答}\ \cdots\cdots\cdots②$$

また

$$\text{AP}:\text{PB}=\frac{2}{3}:\frac{1}{3}=1:\frac{1}{2}$$

すなわち，点 P は線分 AB を $\boldsymbol{1:\frac{1}{2}}$ に内分する。

次に，②より

$$\overrightarrow{CP}\cdot\vec{b}=\frac{1}{3}\vec{a}\cdot\vec{b}+\frac{2}{3}|\vec{b}|^2-\vec{b}\cdot\vec{c}$$

$$=\frac{1}{6}+\frac{4}{3}-\frac{3}{2}=\boldsymbol{0}\ \text{◀◀答}$$

$\left(\frac{1}{3}\vec{a}+\frac{2}{3}\vec{b}-\vec{c}\right)\cdot\vec{b}$

さらに

$$|\overrightarrow{CP}|^2=\frac{1}{9}|\vec{a}+2\vec{b}-3\vec{c}|^2$$

$$=\frac{1}{9}(|\vec{a}|^2+4|\vec{b}|^2+9|\vec{c}|^2+4\vec{a}\cdot\vec{b}-12\vec{b}\cdot\vec{c}-6\vec{c}\cdot\vec{a})$$

$$=\frac{1}{9}(2+8+27+2-18-6)=\frac{15}{9}$$

$\overrightarrow{CP}=\frac{1}{3}(\vec{a}+2\vec{b}-3\vec{c})$

$\therefore$ $\boldsymbol{|\overrightarrow{CP}|=\frac{\sqrt{15}}{3}}$ ◀◀答

ここで，$\overrightarrow{CP}\cdot\vec{a}=0$ かつ $\overrightarrow{CP}\cdot\vec{b}=0$ より，CP は **△OAB** を含む平面に垂直である（**③**）。◀◀答

7 ベクトル

また，△OAB の面積は

$$\triangle OAB=\frac{1}{2}\sqrt{2\cdot 2-\left(\frac{1}{2}\right)^2}=\frac{\sqrt{15}}{4}$$ ◀◀答

であるから，四面体 OABC の体積は

$$\frac{1}{3}\cdot\frac{\sqrt{15}}{4}\cdot\frac{\sqrt{15}}{3}=\frac{5}{12}$$ ◀◀答

$\frac{1}{2}\sqrt{|\vec{a}|^2|\vec{b}|^2-(\vec{a}\cdot\vec{b})^2}$

$\frac{1}{3}\cdot\triangle OAB\cdot CP$

解説

■ 平面に垂直なベクトル

$\vec{p}$ が 3 点 A，B，C で決定される平面 ABC に垂直であるためには，平面 ABC 上の平行でない 2 つのベクトルとそれぞれ垂直であればよい。したがって

$$\vec{p}\cdot\overrightarrow{AB}=0 \text{ かつ } \vec{p}\cdot\overrightarrow{AC}=0$$

であれば $\vec{p}\perp$(平面 ABC)となる。

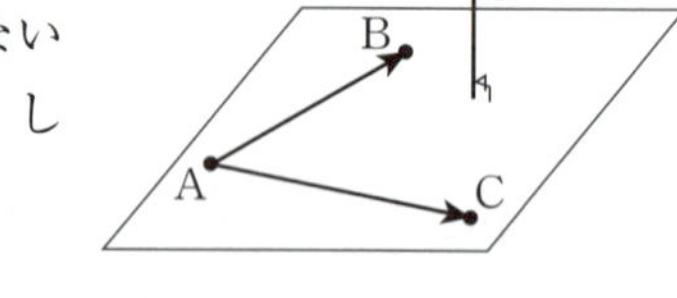

類題6 オリジナル問題(解答は52ページ)

$OA=\sqrt{2}$，$OB=2\sqrt{2}$ である四面体 OABC が

$$\overrightarrow{OA}\cdot\overrightarrow{OB}=-2,\ \overrightarrow{OB}\cdot\overrightarrow{OC}=-4,\ \overrightarrow{OC}\cdot\overrightarrow{OA}=2$$

をみたしている。点 C から △OAB を含む平面 OAB に垂線を引き，平面 OAB との交点を H とする。ここで，$\overrightarrow{OA}=\vec{a}$，$\overrightarrow{OB}=\vec{b}$，$\overrightarrow{OC}=\vec{c}$ とおく。

（1）点 H は平面 OAB 上にあるから，実数 l，m を用いて $\overrightarrow{OH}=l\vec{a}+m\vec{b}$ と表せる。CH⊥OA，CH⊥OB であるから

$$l-m=\boxed{ア},\ l-\boxed{イ}m=\boxed{ウ}$$

が成り立ち，$l=\dfrac{\boxed{エ}}{\boxed{オ}}$，$m=-\dfrac{\boxed{カ}}{\boxed{キ}}$ が得られる。したがって，

$$\overrightarrow{OH}=\frac{\boxed{エ}}{\boxed{オ}}\vec{a}-\frac{\boxed{カ}}{\boxed{キ}}\vec{b}$$ であり，$|\overrightarrow{OH}|=\dfrac{\boxed{ク}\sqrt{\boxed{ケ}}}{\boxed{コ}}$ となる。

（2）△OAB の面積は $\sqrt{\boxed{サ}}$ である。

また，△OCH の面積が $\dfrac{2\sqrt{2}}{3}$ であるとき

$$|\overrightarrow{CH}|=\frac{\boxed{シ}\sqrt{\boxed{ス}}}{\boxed{セ}},\ |\vec{c}|=\boxed{ソ}$$

であり，このとき，四面体 OABC の体積は $\dfrac{\boxed{タ}}{\boxed{チ}}$ となる。

例題 7 試行調査

四面体OABCについて，OA⊥BCが成り立つための条件を考えよう。次の問いに答えよ。ただし，$\overrightarrow{OA}=\vec{a}$，$\overrightarrow{OB}=\vec{b}$，$\overrightarrow{OC}=\vec{c}$とする。

（1）O(0, 0, 0)，A(1, 1, 0)，B(1, 0, 1)，C(0, 1, 1)のとき，$\vec{a}\cdot\vec{b}=$ ［ア］となる。$\overrightarrow{OA}\neq\vec{0}$，$\overrightarrow{BC}\neq\vec{0}$であることに注意すると，$\overrightarrow{OA}\cdot\overrightarrow{BC}=$ ［イ］によりOA⊥BCである。

（2）四面体OABCについて，OA⊥BCとなるための必要十分条件を，次の⓪～③のうちから一つ選べ。［ウ］

⓪ $\vec{a}\cdot\vec{b}=\vec{b}\cdot\vec{c}$　① $\vec{a}\cdot\vec{b}=\vec{a}\cdot\vec{c}$　② $\vec{b}\cdot\vec{c}=0$　③ $|\vec{a}|^2=\vec{b}\cdot\vec{c}$

（3）OA⊥BCが常に成り立つ四面体を，次の⓪～⑤のうちから一つ選べ。

［エ］

⓪ OA=OBかつ∠AOB=∠AOCであるような四面体OABC
① OA=OBかつ∠AOB=∠BOCであるような四面体OABC
② OB=OCかつ∠AOB=∠AOCであるような四面体OABC
③ OB=OCかつ∠AOC=∠BOCであるような四面体OABC
④ OC=OAかつ∠AOC=∠BOCであるような四面体OABC
⑤ OC=OAかつ∠AOB=∠BOCであるような四面体OABC

（4）OC=OB=AB=ACを満たす四面体OABCについて，OA⊥BCが成り立つことを下のように証明した。

【証明】
線分OAの中点をDとする。
$\overrightarrow{BD}=\frac{1}{2}($［オ］$+$［カ］$)$，$\overrightarrow{OA}=$［オ］$-$［カ］により
$\overrightarrow{BD}\cdot\overrightarrow{OA}=\frac{1}{2}\{|$［オ］$|^2-|$［カ］$|^2\}$である。
また，$|$［オ］$|=|$［カ］$|$により$\overrightarrow{OA}\cdot\overrightarrow{BD}=0$である。
同様に，［キ］により$\overrightarrow{OA}\cdot\overrightarrow{CD}=0$である。
このことから$\overrightarrow{OA}\neq\vec{0}$，$\overrightarrow{BC}\neq\vec{0}$であることに注意すると，
$\overrightarrow{OA}\cdot\overrightarrow{BC}=\overrightarrow{OA}\cdot(\overrightarrow{BD}-\overrightarrow{CD})=0$によりOA⊥BCである。

（i）［オ］，［カ］に当てはまるものを，次の⓪～③のうちからそれぞれ一つずつ選べ。ただし，同じものを選んでもよい。

⓪ $\overrightarrow{BA}$　① $\overrightarrow{BC}$　② $\overrightarrow{BD}$　③ $\overrightarrow{BO}$

（ii）［キ］に当てはまるものを，次の⓪～④のうちから一つ選べ。

⓪ $|\overrightarrow{CO}|=|\overrightarrow{CB}|$　① $|\overrightarrow{CO}|=|\overrightarrow{CA}|$　② $|\overrightarrow{OB}|=|\overrightarrow{OC}|$

③ $|\overrightarrow{AB}|=|\overrightarrow{AC}|$　④ $|\overrightarrow{BO}|=|\overrightarrow{BA}|$

（5）（4）の証明は，OC＝OB＝AB＝AC のすべての等号が成り立つことを条件として用いているわけではない。このことに注意して，OA⊥BC が成り立つ四面体を，次の⓪～③のうちから一つ選べ。［ク］

⓪ OC＝AC かつ OB＝AB かつ OB≠OC であるような四面体 OABC

① OC＝AB かつ OB＝AC かつ OC≠OB であるような四面体 OABC

② OC＝AB＝AC かつ OC≠OB であるような四面体 OABC

③ OC＝OB＝AC かつ OC≠AB であるような四面体 OABC

解答

（1）$\vec{a}\cdot\vec{b}=1\cdot1+1\cdot0+0\cdot1=1$ 答

となり

$$\overrightarrow{BC}=(0,\ 1,\ 1)-(1,\ 0,\ 1)=(-1,\ 1,\ 0)$$

より

$$\overrightarrow{OA}\cdot\overrightarrow{BC}=1\cdot(-1)+1\cdot1+0\cdot0=0$$ 答

である。

$\vec{x}=(x_1,\ x_2,\ x_3)$，$\vec{y}=(y_1,\ y_2,\ y_3)$ のとき $\vec{x}\cdot\vec{y}=x_1y_1+x_2y_2+x_3y_3$

（2）線分 OA，BC は四面体 OABC の辺より，$|\overrightarrow{OA}|\neq0$，$|\overrightarrow{BC}|\neq0$ としてよく

$$\begin{aligned}\overrightarrow{OA}\cdot\overrightarrow{BC}&=\overrightarrow{OA}\cdot(\overrightarrow{OC}-\overrightarrow{OB})\\&=\overrightarrow{OA}\cdot\overrightarrow{OC}-\overrightarrow{OA}\cdot\overrightarrow{OB}\\&=\vec{a}\cdot\vec{c}-\vec{a}\cdot\vec{b}\end{aligned}$$

であり，$\overrightarrow{OA}\cdot\overrightarrow{BC}=0$ より

$$\vec{a}\cdot\vec{c}-\vec{a}\cdot\vec{b}=0 \qquad \therefore\ \vec{a}\cdot\vec{c}=\vec{a}\cdot\vec{b}$$

であるから，OA⊥BC となるための必要十分条件は，**$\vec{a}\cdot\vec{b}=\vec{a}\cdot\vec{c}$** である。（①） 答

（3）$\vec{a}\cdot\vec{b}=\vec{a}\cdot\vec{c}$ より

$$|\vec{a}||\vec{b}|\cos\angle AOB=|\vec{a}||\vec{c}|\cos\angle AOC$$

であり，$|\vec{a}|\neq0$ より

$$|\vec{b}|\cos\angle AOB=|\vec{c}|\cos\angle AOC$$

であるから

OB＝OC かつ ∠AOB＝∠AOC であるような四面体 OABC

では，OA⊥BC が常に成り立つ。(②) 

(4) (i) 線分 OA の中点を D とすると

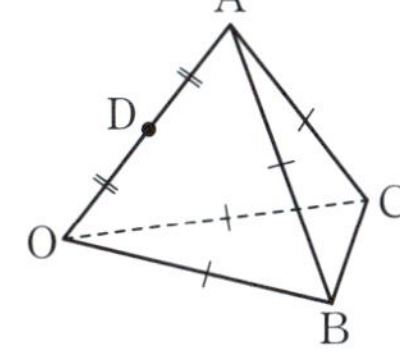

$$\overrightarrow{\mathrm{BD}}=\frac{1}{2}(\overrightarrow{\mathrm{BA}}+\overrightarrow{\mathrm{BO}})$$

(⓪，③) 答

$$\overrightarrow{\mathrm{OA}}=\overrightarrow{\mathrm{BA}}-\overrightarrow{\mathrm{BO}}$$

より

$$\overrightarrow{\mathrm{BD}}\cdot\overrightarrow{\mathrm{OA}}=\frac{1}{2}(\overrightarrow{\mathrm{BA}}+\overrightarrow{\mathrm{BO}})\cdot(\overrightarrow{\mathrm{BA}}-\overrightarrow{\mathrm{BO}})$$

$$=\frac{1}{2}\left\{|\overrightarrow{\mathrm{BA}}|^2-|\overrightarrow{\mathrm{BO}}|^2\right\}$$

である。また，$|\overrightarrow{\mathrm{BA}}|=|\overrightarrow{\mathrm{BO}}|$ より

$$\frac{1}{2}\left\{|\overrightarrow{\mathrm{BA}}|^2-|\overrightarrow{\mathrm{BO}}|^2\right\}=0$$

すなわち

$$\overrightarrow{\mathrm{OA}}\cdot\overrightarrow{\mathrm{BD}}=0$$

である。

(ii) 同様に

$$|\overrightarrow{\mathrm{CO}}|=|\overrightarrow{\mathrm{CA}}|$$ (①) 答

により

$$|\overrightarrow{\mathrm{CA}}|^2-|\overrightarrow{\mathrm{CO}}|^2=0$$

$$\frac{1}{2}\left\{|\overrightarrow{\mathrm{CA}}|^2-|\overrightarrow{\mathrm{CO}}|^2\right\}=0$$

$$\frac{1}{2}(\overrightarrow{\mathrm{CA}}+\overrightarrow{\mathrm{CO}})\cdot(\overrightarrow{\mathrm{CA}}-\overrightarrow{\mathrm{CO}})=0$$

$$\overrightarrow{\mathrm{CD}}\cdot\overrightarrow{\mathrm{AO}}=0$$

すなわち $\overrightarrow{\mathrm{OA}}\cdot\overrightarrow{\mathrm{CD}}=0$ である。

(5) (4)の証明で用いているのは

$|\overrightarrow{\mathrm{BA}}|=|\overrightarrow{\mathrm{BO}}|$ ……………………①

$|\overrightarrow{\mathrm{CO}}|=|\overrightarrow{\mathrm{CA}}|$ ……………………②

であり

OB＝OC

でなくても，①，②が成り立つならば

OA⊥BC

$|\vec{b}|=|\vec{c}|$ かつ
cos∠AOB＝cos∠AOC
であれば
$\vec{a}\cdot\vec{b}=\vec{a}\cdot\vec{c}$ である。

$|\overrightarrow{\mathrm{BA}}|=|\overrightarrow{\mathrm{BO}}|$ から
$\overrightarrow{\mathrm{OA}}\cdot\overrightarrow{\mathrm{BD}}=0$
と $|\overrightarrow{\mathrm{CO}}|=|\overrightarrow{\mathrm{CA}}|$ から
$\overrightarrow{\mathrm{OA}}\cdot\overrightarrow{\mathrm{CD}}=0$
が対応する。

7 ベクトル

となるので，OA⊥BC が成り立つ四面体は

OC＝AC かつ OB＝AB かつ

OB≠OC であるような四面体 OABC (**)**

◀◀答

である。

解説

■ 四面体 OABC について OA⊥BC が成り立つための条件

本問では，四面体 OABC について OA⊥BC が成り立つための条件を

OB＝OC かつ ∠AOB＝∠AOC

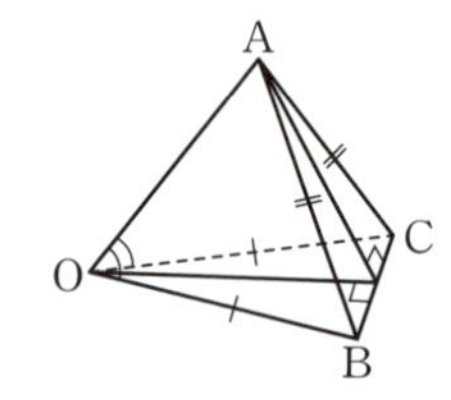

すなわち

OB＝OC かつ AB＝AC

と

OC＝AC かつ OB＝AB

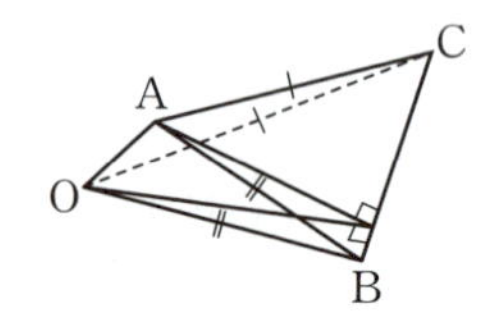

すなわち

△OBC≡△ABC

の 2 通りで表現している。

いずれの場合も

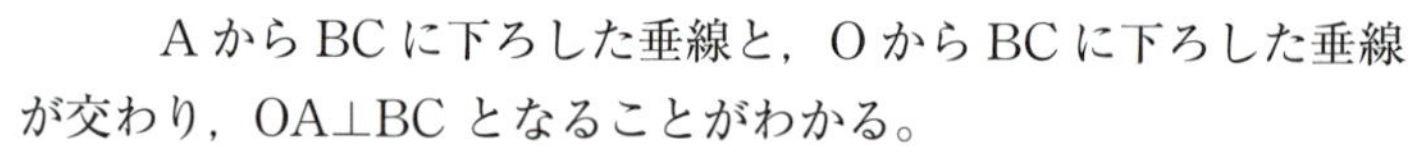

A から BC に下ろした垂線と，O から BC に下ろした垂線

が交わり，OA⊥BC となることがわかる。

本問では，(1)で具体的に 4 点 O，A，B，C が決まっている場合について考察し，「(2)と(3)」，「(4)と(5)」で，OA⊥BC が成り立つときについて，それぞれ異なる条件を導き出していることがポイントであり，共通テストの対策にあたっては，1 つの図形に対していろいろな見方ができるようにしておくことが大切である。

類題7 オリジナル問題（解答は53ページ）

四面体 OABC について，OA⊥(平面 OBC) が成り立つための条件を考えよう。

（1）O(0, 0, 0)，A(1, 2, 3)，B(x, y, 0)，C($-x$, y, 1) において，OA⊥(平面 OBC) が成り立つときの x，y の値を求めると

$$x=\frac{\boxed{ア}}{\boxed{イ}},\quad y=\frac{\boxed{ウエ}}{\boxed{オ}}$$

である。

（2）四面体 OABC について，OA⊥(平面 OBC) となるための必要十分条件を，次の ⓪～⑤ のうちから**すべて選べ**。 カ

⓪ $\overrightarrow{OA}\cdot\overrightarrow{AC}=0$ かつ $\overrightarrow{OA}\cdot\overrightarrow{AB}=0$

① $\overrightarrow{OA}\cdot\overrightarrow{OB}=0$ かつ $\overrightarrow{OA}\cdot\overrightarrow{BC}=0$

② $\overrightarrow{OA}\cdot\overrightarrow{BC}=0$ かつ $\overrightarrow{OA}\cdot\overrightarrow{AB}=0$

③ $\overrightarrow{OA}\cdot\overrightarrow{OC}=0$ かつ $\overrightarrow{OA}\cdot\overrightarrow{BC}=0$

④ $|\overrightarrow{OA}|=|\overrightarrow{OB}|=|\overrightarrow{OC}|$ かつ $\overrightarrow{OA}\cdot\overrightarrow{BC}=0$

⑤ $|\overrightarrow{OA}|=|\overrightarrow{OB}|=|\overrightarrow{OC}|$ かつ $|\overrightarrow{AB}|=|\overrightarrow{AC}|=|\overrightarrow{BC}|$

（3）OA⊥(平面 OBC) が成り立つ四面体を，次の ⓪～③ のうちから**すべて選べ**。 キ

⓪ OA⊥BC かつ $\sqrt{2}$AB=OA かつ ∠OAB=45° であるような四面体 OABC

① OA⊥BC かつ AB=$\sqrt{2}$OA かつ ∠OAB=45° であるような四面体 OABC

② OA=BC=2，OB=OC=$\sqrt{5}$，AB=AC=3 であるような四面体 OABC

③ OA=BC=2，OB=OC=AB=AC=$\sqrt{5}$ であるような四面体 OABC

模擬試験

共通テスト対策

受験生を応援！

学習診断

https://service.zkai.co.jp/books/k-test/

時間配分を意識した演習のために,模擬試験1回分を用意した。実際の共通テストを想定した構成にしているので,60分を解答目安時間として取り組んでみてほしい。なお,数学Ｂは数列とベクトルの問題のみを掲載している。

数学Ⅱ・数学B

第1問 (配点 30)

〔1〕太郎さんと花子さんは，プレゼント用に，1本100円で重さが10gのボールペンAと1本75円で重さが20gのボールペンBを，ボールペンの代金の合計は5000円以下，ボールペンの重さの合計は1000g以下になるように箱に詰めることにした。箱に詰めるボールペンAの本数をx，ボールペンBの本数をyとする。

このとき，x，yは次の条件①，②を満たす必要がある。

ボールペンの代金についての条件　[ア]　……………①

ボールペンの重さについての条件　[イ]　……………②

[ア]，[イ]に当てはまる式を，次の各解答群のうちから一つずつ選べ。

[ア]の解答群

⓪ $4x+3y \leqq 200$　① $4x+3y \geqq 200$

② $3x+4y \leqq 200$　③ $3x+4y \geqq 200$

[イ]の解答群

⓪ $2x+y \leqq 100$　① $2x+y \geqq 100$

② $x+2y \leqq 100$　③ $x+2y \geqq 100$

（1）太郎さんは，箱に詰めるボールペンの本数をなるべく多くしたいと考えた。このとき，箱に詰めるボールペンの本数の最大値は［ウエ］本である。

（2）花子さんは，ボールペンAの本数がボールペンBの本数の2倍以上になるようにしたうえで，箱に詰めるボールペンの本数をなるべく多くしたいと考えた。このとき，条件①，②に加えて，次の条件を満たす必要がある。

ボールペンの本数についての条件　［オ］

［オ］に当てはまる式を，次の⓪～③のうちから一つ選べ。

⓪ $x \geqq 2y$　① $x \leqq 2y$　② $2x \geqq y$　③ $2x \leqq y$

このとき，箱に詰めるボールペンの本数の最大値は［カキ］本である。

〔2〕花子さんがある地点から観覧車を眺めていたところ，観覧車のゴンドラは，地面から1mの高さにある乗降場を最低地点とする半径20mの円周上を時計回りに回転しながら，12分間でちょうど1周していることに気づいた。また，観覧車のゴンドラは全部で24台で，半径20mの円周上に等間隔に並んでおり，反時計回りに1から順に24まで番号が振られている。このとき，次の問いに答えよ。

（1）乗降場を出発してから t 分後のゴンドラの地面からの高さ h (m)は

$$h = \boxed{クケ} - \boxed{コサ}\cos\boxed{シ}$$

で表される。$\boxed{クケ}$，$\boxed{コサ}$ に当てはまる数を求めよ。また，$\boxed{シ}$ に当てはまるものを，次の⓪～⑧のうちから一つ選べ。

⓪ $\frac{\pi}{12}(t-1)$　① $\frac{\pi}{12}t$　② $\frac{\pi}{12}(t+1)$

③ $\frac{\pi}{6}(t-1)$　④ $\frac{\pi}{6}t$　⑤ $\frac{\pi}{6}(t+1)$

⑥ $\frac{\pi}{3}(t-1)$　⑦ $\frac{\pi}{3}t$　⑧ $\frac{\pi}{3}(t+1)$

（2）1番のゴンドラが1周する間に，1番のゴンドラと3番のゴンドラの地面からの高さが同じになるときは2回あり，高さが同じになるときのそれぞれの地面からの高さを求めると

$$\boxed{クケ} - \boxed{ス}\sqrt{\boxed{セ}}\left(\sqrt{\boxed{ソ}} + \boxed{タ}\right)\text{m}$$

と

$$\boxed{クケ} + \boxed{チ}\sqrt{\boxed{ツ}}\left(\sqrt{\boxed{テ}} + \boxed{ト}\right)\text{m}$$

である。

また，ゴンドラが1周する間で，ゴンドラの地面からの高さが16mより高くなっている時間を T 分間とすると，T は $\boxed{ナ}$ を満たす。$\boxed{ナ}$ に当てはまるものを，次の⓪～⑤のうちから一つ選べ。

⓪ $4 < T < 5$　① $5 < T < 6$　② $6 < T < 7$

③ $7 < T < 8$　④ $8 < T < 9$　⑤ $9 < T < 10$

〔3〕ある薬Dの有効成分について，薬Dを1錠服用すると，1時間後には，体内残量が80％に減少することがわかっている。つまり，薬Dを1錠服用してからn時間後の有効成分の体内残量は$\left(\frac{4}{5}\right)^n$である。

このとき，次の問いに答えよ。ただし，必要であれば$\log_{10}2=0.3010$を用いてよい。

（1）薬Dを1錠服用してからの有効成分の体内残量が25％よりも少なくなるのは，薬Dを1錠服用してから6時間x分後である。xの値について正しいものを，次の⓪～⑤のうちから一つ選べ。［ニ］

⓪ $10 \leqq x < 11$　① $11 \leqq x < 12$　② $12 \leqq x < 13$

③ $13 \leqq x < 14$　④ $14 \leqq x < 15$　⑤ $15 \leqq x < 16$

（2）薬Dを1錠服用してから24時間後の有効成分の体内残量はy％である。yの値について正しいものを，次の⓪～⑤のうちから一つ選べ。

［ヌ］

⓪ $0 < y < 0.25$　① $0.25 \leqq y < 0.5$　② $0.5 \leqq y < 0.75$

③ $0.75 \leqq y < 1$　④ $1 \leqq y < 1.25$　⑤ $1.25 \leqq y < 1.5$

第2問 （配点　30）

〔1〕太郎さんと花子さんは，半径１の球に内接する正三角錐 P の体積 V が最大になるときについて考えることにした。正三角錐とは，底面が正三角形で側面が二等辺三角形の角錐である。また，正三角錐のすべての頂点が同じ球の球面上にあるとき，正三角錐は球に内接しているという。次の問いに答えよ。

（1）太郎さんは，正三角形の面を底面としたときの正三角錐 P の高さを h とおき，V を h の式で表して V が最大になるときについて考えることにした。このとき，$h \geqq 1$ であり

$$V = \frac{\sqrt{3}}{\boxed{\text{ア}}}\left(\boxed{\text{イ}}\,h^3 + \boxed{\text{ウ}}\,h^2\right)$$

である。

（2）花子さんは，正三角錐 P の底面の正三角形の1辺の長さを x とおき，V を x の式で表して V が最大になるときについて考えることにした。このとき，$x \leqq \sqrt{3}$ であり

$$V=\frac{\sqrt{3}}{\boxed{\text{エオ}}}x^2\left(1+\sqrt{1-\frac{\boxed{\text{カ}}}{\boxed{\text{キ}}}x^2}\right)$$

において $y=\sqrt{1-\frac{\boxed{\text{カ}}}{\boxed{\text{キ}}}x^2}$ とおくと

$$V=\frac{\sqrt{3}}{\boxed{\text{ア}}}\left(\boxed{\text{ク}}\,y^3-y^2+y+\boxed{\text{ケ}}\right)$$

である。

（3）太郎さんと花子さんが考えた方針から，V の最大値は

$\dfrac{\boxed{\text{コ}}\sqrt{\boxed{\text{サ}}}}{\boxed{\text{シス}}}$ であり，V が最大になるときの正三角錐 P の側面の二等辺三角形の等しい2辺の長さは $\dfrac{\boxed{\text{セ}}\sqrt{\boxed{\text{ソ}}}}{\boxed{\text{タ}}}$ である。

〔2〕太郎さんと花子さんは，次の問題について話している。二人の会話を読んで，次の問いに答えよ。

問題

整式 $P(x)$ を x^3 の係数が 1 である x の 3 次式とする。整式 $P(x)$ を $(x-2)^2$ で割ったときの余りが $5x-1$ であり，$x+1$ で割ったときの余りが 12 であるとき，$P(x)$ を $(x-2)^2(x+1)$ で割ったときの余りを求めよ。

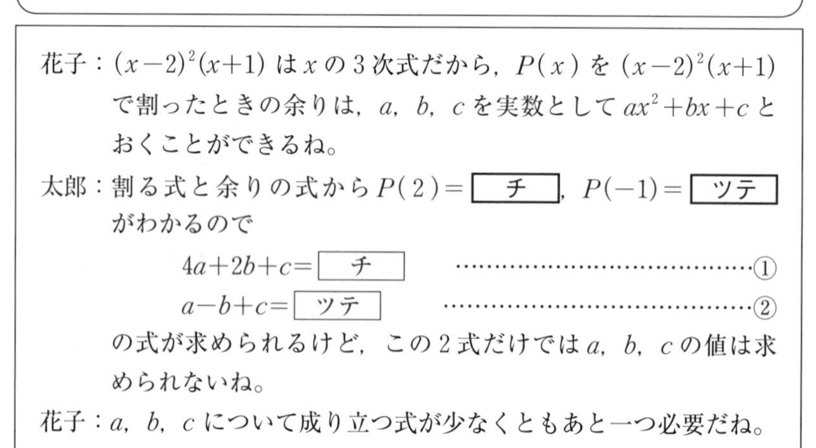

花子：$(x-2)^2(x+1)$ は x の 3 次式だから，$P(x)$ を $(x-2)^2(x+1)$ で割ったときの余りは，a，b，c を実数として ax^2+bx+c とおくことができるね。

太郎：割る式と余りの式から $P(2)=$ [チ]，$P(-1)=$ [ツテ] がわかるので

$4a+2b+c=$ [チ] ……①

$a-b+c=$ [ツテ] ……②

の式が求められるけど，この 2 式だけでは a，b，c の値は求められないね。

花子：a，b，c について成り立つ式が少なくともあと一つ必要だね。

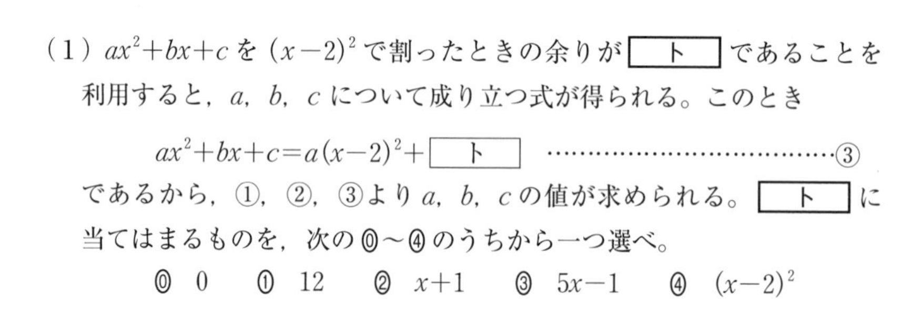

（1）ax^2+bx+c を $(x-2)^2$ で割ったときの余りが [ト] であることを利用すると，a，b，c について成り立つ式が得られる。このとき

$ax^2+bx+c=a(x-2)^2+$ [ト] ……③

であるから，①，②，③より a，b，c の値が求められる。[ト] に当てはまるものを，次の⓪～④のうちから一つ選べ。

⓪ 0　① 12　② $x+1$　③ $5x-1$　④ $(x-2)^2$

（2）$P(x)$ を微分した式を利用すると，a，b，c について成り立つ式が得られる。このとき

$P'(2)=$ ナ ……………………………………………④

であるから，①，②，④より a，b，c の値が求められる。

（3）$P(x)$ を $(x-2)^2(x+1)$ で割ったときの余りを求めると

ニ x^2- ヌ $x+$ ネ

である。

第3問 (配点　20)

太郎さんと花子さんは，数列の漸化式に関するいろいろな問題について話している。二人の会話を読んで，下の問いに答えよ。

(1)

> 問題A 次のように定められた数列 $\{a_n\}$ の一般項を求めよ。
>
> $$a_1=1,\ a_{n+1}=2a_n+3^n\quad (n=1,\ 2,\ 3,\ \cdots)$$

> 花子：この数列の一般項はどうやって求めればいいのかな。
>
> 太郎：$a_{n+1}=2a_n+3^n$ の両辺を [ア] で割ると，数列 $\{b_n\}$ を用いて $b_{n+1}=b_n+f(n)$ の形になり，両辺を [イ] で割ると，数列 $\{c_n\}$ を用いて $c_{n+1}=pc_n+q$ (p, q は実数) の形になるよ。

[ア], [イ] に当てはまる最も適当なものを，次の⓪～⑤のうちから一つずつ選べ。

⓪ 2　① $2n$　② 2^{n+1}

③ 3　④ $3n$　⑤ 3^{n+1}

そして，数列 $\{a_n\}$ の一般項を求めると

$$a_n=\boxed{ウ}^n-\boxed{エ}^n$$

である。

(2) 次のように定められた数列 $\{d_n\}$ がある。

$$d_1=4,\ d_{n+1}=\frac{1}{5}d_n+\frac{3}{2^{n+1}}\quad (n=1,\ 2,\ 3,\ \cdots)$$

数列 $\{d_n\}$ の一般項を求めよ。

$$d_n=\frac{\boxed{オ}}{\boxed{カ}^n}+\frac{\boxed{キ}}{\boxed{カ}\cdot\boxed{ク}^{n-1}}$$

花子：漸化式の両辺に同じ式をかけたり，同じ式で割ったりすることで，数列の一般項が求められる形に変形できるんだね。

太郎：二項間の関係がわかりやすくなるようにうまく変形すればいいんだね。

[問題B] 次のように定められた数列 $\{e_n\}$ の一般項を求めよ。

$$e_1=1,\ (n+2)e_{n+1}=ne_n\quad (n=1,\ 2,\ 3,\ \cdots)$$

花子：この漸化式も両辺に同じ式をかけたり，同じ式で割ったりすればいいのかな。

太郎：両辺に [ケ] をかけると，数列 $\{f_n\}$ を用いて $f_{n+1}=f_n$ の形になるよ。

（3）[ケ] に当てはまる最も適当なものを，次の⓪～③のうちから一つ選べ。

⓪ $n-1$　① n　② $n+1$　③ $(n+1)^2$

そして，数列 $\{e_n\}$ の一般項を求めると

$$e_n=\frac{\boxed{コ}}{n(n+\boxed{サ})}$$

である。

（4）次のように定められた数列 $\{g_n\}$ がある。

$$g_1=1,\ ng_{n+1}=(n+3)g_n\quad (n=1,\ 2,\ 3,\ \cdots)$$

数列 $\{g_n\}$ の一般項を求めよ。ただし，[シ] < [ス] とする。

$$g_n=\frac{n(n+\boxed{シ})(n+\boxed{ス})}{\boxed{セ}}$$

第4問 （配点　20）

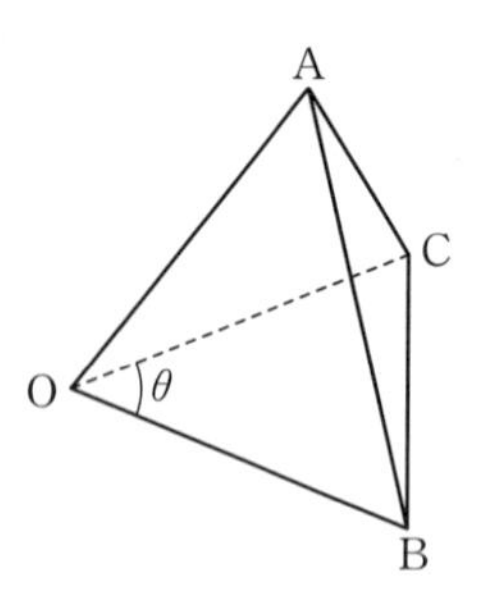

$OA=AB=BO=AC=CO=1$ で，$\angle BOC=\theta$ を満たす四面体 OABC がある。頂点 A から平面 OBC に引いた垂線と平面 OBC との交点を P，直線 OP と線分 BC の交点を D とする。このとき，点 P の位置について調べたい。

（1）$\theta=\dfrac{\pi}{6}$ のとき

$$\overrightarrow{OA}\cdot\overrightarrow{OB}=\overrightarrow{OA}\cdot\overrightarrow{OC}=\frac{\boxed{\text{ア}}}{\boxed{\text{イ}}}$$

$$\overrightarrow{OB}\cdot\overrightarrow{OC}=\frac{\sqrt{\boxed{\text{ウ}}}}{\boxed{\text{エ}}}$$

であるから，$\overrightarrow{OB}\cdot\overrightarrow{AP}=\overrightarrow{OC}\cdot\overrightarrow{AP}=0$ より

$$\overrightarrow{OP}=\left(\boxed{\text{オ}}-\sqrt{\boxed{\text{カ}}}\right)(\overrightarrow{OB}+\overrightarrow{OC})$$

であり，線分 OD の中点を M，△OBC の重心を G としたときに，5 点 O，P，M，G，D は $\boxed{\text{キ}}$ の順に並ぶことがわかる。$\boxed{\text{キ}}$ に当てはまるものを，次の ⓪～⑤ のうちから一つ選べ。

⓪　O→G→M→P→D　　①　O→G→P→M→D
②　O→M→G→P→D　　③　O→M→P→G→D
④　O→P→G→M→D　　⑤　O→P→M→G→D

（2）
$$\overrightarrow{OP}=\frac{1}{\boxed{\text{ク}}\left(\boxed{\text{ケ}}+\cos\theta\right)}(\overrightarrow{OB}+\overrightarrow{OC})$$

であるから，4 点 O，A，B，C によって四面体 OABC がつくられることに注意して θ のとり得る値の範囲を求めると

$$0<\theta<\frac{\boxed{\text{コ}}}{\boxed{\text{サ}}}\pi$$

である。

以下，$0<\theta<\dfrac{\boxed{\text{コ}}}{\boxed{\text{サ}}}\pi$ として，点 P の位置について調べる。

（3）OP＝AP を満たすときの θ の値を求めると

$$\theta = \frac{\pi}{\boxed{\text{シ}}}$$

である。

（4）θ の値を 0 から $\dfrac{\boxed{\text{コ}}}{\boxed{\text{サ}}}\pi$ まで変化させたときの点 D や点 P の位置についての記述として**誤っているもの**を，次の ⓪～③ のうちから一つ選べ。 $\boxed{\text{ス}}$

⓪ 点 D は常に辺 BC の中点である。

① 点 P は三角形 OBC の外部にある場合もある。

② 点 P が三角形 OBC の外接円の中心となるのは $\theta = \frac{\pi}{3}$ の場合に限られる。

③ 点 P は直線 OD 上を，点 O との距離が長くなるように移動する。

【MEMO】

【MEMO】

ハイスコア！共通テスト攻略　数学Ⅱ・B　新装版

2019年7月10日　初版第1刷発行
2021年7月10日　新装版第1刷発行

編者　Z会編集部
発行人　藤井孝昭
発行　Z会
〒411-0033 静岡県三島市文教町1-9-11
【販売部門：書籍の乱丁・落丁・返品・交換・注文】
TEL 055-976-9095
【書籍の内容に関するお問い合わせ】
https://www.zkai.co.jp/books/contact/
【ホームページ】
https://www.zkai.co.jp/books/
装丁　犬飼奈央
印刷・製本　大日本法令印刷株式会社

ISBN978-4-86531-419-9 C7041

Z-KAI

ハイスコア！

共通テスト攻略

数学Ⅱ・B

新装版

別冊解答

目次

整式・高次方程式

類題1

問題は22ページ

（1）太郎さんの予想にそって①の左辺を変形していくと

$$x^3+y^3+z^3-3xyz$$
$$=(x+y+z)(x^2+y^2+z^2-xy-yz-zx)$$
$$=\frac{1}{2}(x+y+z)(2x^2+2y^2+2z^2-2xy-2yz-2zx)$$
$$=\frac{1}{2}(x+y+z)\{(x^2+y^2-2xy)+(y^2+z^2-2yz)+(z^2+x^2-2zx)\}$$
$$=\frac{1}{2}(x+y+z)\{(x-y)^2+(y-z)^2+(z-x)^2\}\ (③)$$

答

$\frac{1}{2}(x+y+z)$ ア より，$(x+y+z)$ を因数にもつことがわかる。

であり，花子さんの予想にそって式を変形していくと

$$2X+2Y \geqq 4\sqrt{XY}$$
$$x^3+y^3+z^3+p \geqq 2X+2Y \geqq 4\sqrt{XY}$$
$$4p \geqq 4\sqrt{XY}$$
$$p \geqq \sqrt{XY}\ (⓪)$$

答

である。

$x^3+y^3+z^3=3p$ より。

（2）太郎さんの予想において

$$x^3+y^3+z^3-3xyz$$
$$=\frac{1}{2}(x+y+z)\{(x-y)^2+(y-z)^2+(z-x)^2\}$$

である。ここで，$x=y=z$ のとき，

$x^3+y^3+z^3-3xyz=0$ より，$x^3+y^3+z^3-3xyz \geqq 0$ ならば

$$x+y+z \geqq 0$$

は「偽」であり，$x+y+z \geqq 0$ ならば

$$x^3+y^3+z^3-3xyz \geqq 0$$

は「真」であるから，太郎さんの予想は十分条件である。

花子さんの予想において，$x>0$，$y>0$，$z>0$ ならば

$$x^3+y^3+z^3-3xyz \geqq 0$$

花子さんの予想において $p \geqq \sqrt{XY}$ から先は

$$p^4 \geqq X^2Y^2$$
$$p^4 \geqq x^3y^3z^3p$$
$$p^3 \geqq x^3y^3z^3$$
$$p \geqq xyz$$
$$3p \geqq 3xyz$$
$$x^3+y^3+z^3-3xyz \geqq 0$$

となる。

は「真」であるが，たとえば $x=-1$，$y=1$，$z=1$ とすると

$$x^3+y^3+z^3-3xyz=-1+1+1+3=4\geqq 0$$

となることより，$x^3+y^3+z^3-3xyz\geqq 0$ ならば

$$x>0,\ y>0,\ z>0$$

は「偽」であるから，花子さんの予想は十分条件であるが必要条件ではない。

よって，2人の予想について正しく述べているものは⓪である。 ◀◀答

$x^3+y^3+z^3-3xyz\geqq 0$ ならば，$x>0$，$y>0$，$z>0$ が「偽」であることを示すためには，反例を1つ挙げればよい。

（3）太郎さんの予想から等号が成り立つ条件を考えると

$$\frac{1}{2}(x+y+z)\{(x-y)^2+(y-z)^2+(z-x)^2\}=0$$

より，不等式①の等号が成立するような x，y，z の値の組として正しいものは

$x+y+z=0$ （⓪） ◀◀答

$x=y=z$ （③） ◀◀答

① は，$x=y=1$，$z=-\frac{1}{2}$

② は，$x=y=1$，$z=0$

などで等号が成立しない。

類題2

問題は26ページ

$$\begin{aligned}A-B&=2x^2+(2a-2b-4)x-2ab-4a\\&=2\{x^2+(a-b-2)x-a(b+2)\}\\&=2(x+a)(x-b-2)\end{aligned}$$ ◀◀答 ………①

（1）A を $x-1$ で割ったときの余りは，剰余の定理より

$$1-2a+(b+2)+a-1$$
$$=-a+b+2$$ ◀◀答

A に $x=1$ を代入する。

B を $x-1$ で割ったときの余りは，剰余の定理より

$$1-2(a+1)-(2a-3b-6)+2ab+5a-1$$
$$=2ab+a+3b+4$$ ◀◀答

B に $x=1$ を代入する。

となるから，A，B がともに $x-1$ で割り切れるとき

$-a+b+2=0$ ………②

$2ab+a+3b+4=0$ ………③

②から

$$b=a-2$$

これを③に代入すると

$2a(a-2)+a+3(a-2)+4=0$

$2a^2-2=0$

$\therefore \quad a=\pm1$

したがって

$(a, b)=(1, -1)$ または $(-1, -3)$ ◀◀答

この結果を①に代入すると，どちらの場合にも

$A-B=2(x-1)(x+1)$ ◀◀答

となるから，$A-B$ も $x-1$ で割り切れる。

（**2**）$a=-1$，$b=0$ のとき，①より

$A-B=2(x-1)(x-2)$

であるから $A-B$ は $x-1$ で割り切れるが，A を $x-1$ で割った余りは

$-(-1)+0+2=3$

となるので，A は $x-1$ で割り切れない。

また，（1）より，A，B がともに $x-1$ で割り切れるとき，$A-B$ も $x-1$ で割り切れる。

よって，$A-B$ が $x-1$ で割り切れることは A，B がともに $x-1$ で割り切れるための**必要条件であるが，十分条件ではない**（①）。◀◀答

$b=a-2$ に $a=\pm1$ を代入。

$A-B=2(x-a)(x+a)$

$A-B$ が $x-1$ で割り切れるとき，①より

$a=-1$ または $b=-1$

$-a+b+2$ に $a=-1$，$b=0$ を代入。

類題3

問題は30ページ

$f(x)=x^4+ax^3+bx^2+cx+d$ とおく。①が $x=1+2i$ を解にもつとき，$x=1-2i$ も①の解であるから，$f(x)$ は

$\{x-(1+2i)\}\{x-(1-2i)\}$

$=\{(x-1)-2i\}\{(x-1)+2i\}$

$=(x-1)^2+2^2$

$=x^2-2x+5$

で割り切れる。そのときの商は x^2+px+q とおくことができるから

$$f(x)=(x^2-2x+5)(x^2+px+q)$$
$$=x^4+(p-2)x^3+(-2p+q+5)x^2+(5p-2q)x+5q$$

となる。したがって

$a=p-2$ ……………………………………②

共役な複素数も解となる。

各項の係数を比較する。

$b=-2p+q+5$ ……………………………③

$c=5p-2q$ ……………………………④

$d=5q$ ……………………………⑤

②，③から

$p=a+2,\ q=2a+b-1$ ……………………⑥

よって

$f(x)=(\boldsymbol{x^2-2x+5})\{\boldsymbol{x^2+(a+2)x+2a+b-1}\}$

となる。 答

⑥を④，⑤に代入すると，それぞれ

$c=5(a+2)-2(2a+b-1)$

$=\boldsymbol{a-2b+12}$ 答

$d=5(2a+b-1)$

$=10a+5b-5$

方程式①が異なる2つの実数解をもつのは

$x^2+(a+2)x+2a+b-1=0$

が異なる2つの実数解をもつときであるから，この方程式の判別式 D が $D>0$ をみたせばよい。

$D=(a+2)^2-4(2a+b-1)$

$=a^2-4a-4b+8>0$

であるから

$4b<a^2-4a+8$

$4b<(a-2)^2+4$

$b<\dfrac{1}{4}(a-2)^2+1$

となり，a の値に関係なくこの不等式が成り立つのは

$\boldsymbol{b<1}$ 答

のときである。

$q=2p+b-5$

$=2(a+2)+b-5$

$=2a+b-1$

残りの2解は

$1+2i,\ 1-2i$

$\dfrac{1}{4}(a-2)^2+1\geqq 1$

2 図形と方程式

類題1

問題は44ページ

(1) $k=1$ のとき，①，②はそれぞれ

$$x-y=0,\ x+y=2$$

であるから，①と②の交点の座標は

(1，1) ◀◀答

である。

また，③を a について整理すると

$$(2a+3)x+ay=1 \qquad \therefore \quad (2x+y)a+3x-1=0$$

であるから

$$2x+y=0,\ 3x-1=0 \qquad \therefore \quad x=\frac{1}{3},\ y=-\frac{2}{3}$$

$2x+y=0$，$3x-1=0$ のとき，a の値に関係なく $(2x+y)a+3x-1=0$ が成り立つ。

より，③は a の値に関係なく

点 $\left(\frac{1}{3},\ \frac{-2}{3}\right)$ ◀◀答

を通る。

そして，3直線①，②，③が1点で交わるのは，直線③が点 (1，1) を通るときであるから，このときの a の値は

直線①と②の交点が (1，1) と決まっているので，直線③が点 (1，1) を通るときしかない。

$$2a+3+a=1 \qquad \boldsymbol{a=\frac{-2}{3}}$$ ◀◀答

であり，3直線①，②，③で囲まれた部分が三角形にならないのは

直線①と②は異なる直線であり，点 (1，1) で交わるので平行ではない。

(i) 直線①と③が平行のとき

(ii) 直線②と③が平行のとき

のいずれかであるから，このときの a の値を求めると

(i)のとき，$1\cdot a-(2a+3)\cdot(-1)=0$ より

$\boldsymbol{a=-1}$ ◀◀答

(ii)のとき，$1\cdot a-(2a+3)\cdot 1=0$ より

$\boldsymbol{a=-3}$ ◀◀答

である。

（2）直線①は

$$y=\frac{1}{k}x$$

直線②は

$$y=-\frac{1}{k}x+2$$

であり，交点の座標は

$$\frac{1}{k}x=-\frac{1}{k}x+2 \qquad \therefore \quad x=k$$

より $(k,\ 1)$ であるから，2 直線①と②は，

直線 $y=1$ に関して線対称（③）《答

である。

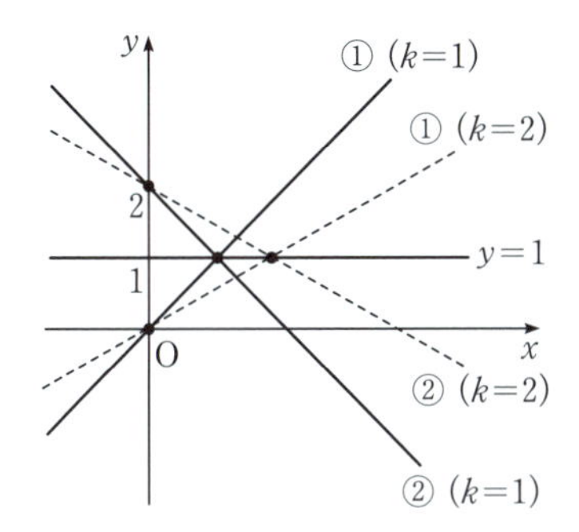

そして，直線②と③が同じ直線になるときを考えると，直線②が点$\left(\frac{1}{3},\ -\frac{2}{3}\right)$を通ることより

$$\frac{1}{3}-\frac{2}{3}k=2k \qquad \therefore \quad k=\frac{1}{8}$$

であり，直線②は

$$x+\frac{1}{8}y=\frac{1}{4} \qquad \therefore \quad 4x+\frac{1}{2}y=1$$

となるので，直線②と③が同じ直線になるときの a の値は

$$2a+3=4 \text{ かつ } a=\frac{1}{2}$$

$$\therefore \quad \boldsymbol{a=\frac{1}{2}}$$ 《答

である。

（3）（ i ）$a=-\frac{2}{3}$ のとき，③は

x 座標が p のときの直線①，②上の点をそれぞれ P，P′ とすると

$\mathrm{P}\left(p,\ \frac{p}{k}\right)$，

$\mathrm{P}'\left(p,\ -\frac{p}{k}+2\right)$

であり，線分 PP′ の中点の座標を求めると

$(p,\ 1)$

となることから，直線 $y=1$ に関して線対称であることを示す方法もある。

②の式に $x=\frac{1}{3}$，$y=-\frac{2}{3}$ を代入した。

③の式と係数比較をするために両辺を 4 倍し，ここでは定数項の値をそろえた。

それぞれの場合について k の値を求めるのではなく，直線③を図示した座標平面上で直線①，②を動かしながら考えるのがわかりやすい。

$$\frac{5}{3}x-\frac{2}{3}y=1 \qquad \therefore \quad y=\frac{5}{2}x-\frac{3}{2}$$

であり

直線②と③が平行

直線①と②が同じ直線になる（$k=0$ のとき）

直線①と③が平行

3 直線が 1 点で交わる（$k=1$ のとき）

がそれぞれ考えられるので，k の値は

ちょうど 4 つ存在する（④） ◀◀答

（i）で 3 直線が 1 点で交わるとき

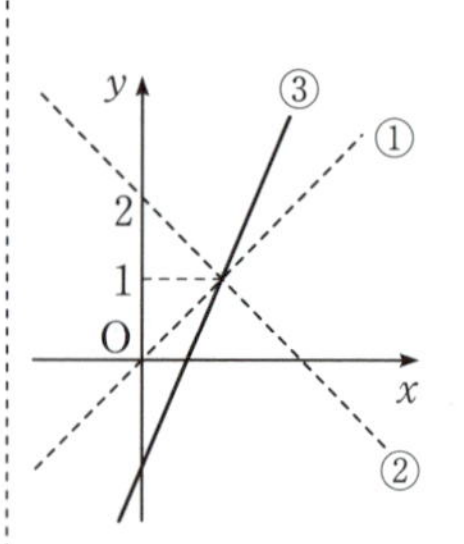

（ii）$a=\frac{1}{2}$ のとき，③は

$$4x+\frac{1}{2}y=1 \qquad \therefore \quad y=-8x+2$$

であり

直線①と③が平行

直線①と②が同じ直線になる（$k=0$ のとき）

直線②と③が同じ直線になる

がそれぞれ考えられるので，k の値は

ちょうど 3 つ存在する（③） ◀◀答

（ii）で直線②と③が同じ直線になるとき

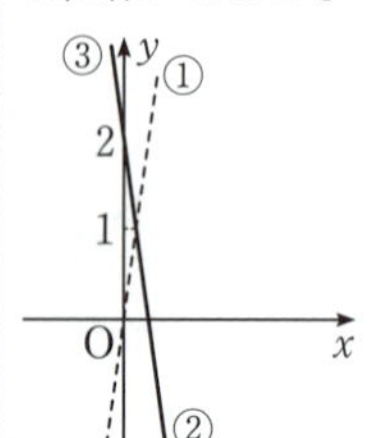

（iii）$a=-\frac{3}{2}$ のとき，③は

$$-\frac{3}{2}y=1 \qquad \therefore \quad y=-\frac{2}{3}$$

であり

直線①と②が同じ直線になる（$k=0$ のとき）

が考えられるので，k の値は

1 つだけ存在する（①） ◀◀答

（iii）で三角形ができるとき

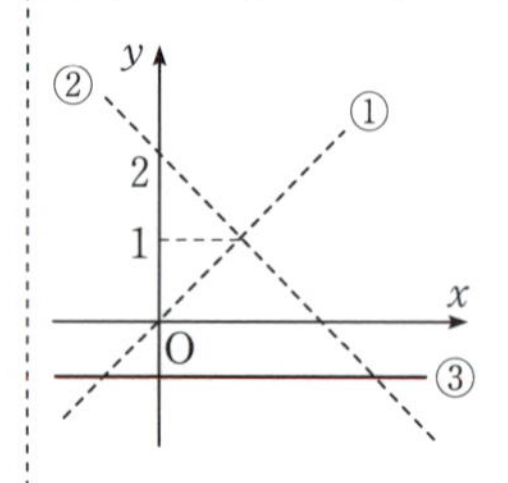

類題2

問題は48ページ

（1）円 C の方程式は

$$\boldsymbol{x^2+y^2=13} \quad \text{◀◀答} \quad \cdots\cdots\cdots\cdots ①$$

中心 O，半径 $\sqrt{13}$ の円。

である。また，円 C 上の点 Q $(x_1,\ y_1)$，R $(x_2,\ y_2)$ における接線の方程式はそれぞれ

$$\boldsymbol{x_1x+y_1y=13,\quad x_2x+y_2y=13} \quad \text{◀◀答}$$

円の接線の方程式。

である。この 2 直線がともに点 P $(-7,\ 9)$ を通るから

$$-7x_1+9y_1=13, \quad -7x_2+9y_2=13$$

が成り立ち，これらより直線

$$-7x+9y=13$$

は２点Q，Rを通ることがわかる。２点を通る直線はただ１つであるから，直線QRの方程式は

２点Q，Rの座標がこの方程式をみたす。

$$\boldsymbol{-7x+9y=13}$$ ◀◀答 ……………………②

となる。①，②を連立させて解くと

②より $y=\dfrac{7x+13}{9}$ を①に代入。

$$x^2+\frac{(7x+13)^2}{81}=13$$

$$5x^2+7x-34=0$$

$$(x-2)(5x+17)=0 \qquad \therefore \quad x=2,\ -\frac{17}{5}$$

このときyの値はそれぞれ 3，$-\dfrac{6}{5}$ であり，点Qは第１象限の点であるから，２点Q，Rの座標は

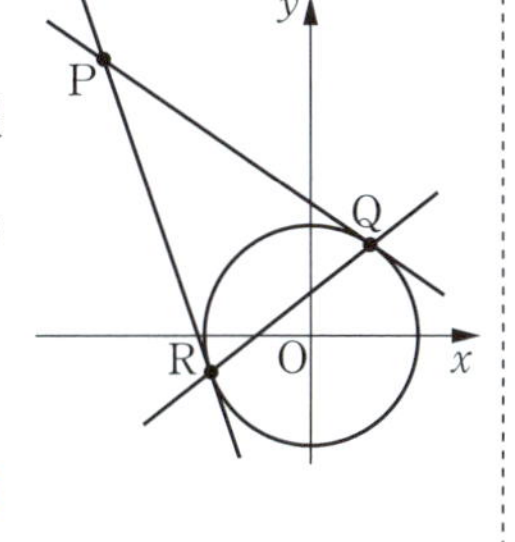

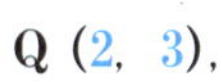

Q $(2,\ 3)$，

R $\left(\dfrac{-17}{5},\ \dfrac{-6}{5}\right)$ ◀◀答

（**2**）線分QRの中点をMとすると，点Mの座標は

$$\left(\frac{2-\frac{17}{5}}{2},\ \frac{3-\frac{6}{5}}{2}\right)$$

線分の中点の座標。

$$\therefore \quad \mathbf{M}\left(\frac{-7}{10},\ \frac{9}{10}\right)$$ ◀◀答

である。ここで，直線OQの方程式は

$$3x-2y=0$$

であるから，点Mと直線OQの距離は

$$\frac{\left|3\cdot\left(-\frac{7}{10}\right)-2\cdot\frac{9}{10}\right|}{\sqrt{3^2+(-2)^2}}=\frac{39}{10\sqrt{13}}$$

よって，△OQMの面積は

$$\frac{1}{2}\cdot\sqrt{13}\cdot\frac{39}{10\sqrt{13}}=\frac{39}{20}$$ ◀◀答

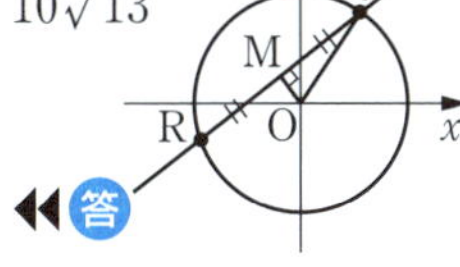

∠OMQ＝90° よりOM，MQの長さから面積を求めることもできるが，OQの長さがわかっているので，これを利用した。

類題3

問題は54ページ

（**1**）①より

$$tx+y=4t \qquad \therefore \quad (x-4)t+y=0$$

であるから，①は t の値に関係なく

　　点 (4，0) を通る直線 ◀◀答

を表し，②より

$$x-ty=-4t \qquad \therefore \quad (4-y)t+x=0$$

であるから，②は t の値に関係なく

　　点 (0，4) を通る直線 ◀◀答

である。

$x=4$，$y=0$ のとき，t の値に関係なく $(x-4)t+y=0$ である。

$x=0$，$y=4$ のとき，t の値に関係なく $(4-y)t+x=0$ である。

　また，①と②の直線は垂直であるから，点 P は，2 点 (4，0)，(0，4) を直径の両端とする円周上すなわち

　　中心 (2，2)，半径 $2\sqrt{2}$ の円周上 ◀◀答

にあることがわかる。

A(4，0)，B(0，4) としたとき，$\angle\mathrm{APB}=90^\circ$ である。

　そして，①は

$$tx+y=4t \qquad \therefore \quad y=-tx+4t$$

より

　　直線 $x=4$ を除く，点 (4，0) を通る直線

であり，②は，$t\neq0$ のとき

$$x-ty=-4t$$

$$\therefore \quad y=\frac{1}{t}x+4$$

$t=0$ のとき，$x=0$ より

　　直線 $y=4$ を除く，点 (0，4) を通る直線

であるから，点 P の軌跡は，中心 (2，2)，半径 $2\sqrt{2}$ の円周上から

　　点 (4，4)（②）を除いた部分 ◀◀答

だとわかる。

中心 (2，2)，半径 $2\sqrt{2}$ の円周上から除かれる点を考える。

点 P が (4，0) となるのは，$t=-1$ のとき，点 P が (0，4) となるのは，$t=1$ のときで，(4，4) 以外は除かれないことに注意してほしい。

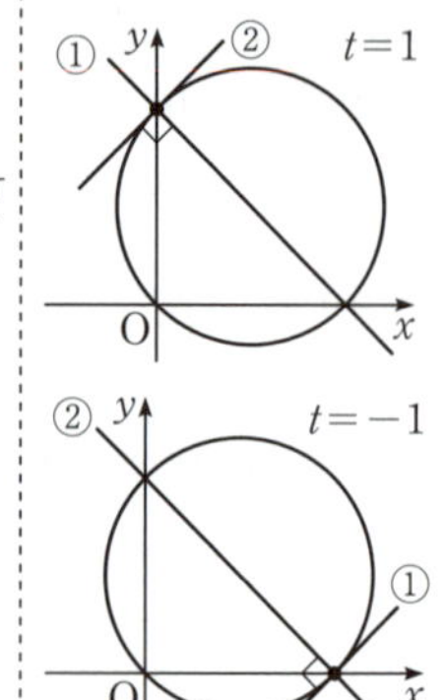

（**2**）③より

$$(t+1)x+(t-1)y=4(t+1)$$

$$\therefore \quad (x+y-4)t+x-y-4=0 \quad \cdots\cdots\cdots\cdots\cdots\cdots ③'$$

であり，④より，$x\neq0$ のとき

$$tx-y=-4 \qquad \therefore \quad t=\frac{y-4}{x} \quad \cdots\cdots\cdots\cdots\cdots ④'$$

であるから，④′を③′に代入して t を消去すると

$$(x+y-4)\cdot\frac{y-4}{x}+x-y-4=0$$

$$(x+y-4)(y-4)+(x-y-4)x=0$$

両辺を x 倍した。

$$x^2-8x+y^2-8y+16=0$$

$$\therefore\quad (x-4)^2+(y-4)^2=16$$

である。

また，$x=0$ のとき，④より $y=4$ であり，③に $x=0$，$y=4$ を代入すると

$$(t+1)\cdot 0+(t-1)\cdot 4=4(t+1)$$

$$\therefore\quad 4t-4t=4+4$$

より，③をみたさないので，求める軌跡は

円 $(x-4)^2+(y-4)^2=16$ から点 $(0,\ 4)$ を除いた部分

すなわち

中心 (4，4)，半径 4 の円上から点 (0，4) を除いた部分 答

である。

$x\neq 0$ のときで考えていたので，$x=0$ のときの確認が必要。

④が直線 $x=0$ 以外の点 $(0,\ 4)$ を通る直線を表すことから，点 $(0,\ 4)$ を除いた部分であることを求めてもよい。

類題4

問題は59ページ

$x^2+y^2-6x-6y+14=0$ を変形すると

$$(x-3)^2+(y-3)^2=4 \quad \cdots\cdots\cdots ①$$

となるから，C は

中心 (3，3)，半径 2 答

の円である。また，C と l の交点の座標は，$y=-x+8$ を①に代入して

$x+y-8=0$ より $y=-x+8$

$$(x-3)^2+(-x+5)^2=4$$

$$x^2-8x+15=0$$

$$(x-3)(x-5)=0 \qquad \therefore\quad x=3,\ 5$$

このとき y の値はそれぞれ 5，3 であるから

(3，5)，(5，3) 答

（1） 領域 D は右の図の斜線部分(ただし，境界を含む)のようになる。ここで

$$2x+y=k \quad \cdots\cdots\cdots\cdots ②$$

とおくと

$$y=-2x+k \quad \cdots\cdots\cdots ③$$

より，k は傾き -2 の直線の y 切片として表される。

円 C の内部と直線 l の下側の共通部分(境界を含む)。

k が最大になるのは③が点 $(5,\ 3)$ を通るときであり，最大値は②より

y 切片が最大になる。

$$2\cdot5+3=\mathbf{13}$$ 答

また，k が最小になるのは③が C と接する 2 つの場合のうち，小さい方の k の値のときである。

③：$2x+y-k=0$ と C が接するとき

$$\frac{|2\cdot3+3-k|}{\sqrt{2^2+1^2}}=2 \qquad |9-k|=2\sqrt{5}$$

$$9-k=\pm2\sqrt{5} \qquad \therefore\ k=9\pm2\sqrt{5}$$

であるから，k の最小値は

$$\mathbf{9-2\sqrt{5}}$$ 答

C の中心と③の距離が C の半径 2 に等しい。

①と③を連立して得られる 2 次方程式の判別式が 0 となることから求めてもよい。

（2） $x^2+y^2-2x-2y+2-t\leqq0$ を変形すると

$$(x-1)^2+(y-1)^2\leqq t$$

であるから，この不等式の表す領域 E は点 $(1,\ 1)$ を中心とする半径 $\sqrt{t}$ の円の内部および周上である。この円を C' とする。

$t>0$

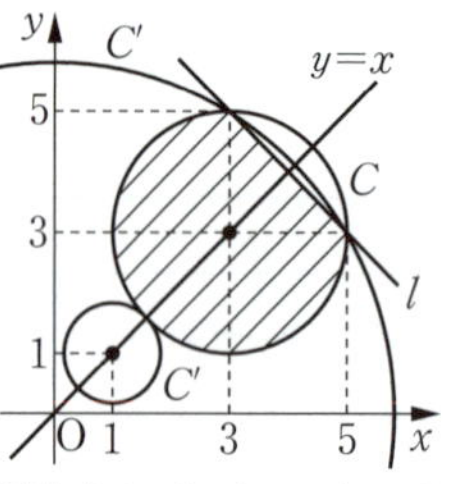

D と E が共通部分をもち，t が最小になるのは，C と C' が外接するときであるから

$$2+\sqrt{t}=\sqrt{(3-1)^2+(3-1)^2} \qquad \sqrt{t}=2\sqrt{2}-2$$

$$\therefore\ t=(2\sqrt{2}-2)^2=\mathbf{4(3-2\sqrt{2})}$$ 答

半径の和が中心間距離に等しい。

また，E が D を含み，t が最小になるのは，直線 $y=x$ に関する対称性に注意すると，C' の中心から最も離れた D 内の点 $(3,\ 5)$ (および点 $(5,\ 3)$) を C' が通るときである。よって

$$(3-1)^2+(5-1)^2=t \qquad \therefore\ \mathbf{t=20}$$ 答

C，C'，l はすべて直線 $y=x$ に関して対称。

3 三角関数

類題1

問題は73ページ

（1）(i) $y=\cos 4x$ のグラフは，$y=\cos 2x$ のグラフを

x 軸方向に $\dfrac{1}{2}$ 倍に縮小

したものであるから，正しいグラフは④である。 答

(ii) $y=\cos\left(2x-\dfrac{\pi}{4}\right)=\cos 2\left(x-\dfrac{\pi}{8}\right)$ のグラフは，$y=\cos 2x$ のグラフを

x 軸方向に $\dfrac{\pi}{8}$ だけ平行移動

したものであるから，正しいグラフは⑥である。 答

（2）問題のグラフは，$y=\cos 2x$ のグラフを

x 軸方向に $\dfrac{1}{2}$ 倍に縮小

y 軸方向に 2 倍に拡大

x 軸方向に $-\dfrac{\pi}{8}$ だけ平行移動

したものであるから，グラフの式は

$$y=2\cos 2\cdot 2\left(x+\frac{\pi}{8}\right) \qquad \therefore \quad y=2\cos 4\left(x+\frac{\pi}{8}\right)$$

となり，⑥は正しい式である。

また，問題のグラフは，$y=\sin 2x$ のグラフを

x 軸方向に $\dfrac{1}{2}$ 倍に縮小

y 軸方向に 2 倍に拡大

x 軸方向に $-\dfrac{\pi}{4}$ だけ平行移動

したものであるから，グラフの式は

$$y=2\sin 2\cdot 2\left(x+\frac{\pi}{4}\right)$$

$$\therefore \quad y=2\sin 4\left(x+\frac{\pi}{4}\right)$$

となり，④は正しい式である。

⑦は $y=\cos x$，⑧は $y=\cos 6x$ のグラフである。

$y=\cos 2x$ のグラフを x 軸方向に ②は $-\dfrac{\pi}{8}$，⑤は $-\dfrac{\pi}{4}$ だけ平行移動したグラフである。

$y=\cos 2x$ のグラフを基準に考える。

$y=\sin 2x$ のグラフを基準に考える。

よって，関数の式として正しいものは④，⑥である。

（3）$y=f(x)$ のグラフと $y=\cos 2x$ のグラフを重ねると下の図のようになるので，$0\leqq x\leqq\pi$ における方程式 $f(x)=\cos 2x$ の解は

4個 ◀◀答

である。

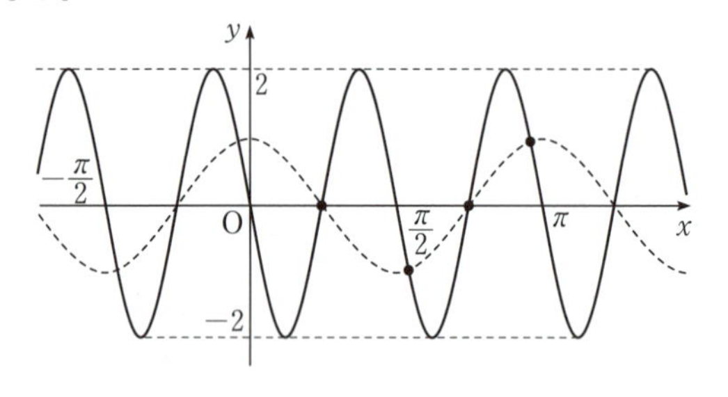

$0\leqq x\leqq\pi$ における $y=f(x)$ のグラフと $y=\cos 2x$ のグラフの共有点の個数を調べればよい。

類題2

問題は77ページ

（1）$f_1=f_2=f$ とおくと

$$x+y=p\sin 2\pi f_1 t+p\sin 2\pi f_2 t$$
$$=p\sin 2\pi ft+p\sin 2\pi ft$$
$$=2p\sin 2\pi ft$$

であり，$-1\leqq\sin 2\pi ft\leqq 1$ より

$$-2p\leqq x+y\leqq 2p$$

あるから，振れ幅は

$2p-(-2p)=\boldsymbol{4p}$（②） ◀◀答

である。

（2）$f_1>f_2$ のとき，x，y を同じ軸上にとると，$y=p\sin 2\pi f_2 t$ のグラフは，$x=p\sin 2\pi f_1 t$ のグラフを t 軸方向に $\frac{f_2}{f_1}$ 倍に縮小したグラフである。よって，x と y がどちらも最大になるときと，x と y がどちらも最小になるときの t の値が等しくなるように，$x=p\sin 2\pi f_1 t$ と $y=p\sin 2\pi f_2 t$ のグラフをかくと次の図のようなグラフが考えられる。

次ページの解答のグラフは $f_2=\frac{1}{4n+1}f_1$ において，$n=1$ としたときのグラフになっている。

$x=p\sin 2\pi f_1 t$ を固定して，x と y がどちらも最大になるときと，x と y がどちらも最小になるときの t が等しくなるように $y=p\sin 2\pi f_2 t$ のグラフをかくことで，$f_2=\frac{1}{4n+1}f_1$ の関係が確認できる。

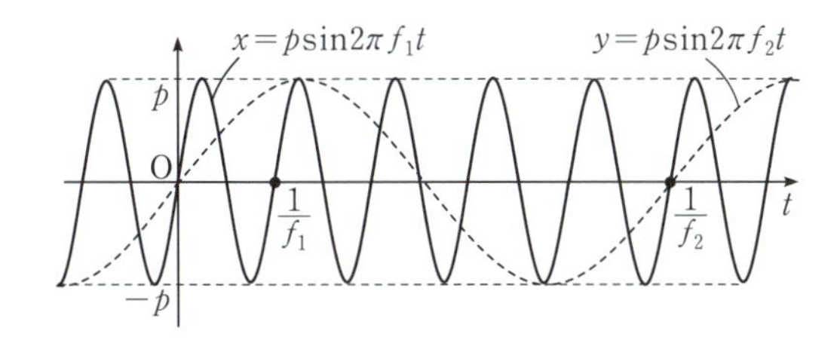

よって，x と y がどちらも最大になるときと，x と y がどちらも最小になるときの t が等しくなるのは，n を自然数として，$\frac{1}{f_1}$ と $\frac{1}{f_2}$ に着目すると

$$(4n+1)\frac{1}{f_1}=\frac{1}{f_2}$$

$$\therefore\ \boldsymbol{f_2=\frac{1}{4n+1}f_1}$$ ◀◀答

のときである。

$k\cdot\frac{1}{f_1}=\frac{1}{f_2}$ とおくと

$k=5,\ 9,\ \cdots$

より

$k=4n+1$

（**3**）$y=p\sin 2\pi f_1(t-\alpha)$ とおくと，このグラフは $x=p\sin 2\pi f_1 t$ のグラフを

t 軸方向に α だけ平行移動

したグラフであるから，$\alpha>0$ より

$2\pi f_1\alpha=(2n-1)\pi$　（n は自然数）

のとき，$x+y$ の振れ幅は 0 になる。よって

$$\alpha=\frac{2n-1}{2f_1}$$

すなわち

$$\boldsymbol{\alpha=\frac{1}{2f_1}}$$ （①） ◀◀答

に変えると，$x+y$ の振れ幅は 0 になる。

θ の値に関係なく

$\sin(\theta-\pi)=-\sin\theta$

であるから

$\sin\theta+\sin\{\theta+(2n-1)\pi\}=0$

である。

問題に合わせて $n=1$ を代入した。

類題3

問題は79ページ

$$\sin^2\theta=\frac{1-\cos 2\theta}{2}=\boldsymbol{\frac{1-t}{2}}$$ ◀◀答

であるから

$$y=6-4\cdot\frac{1-t}{2}+2t^2$$
$$=6-2(1-t)+2t^2$$
$$=\boldsymbol{2t^2+2t+4}$$ ◀◀答

2 倍角の公式を利用。

$\cos 2\theta=1-2\sin^2\theta$

$$=2\left(t+\frac{1}{2}\right)^2+\frac{7}{2} \quad \cdots\cdots\cdots\cdots\cdots\text{①}$$

となる。ここで，$0\leqq\theta<\pi$ より $0\leqq 2\theta<2\pi$ であるから

$$-1\leqq t\leqq 1$$

よって，①のグラフは右の図のようになり，y の

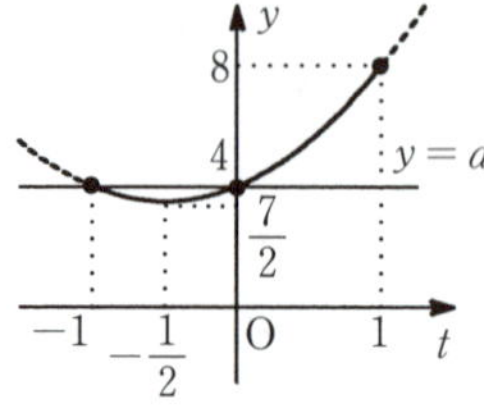

最大値は 8

最小値は $\frac{7}{2}$ ◀◀答

である。また，y が最小値をとるとき，$t=-\frac{1}{2}$ であるから

$$\cos 2\theta=-\frac{1}{2}$$

$0\leqq 2\theta<2\pi$ より

$$2\theta=\frac{2}{3}\pi,\ \frac{4}{3}\pi \qquad \therefore\ \boldsymbol{\theta=\frac{\pi}{3},\ \frac{2}{3}\pi}$$ ◀◀答

t のとり得る値の範囲を求める。

$-1\leqq\cos 2\theta\leqq 1$

$t=\cos 2\theta$

類題4

問題は82ページ

$t=\sqrt{3}\sin\theta+\cos\theta$ とおくと，$\sqrt{(\sqrt{3})^2+1^2}=2$ であることから

$$t=2\left(\frac{\sqrt{3}}{2}\sin\theta+\frac{1}{2}\cos\theta\right)$$

$$=2\left(\sin\theta\cos\frac{\pi}{6}+\cos\theta\sin\frac{\pi}{6}\right)$$

$$=\boldsymbol{2\sin\left(\theta+\frac{\pi}{6}\right)}$$ ◀◀答

三角関数の合成。

と変形できる。ここで，$0\leqq\theta\leqq\pi$ なので

$$\frac{\pi}{6}\leqq\theta+\frac{\pi}{6}\leqq\frac{7}{6}\pi$$

よって

$$-\frac{1}{2}\leqq\sin\left(\theta+\frac{\pi}{6}\right)\leqq 1$$

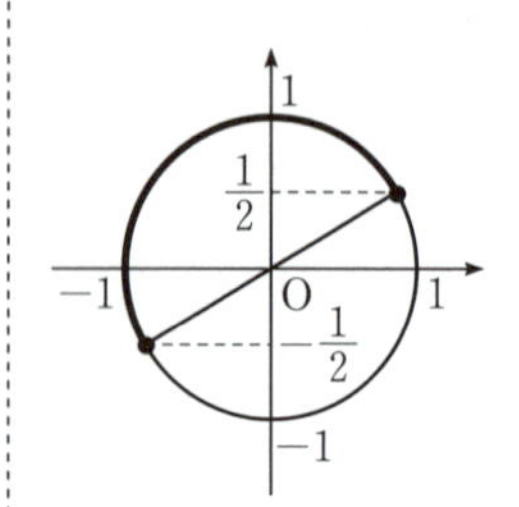

$\therefore$ $\boldsymbol{-1\leqq t\leqq 2}$ ◀◀答 $\cdots\cdots\cdots\cdots\cdots(*)$

また

$$t^2=3\sin^2\theta+2\sqrt{3}\sin\theta\cos\theta+\cos^2\theta$$

$$=2\sin^2\theta+2\sqrt{3}\sin\theta\cos\theta+1$$

（$\sin^2\theta+\cos^2\theta=1$）

さらに

$$2\sin^2\theta=1-\cos 2\theta,\ 2\sin\theta\cos\theta=\sin 2\theta$$

（2倍角の公式。）

を用いると

$$t^2=(1-\cos 2\theta)+\sqrt{3}\sin 2\theta+1$$

$$=\boldsymbol{\sqrt{3}\sin 2\theta-\cos 2\theta+2}$$ 答

$$\therefore\quad \sqrt{3}\sin 2\theta-\cos 2\theta=t^2-2$$

よって

$$y=2(t^2-2)-4t+4$$

$$=\boldsymbol{2t^2-4t}$$ 答

$$=2(t-1)^2-2$$

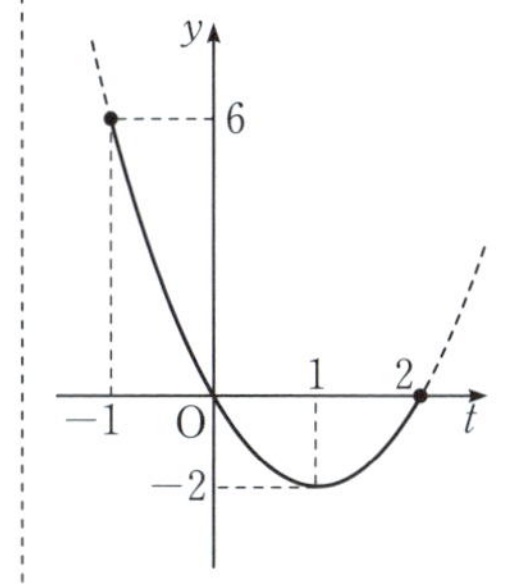

したがって，y は（＊）の範囲において

$t=-1$ のとき最大値 6 答

$t=1$ のとき最小値 -2 答

をとる。

$t=-1$ のとき，$\sin\left(\theta+\dfrac{\pi}{6}\right)=-\dfrac{1}{2}$ であるから

$$\theta+\frac{\pi}{6}=\frac{7}{6}\pi\qquad \therefore\quad \boldsymbol{\theta=\pi}$$  答

$t=1$ のとき，$\sin\left(\theta+\dfrac{\pi}{6}\right)=\dfrac{1}{2}$ であるから

$$\theta+\frac{\pi}{6}=\frac{\pi}{6},\ \frac{5}{6}\pi$$

$$\therefore\quad \boldsymbol{\theta=0,\ \frac{2}{3}\pi}$$ （⓪，⑤） 答

類題5

問題は85ページ

（1） $f(x)=\cos 2x-4a\cos x+2$

$$=(2\cos^2x-1)-4a\cos x+2$$

（2倍角の公式　$\cos 2x=2\cos^2x-1$）

$$=2\cos^2x-4a\cos x+1$$

$$=\boldsymbol{2(\cos x-a)^2+1-2a^2}$$ 答

（2） $0\leqq x<2\pi$ より $-1\leqq\cos x\leqq 1$ であるから，（1）の結果と $0<a\leqq 1$ より $f(x)$ は

$\cos x=a$ のとき

最小値 $1-2a^2$ 答

$\cos x=-1$ すなわち $x=\pi$ のとき

最大値 $3+4a$ ◀◀答

をとる。

$2+4a+1=3+4a$

（3） $t=\cos x$ とおいたときの $f(x)$ を $g(t)$ とおくと

$$g(t)=2(t-a)^2+1-2a^2$$

ここで，$-1\leqq t\leqq 1$ であるから，$y=g(t)$ のグラフは下の図のようになる。

$-1\leqq\cos x\leqq 1$

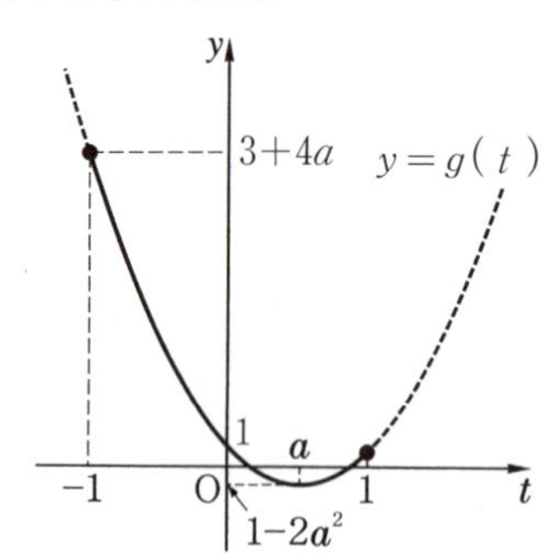

ここで，$-1<t<1$ をみたす1つの t の値に対して

$t=\cos x$ をみたす x の値は2個

$t=\pm1$ をみたす t の値に対して

$t=\cos x$ をみたす x の値は1個

ある。

$t=1$ のとき $x=0$

$t=-1$ のとき $x=\pi$

また，$g(0)=1>0$ である。以上より，方程式 $f(x)=0$ が4個の解をもつのは

$y=g(t)$ のグラフの y 切片を調べた。

$$g(a)<0 \text{ かつ } g(1)>0$$

すなわち

$$1-2a^2<0 \text{ かつ } 3-4a>0$$

$g(1)=2-4a+1$

$=3-4a$

$0<a\leqq 1$ と合わせて

$$\frac{1}{\sqrt{2}}<a<\frac{3}{4}$$ ◀◀答

のときであり，ちょうど3個の解をもつのは

$$1-2a^2<0 \text{ かつ } 3-4a=0$$

$g(a)<0$ かつ $g(1)=0$

すなわち

$$a=\frac{3}{4}$$ ◀◀答

のときである。

4 指数関数・対数関数

類題1 問題は100ページ

（1）真数条件より

$$(14-x)(x+2)>0 \qquad \therefore \quad (x-14)(x+2)<0$$

であるから，x のとり得る値の範囲は

$$\boldsymbol{-2<x<14} \ (⓪)$$ ◀◀答

である。

そして，$-2<x<14$ のとき，$t=(14-x)(x+2)$ とおくと

$$t=-x^2+12x+28=-(x-6)^2+64$$

より

$$0<t\leqq 64$$

であり，$y=\log_2 t$ のグラフは右の図のようになるので，方程式①が実数解をもつのは

$$\boldsymbol{k\leqq 6} \ (⑤)$$ ◀◀答

のときである。

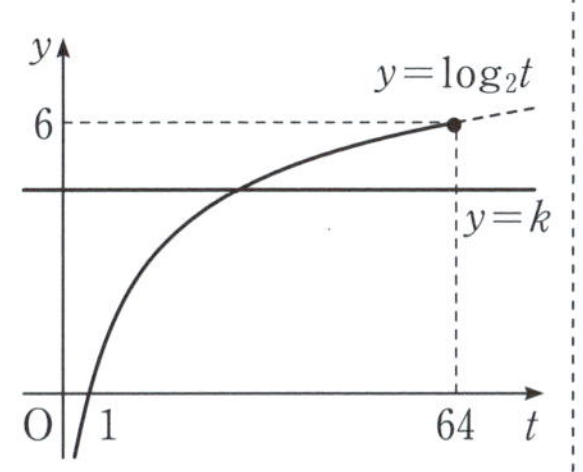

$y=\log_2 t$ のグラフと直線 $y=k$ が共有点をもつとき，方程式①は実数解をもつ。

（2）$k=4$ のとき

$$t=2^4=16$$

$\log_2 t=4$ より。

であり，$t=-(x-6)^2+64$ より

$$-(x-6)^2+64=16$$

$$(x-6)^2=48$$

$$\therefore \quad x=6\pm 4\sqrt{3}$$

$(14-x)(x+2)$ よりも，平方完成されている $-(x-6)^2+64$ の方が，方程式の解を求めるのに便利である。

のときであり，$6<4\sqrt{3}<7$ より

$$-1<6-4\sqrt{3}<0, \quad 12<6+4\sqrt{3}<13$$

でいずれも $-2<x<14$ をみたすので，$k=4$ のとき

異なる無理数の解をちょうど二つもつ（④）

$k=4+\log_2 3$ のとき

$$k=\log_2 2^4+\log_2 3$$
$$=\log_2 48$$

より

$$t=2^{4+\log_2 3}=48$$

であり，$t=-(x-6)^2+64$ より

$$-(x-6)^2+64=48$$
$$(x-6)^2=16$$
$$\therefore \quad x=2,\ 10$$

のときであり，いずれも $-2<x<14$ をみたすので，
$k=4+\log_2 3$ のとき

異なる整数の解をちょうど二つもつ（③） 

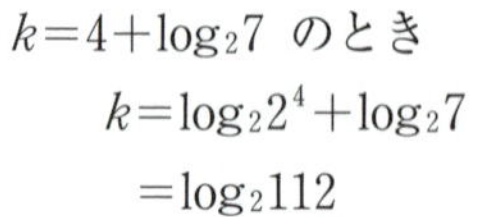

$k=4+\log_2 7$ のとき

$$k=\log_2 2^4+\log_2 7$$
$$=\log_2 112$$

より

$$t=2^{4+\log_2 7}=112$$

であり，$t=-(x-6)^2+64$
より

$$-(x-6)^2+64=112$$
$$(x-6)^2=-48$$

となるので，$k=4+\log_2 7$ のとき

実数解をもたない（⓪） 答

放物線 $t=(14-x)(x+2)$ と直線 $t=2^k$ のグラフの共有点を示すと図のようになる。

類題2

問題は103ページ

$2^x=X$ とおくと，①は

$$y=-(2^x)^2+2^3\cdot 2^x+a-18$$
$$=-X^2+8X+a-18$$
$$=-(X-4)^2+a-2 \quad \text{……②}$$

答

と変形できる。

$4^x=2^{2x}=(2^x)^2$
$2^{x+3}=2^x\cdot 2^3$

(1) $0\leqq x\leqq 3$ のとき

$$2^0\leqq 2^x\leqq 2^3$$
$$\therefore \quad 1\leqq X\leqq 8$$

答

$y=2^x$ は増加関数。

であるから，この範囲において②のグラフをかくと右の図のようになる。

よって，$X=2^x=4$ すなわち

　　$x=2$ のとき，

　　最大値 $a-2$ 答

をとり，$X=2^x=8$ すなわち

　　$x=3$ のとき，最小値 $a-18$ 答

をとる。

（**2**）$2^x=X$ において，1つの X の値に対して1つの x の値が対応する。

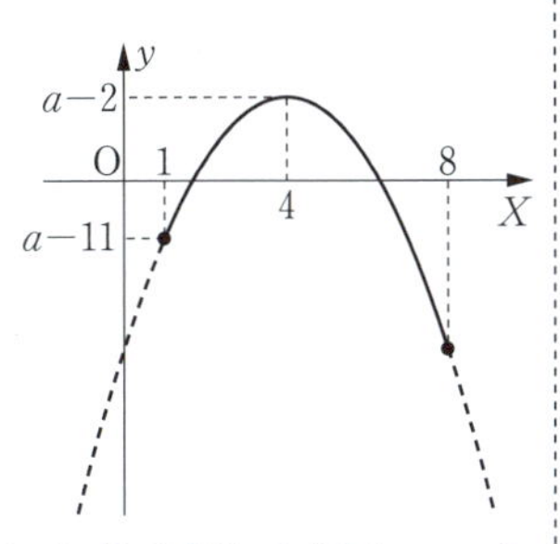

よって，$0 \leqq x \leqq 3$ において，異なる2つの x の値に対して $y=0$ となるとき，$1 \leqq X \leqq 8$ において，②のグラフが X 軸と2点で交わればよい。ここで，$X=1$ のとき $y=a-11$ であるから

$$a-2>0 \text{ かつ } a-11 \leqq 0$$

となればよい。よって，求める a の値の範囲は

　　$2<a \leqq 11$ 答

まず，この個数の対応を押さえる。

$a-11=0$ でもよいので，第2式には等号がつく。

類題3

問題は106ページ

（**1**）(i)の $y=\log_3 9x$ のグラフは

$$y=\log_3 9x$$
$$=\log_3 9+\log_3 x$$
$$=\log_3 x+2$$

より，$y=\log_3 x$ のグラフを y 軸方向に2だけ平行移動したものであり，$y=\log_3 x$ のグラフ上の点 $(1,\ 0)$，$(3,\ 1)$ がそれぞれ $(1,\ 2)$，$(3,\ 3)$ に平行移動しているものを探せばよく，正しくかかれているものは①である。 答

x 座標が1，3の点に着目すると選びやすい。

(ii)の $y=\log_3 x^2$ のグラフは

$$y=\log_3 x^2=2\log_3 x$$

より，$y=\log_3 x$ のグラフを y 軸方向に2倍に拡大したものであり，$y=\log_3 x$ のグラフ上の点 $(1,\ 0)$，$(3,\ 1)$ はそれぞれ $(1,\ 0)$，$(3,\ 2)$ に移るので，正しくかかれているものは③である。 ◀◀答

（2）問題で与えられているグラフは2点 $(1,\ 2)$，$(3,\ 4)$ を通り，（1）(ii)の $y=\log_3 x^2$ のグラフは2点 $(1,\ 0)$，$(3,\ 2)$ を通るので，問題で与えられているグラフは

$y=\log_3 x^2$ のグラフを，

y 軸方向に2だけ平行移動したグラフ

だとわかる。よって，求める関数の式は

$$y=\log_3 x^2+2$$

であるから，⑧が正しいことがわかる。

⓪～⑨の残りの式から⑧と同値な式を探すと

④：$\log_3 x^2+2=2\log_3 x+2$

⑥：$2\log_3 3x=2(\log_3 x+1)=2\log_3 x+2$

であり，これ以外の式は同値でないため，正しいものは

④，⑥，⑧ ◀◀答

それぞれのグラフにおいて，この2点間での x 座標の増加量と y 座標の増加量がどちらも等しいことから，平行移動によって対応する点であることがわかる。

類題4

問題は109ページ

B，C，D をそれぞれ A を用いて表すと

$$B=\frac{\log_a a}{\log_a \frac{2}{3}}=\frac{1}{\log_a \frac{2}{3}}=\frac{1}{A}$$ ◀◀答

$$C=\frac{\log_a a}{\log_a \frac{3}{2}}=\frac{1}{-\log_a \frac{2}{3}}=\frac{-1}{A}$$ ◀◀答

$$D=\frac{\log_a \frac{2}{3}}{\log_a \frac{1}{a}}=\frac{\log_a \frac{2}{3}}{-1}=-A$$ ◀◀答

$0<a<\frac{1}{2}$ と $a<\frac{2}{3}<1$ より $0<\log_a \frac{2}{3}<1$ すなわち

$$\log_p q=\frac{1}{\log_q p}$$

$$\frac{3}{2}=\left(\frac{2}{3}\right)^{-1}$$

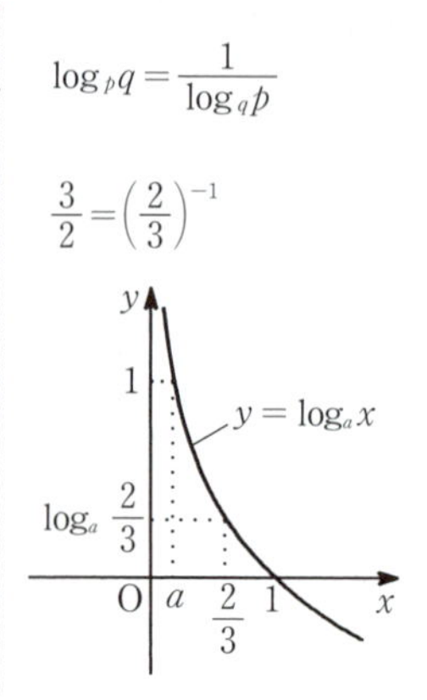

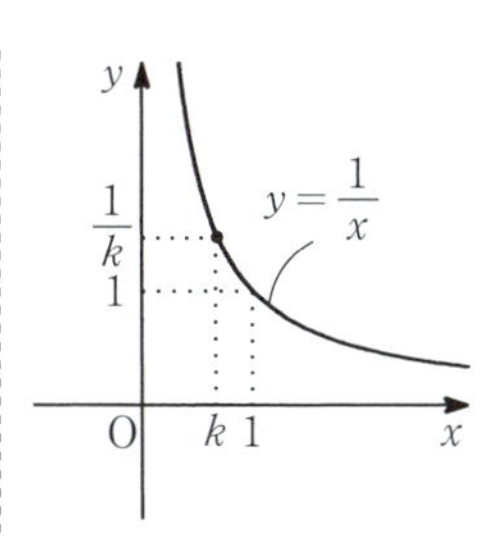

$0<A<1$ であるから

$$1<\frac{1}{A},\quad -\frac{1}{A}<-1,\quad -1<-A<0$$

$\therefore$ $\boldsymbol{1<B,\ C<-1,\ -1<D<0}$ ◀◀答

である。以上より

$C<D<A<B$ （②，③，⓪，①） ◀◀答

が成り立つ。

類題5

問題は111ページ

（**1**）$(x-2)^2>0$ を解くと

$$x\neq 2$$

であり，$\log_a(6x^2-11x+4)$ の真数の条件は正しいので，正しい真数の条件は

$$\left(x<\frac{1}{2},\ x>\frac{4}{3}\right)\text{ かつ } x\neq 2$$ （③） ◀◀答

（**2**）（1）より，真数の条件は

$$x<\frac{1}{2},\ \frac{4}{3}<x<2,\ x>2 \quad \cdots\cdots⑥$$

である。よって

（ⅰ）$a>1$ のとき，④，⑥より

$$x\leqq 0,\ \frac{7}{5}\leqq x<2,\ x>2$$ ◀◀答

（ⅱ）$0<a<1$ のとき，⑤，⑥より

$$0\leqq x<\frac{1}{2},\ \frac{4}{3}<x\leqq\frac{7}{5}$$ ◀◀答

である。

$\log_a t^2=2\log_a t$ は，$t>0$ のときに成り立つことに注意。本問では，$x>2$ のもとで

$\log_a(x-2)^2=2\log_a(x-2)$

とすることはできるが，

$x\neq 2$ より

$\log_a(x-2)^2=2\log_a|x-2|$

となる。

太郎さんの解答の④，⑤はそのまま利用できる。太郎さんの解答の正しい部分と誤りの部分を見極めよう。

5 微分・積分

類題1

問題は126ページ

（**1**）$y=G(x)$ のグラフが点 $(2,\ 0)$ を通り，点 $(-4,\ 0)$ で x 軸に接することから，$G(x)$ は $x-2$ と $(x+4)^2$ を因数にもつ。よって，$G(x)$ は

$$G(x)=k(x-2)(x+4)^2 \quad (k \text{ は実数})$$

と表すことができ，$y=G(x)$ のグラフが点 $(0,\ 6)$ を通ることから

$$G(0)=k(0-2)\cdot(0+4)^2=6$$

$$-32k=6 \qquad \therefore \quad k=-\frac{3}{16}$$

であり

$$\boldsymbol{G(x)=-\frac{3}{16}(x-2)(x+4)^2}$$ 答

である。また，$G(x)=\int_x^a f(t)dt$ より

$$\boldsymbol{G(a)=\int_a^a f(t)dt=0}$$ 答

であり，$G(a)=0$ をみたす a は

$$G(a)=-\frac{3}{16}(a-2)(a+4)^2=0$$

より

$a=2$ または $a=-4$ 答

である。そして

$$G(x)=\int_x^a f(t)dt=-\int_a^x f(t)dt$$

より，$G(x)$ の導関数が $-f(x)$ である。

よって，$x<-4$，$x>0$ のとき，$G(x)$ は減少関数であるから

$-f(x)$ の値は負

すなわち

$f(x)$ の値は正（⓪） 答

$-4<x<0$ のとき，$G(x)$ は増加関数であるから

$-f(x)$ の値は正

すなわち

$f(x)$ の値は負（②）

である。

したがって，$y=f(x)$ のグラフの概形として最も適当なものは①である。

(2) $G(x)$ の導関数が $-f(x)$ であるから

$$G'(x)=-f(x)=-x(x-2)\ (①)$$

であり，$y=G(x)$ のグラフは

$x=0,\ 2$ で極値をもつ

$x<0,\ x>2$ で減少，$0<x<2$ で増加

点 $(2,\ 0)$ を通る

であることがわかるから，グラフの概形として最も適当なものは③である。

$a=2$ より $G(2)=0$ である。

(3) $a=2$ より $G(2)=0$ であるから，$y=G(x)$ が点 $(2,\ 0)$ を通り，$f(x)=-G'(x)$ を満たす組を選べばよい。

矛盾するかどうかを調べるので，1か所でも矛盾するところが見つけられればよい。

⓪：$x<0$ において $G'(x)>0$，$f(x)>0$ より矛盾する。

①：$x<2$ において $G'(x)>0$，$f(x)>0$ より矛盾する。

②：$G(x)$ は $x=1$ の近辺で増加から減少に移るが，$0<x<2$ において $f(x)>0$ より矛盾する。

③，④：$y=G(x)$ が点 $(2,\ 0)$ を通り，$f(x)=-G'(x)$ を満たすので矛盾しない。

したがって，矛盾しないものは③，④である。

類題2

問題は131ページ

点Aにおける C_1 の接線 l の傾きは

$$y'=-2x+2\sqrt{3}$$

より $-2a+2\sqrt{3}$ であり，l が x 軸の正の方向と $60°$ の角をなすことから

$A(a,\ -a^2+2\sqrt{3}a)$

$$-2a+2\sqrt{3}=\tan 60°=\sqrt{3}$$

$$\therefore\quad \boldsymbol{a=\frac{\sqrt{3}}{2}}$$ ◀◀答

である。したがって

$$y=-a^2+2\sqrt{3}\,a$$
$$=-\left(\frac{\sqrt{3}}{2}\right)^2+2\sqrt{3}\cdot\frac{\sqrt{3}}{2}=\frac{9}{4}$$

となるから，点 A の座標は

$$\left(\frac{\sqrt{3}}{2},\ \frac{9}{4}\right)$$ ◀◀答

である。よって，l の方程式は

$$y=\sqrt{3}\left(x-\frac{\sqrt{3}}{2}\right)+\frac{9}{4}$$

$$\therefore\quad \boldsymbol{y=\sqrt{3}x+\frac{3}{4}}$$ ◀◀答

（1）m の傾きは $-\dfrac{1}{\sqrt{3}}$ であるから，その方程式は

$$y=-\frac{1}{\sqrt{3}}\left(x-\frac{\sqrt{3}}{2}\right)+\frac{9}{4}$$

$$\therefore\quad \boldsymbol{y=-\frac{1}{\sqrt{3}}x+\frac{11}{4}}$$ ◀◀答

となる。したがって，点 B の座標は $\left(0,\ \dfrac{11}{4}\right)$ であり，このとき

$$\mathrm{AB}=\frac{2}{\sqrt{3}}\cdot\frac{\sqrt{3}}{2}=1$$

であるから，点 B を中心とし AB を半径とする円 C_2 の方程式は

$$\boldsymbol{x^2+\left(y-\frac{11}{4}\right)^2=1}$$ ◀◀答

である。

（2）線分 OB と円 C_2 の交点を C とし，点 A から x 軸に下ろした垂線と x 軸との交点を H とする。C_1，線分 OH，線分 AH で囲まれた部分の面積 S_1 は

$$S_1=\int_0^{\frac{\sqrt{3}}{2}}(-x^2+2\sqrt{3}\,x)\,dx$$

直線 $y=mx+n$ と x 軸の正の方向から測った角が θ のとき

$m=\tan\theta$

l の傾きは $\sqrt{3}$。

$\sqrt{3}\cdot\left(-\dfrac{1}{\sqrt{3}}\right)=-1$

点 $\mathrm{A}\left(\dfrac{\sqrt{3}}{2},\ \dfrac{9}{4}\right)$ を通る。

中心 $(p,\ q)$，半径 r の円の方程式

$(x-p)^2+(y-q)^2=r^2$

$$=\left[-\frac{1}{3}x^3+\sqrt{3}x^2\right]_0^{\frac{\sqrt{3}}{2}}=\frac{5\sqrt{3}}{8}$$

$\angle ABC=60°$ であるから，おうぎ形 BCA の面積 S_2 は

$$S_2=\pi\cdot 1^2\times\frac{60}{360}=\frac{\pi}{6}$$

l と x 軸の正の方向のなす角が 60°，おうぎ形 BCA の半径は 1 である。

また，台形 OHAB の面積 S_3 は

$$S_3=\frac{1}{2}\left(\frac{9}{4}+\frac{11}{4}\right)\cdot\frac{\sqrt{3}}{2}=\frac{5\sqrt{3}}{4}$$

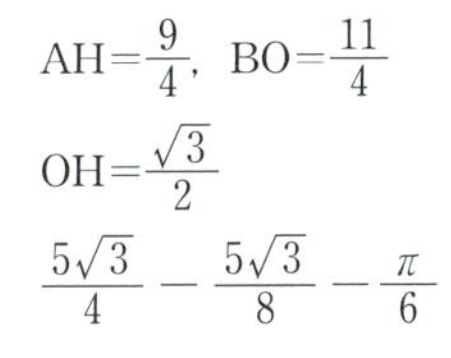

$AH=\frac{9}{4}$，$BO=\frac{11}{4}$

$OH=\frac{\sqrt{3}}{2}$

$\frac{5\sqrt{3}}{4}-\frac{5\sqrt{3}}{8}-\frac{\pi}{6}$

よって，C_1，C_2，y 軸で囲まれた部分の面積 S は

$$S=S_3-S_1-S_2=\mathbf{\frac{5\sqrt{3}}{8}-\frac{\pi}{6}}$$ ◀◀答

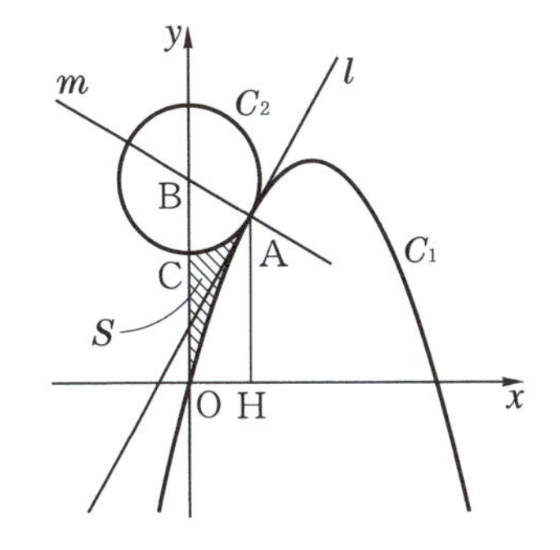

類題3

問題は134ページ

(1) $k=-16$ のとき，C と l の共有点の x 座標は

$$x^3+2x^2-6x=-2x-16$$

$$\therefore\quad x^3+2x^2-4x+16=0$$

C と l の式から y を消去する。

の実数解である。この左辺を $f(x)$ とすると

$$f(-4)=-64+32+16+16=0$$

であるから，$f(x)$ は $x+4$ を因数にもち

因数定理。

$$(x+4)(x^2-2x+4)=0$$

$$(x+4)\{(x-1)^2+3\}=0$$

よって，これをみたす実数解は $x=-4$ であるから，共有点の座標は

$(x-1)^2+3>0$

$$\mathbf{(-4,\ -8)}$$ ◀◀答

(2) C と l の共有点の x 座標は

$$x^3+2x^2-6x=-2x+k$$

$$\therefore\quad \boldsymbol{x^3+2x^2-4x=k}$$ ◀◀答

C と l の式から y を消去する。

の実数解である。よって，この左辺を $g(x)$ とすると，C と l が3点を共有するとき，$y=g(x)$ のグラフと直線 $y=k$ が3個の共有点をもつ。

$$g'(x)=3x^2+4x-4=(x+2)(3x-2)$$

であるから，$g(x)$ の増減表は次のようになる。

x	$\cdots$	-2	$\cdots$	$\dfrac{2}{3}$	$\cdots$
$g'(x)$	$+$	0	$-$	0	$+$
$g(x)$	↗	8	↘	$-\dfrac{40}{27}$	↗

よって，$y=g(x)$ のグラフは右の図のようになるから，求める k の値の範囲は

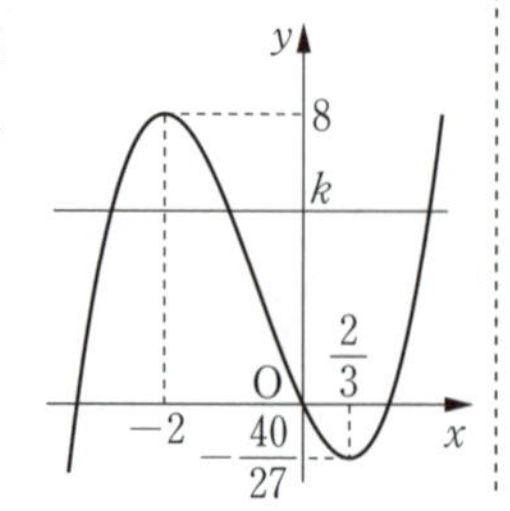

$y=k$ は x 軸に平行な直線。

$$\frac{-40}{27}<k<8$$ 答

類題4

問題は139ページ

(1) $C:y=|x^2-4|$ のグラフは

$x\leqq -2$，$x\geqq 2$ のとき

$$y=x^2-4$$

$-2\leqq x\leqq 2$ のとき

$$y=-(x^2-4)$$

で表され，$\ell:y=k(x+2)$ は

点 $(-2,\ 0)$ を通り傾き k の直線

$x=-2$ のとき，k の値に関係なく，$y=0$ となる。

であるから，曲線 C と直線 ℓ のグラフは上の図のようになり，点 $(-2,\ 0)$ を共有点にもつ。

このとき，曲線 $y=-(x^2-4)$ 上の点 $(-2,\ 0)$ における接線の傾きは，$y'=-2x$ より

$$-2\cdot(-2)=4$$

であるから，曲線 C と直線 ℓ が 3 点を共有するときの k の値の範囲は

$$0<k<4$$ 答

である。

また，曲線 C と直線 ℓ の点 $(-2,\ 0)$ 以外の共有点

の x 座標は，$-2<x<2$ のとき

$$-(x^2-4)=k(x+2)$$

$$x^2+kx+2k-4=0$$

$$(x+2)\{x+(k-2)\}=0 \qquad \therefore \quad x=-2,\ 2-k$$

共有点の1つが $(-2,\ 0)$ より $(x+2)$ を因数にもつことを利用して因数分解する。

より $2-k$ であり，$2<x$ のとき

$$x^2-4=k(x+2)$$

$$x^2-kx-2k-4=0$$

$$(x+2)\{x-(k+2)\}=0 \qquad \therefore \quad x=-2,\ 2+k$$

$-2<x<2$ のときと同様に，$(x+2)$ を因数にもつ。

より $2+k$ である。

したがって，共有点の x 座標は小さい順に

-2 (⓪)，$2-k$ (⑤)，$2+k$ (⑦) ◀◀答

である。

（**2**）$k=1$ のとき3点A，B，Cの x 座標はそれぞれ

-2，1，3

$2-k$，$2+k$ に $k=1$ を代入した。

であるから

$$S_1=\int_{-2}^{1}\{(-x^2+4)-(x+2)\}dx$$

$$=\frac{\{1-(-2)\}^3}{6}$$

$$=\frac{9}{2}$$ ◀◀答

$$\int_{\alpha}^{\beta}(x-\alpha)(x-\beta)dx=-\frac{1}{6}(\beta-\alpha)^3$$

であり

$$S_2=\int_{-2}^{2}(-x^2+4)dx-S_1$$

$$=\frac{\{2-(-2)\}^3}{6}-\frac{9}{2}$$

$$=\frac{32}{3}-\frac{9}{2}$$

$$=\frac{37}{6}$$ ◀◀答

$S_1+S_2=\int_{-2}^{2}(-x^2+4)dx$ より。

であり

$$S_3=\int_{-2}^{3}\{(x+2)-(x^2-4)\}dx-S_1-2S_2$$

$$=\frac{\{3-(-2)\}^3}{6}-\frac{9}{2}-2\cdot\frac{37}{6}$$

$$=\frac{125}{6}-\frac{101}{6}$$

$$=4$$ ◀◀答

である。

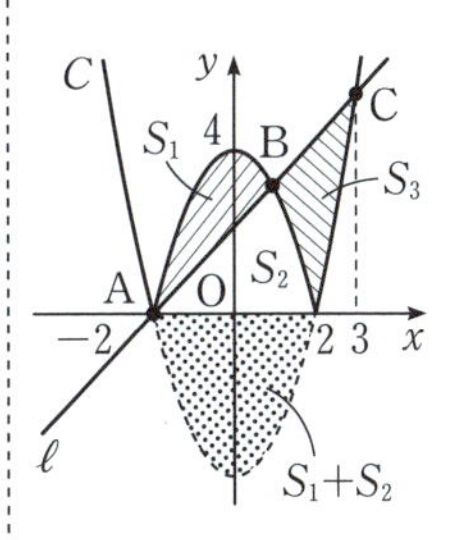

（3）（2）より $S_1+S_2=\dfrac{32}{3}$ であるから，$S_3+S_2=\dfrac{32}{3}$ を満たすときの k の値を調べればよい。

$$S_3+S_2$$
$$=\frac{1}{2}\cdot\{2-(-2)\}\cdot 4k+\int_2^{2+k}\{k(x+2)-(x^2-4)\}dx$$
$$=8k+\left[-\frac{1}{3}x^3+\frac{k}{2}x^2+(2k+4)x\right]_2^{2+k}$$
$$=8k-\frac{1}{3}\{(2+k)^3-2^3\}+\frac{k}{2}\{(2+k)^2-2^2\}+(2k+4)\{(2+k)-2\}$$
$$=\frac{1}{6}k^3+2k^2+8k$$

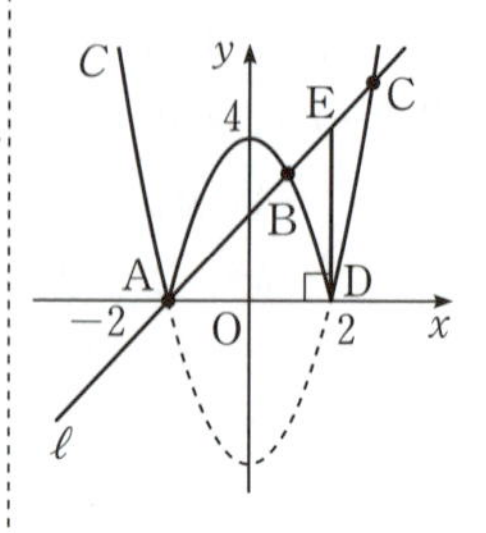

線分 DE で分けて考える。△ADE は底辺 4，高さ $4k$ の三角形である。

より

$$\frac{1}{6}\alpha^3+2\alpha^2+8\alpha=\frac{32}{3}$$
$$\alpha^3+12\alpha^2+48\alpha-64=0$$
$$\therefore\quad (\alpha+4)^3=128$$

である。

$(\alpha+4)^3=\alpha^3+12\alpha^2+48\alpha+64$

（4）S_2+S_1 と S_3+S_1 の大小関係について考える。

S_2 と S_3 の大小関係なので，それぞれに S_1 を加えても大小関係は変わらない。

$S_2+S_1=\dfrac{32}{3}$ であるから

$S_3+S_1>\dfrac{32}{3}$ すなわち $S_3+S_1-\dfrac{32}{3}>0$ のとき

$S_2<S_3$

$S_3+S_1<\dfrac{32}{3}$ すなわち $S_3+S_1-\dfrac{32}{3}<0$ のとき

$S_2>S_3$

である。（3）より

$$S_3+S_1-\frac{32}{3}$$
$$=\frac{1}{6}k^3+2k^2+8k-S_2+S_1-\frac{32}{3}$$
$$=\frac{1}{6}k^3+2k^2+8k-(S_1+S_2)+2S_1-\frac{32}{3}$$
$$=\frac{1}{6}k^3+2k^2+8k-\frac{32}{3}+2\cdot\frac{(4-k)^3}{6}-\frac{32}{3}$$
$$=\frac{1}{6}k^3+2k^2+8k-\frac{32}{3}+\frac{1}{3}(-k^3+12k^2-48k+64)-\frac{32}{3}$$

（3）で求めた S_3+S_2 を利用する。

$-S_2+S_1=-(S_1+S_2)+2S_1$ とすることで，S_2 を消去した。

$$=\frac{1}{6}(-k^3+36k^2-48k)$$

であるから，$f(k)=-k^3+36k^2-48k$ とおくと

$$f'(k)=-3k^2+72k-48$$
$$=-3(k^2-24k+16)$$

であり

$$k^2-24k+16=0 \qquad \therefore \quad k=12\pm 8\sqrt{2}$$

より，$f(k)$ の増減表は次のようになる。

k	(0)	$\cdots$	$12-8\sqrt{2}$	$\cdots$	(4)
$f'(k)$		$-$	0	$+$	
$f(k)$	0	↘		↗	

そして

$$f(4)=-4^3+36\cdot 4^2-48\cdot 4$$
$$=320>0$$

であるから

$0<k<\beta$ のとき

$$S_3+S_1-\frac{32}{3}<0 \text{ すなわち } S_2>S_3$$

$\beta<k<4$ のとき

$$S_3+S_1-\frac{32}{3}>0 \text{ すなわち } S_2<S_3$$

となる実数 β が存在するので，S_2 と S_3 の大小関係について正しく説明しているものは③である。 ◀◀答

$y=-k^3+36k^2-48k$ のグラフの概形は下の図のようになる。

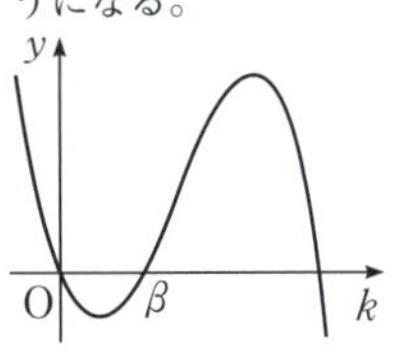

類題5

問題は143ページ

$\int_0^2 f(x)dx=4$ より

$$\int_0^2 (3ax^2+2bx+c)dx=\Big[ax^3+bx^2+cx\Big]_0^2$$
$$=8a+4b+2c=4$$

$$\therefore \quad \boldsymbol{c=2-4a-2b}$$ ◀◀答

したがって

$$f(x)=3ax^2+2bx+2-4a-2b$$

と表せる。次に，曲線 C_2 は

$$g(2)=\int_0^2 f(t)dt=4$$

与えられた条件より。

より

P(2, 4) ◀◀答

を通り，C_1 も点Pを通るとき

$$f(2)=12a+4b+2-4a-2b=4$$

$f(2)=g(2)\ (=4)$

$$\therefore\ 4a+b=1 \quad\cdots\cdots①$$

また

$$f'(x)=6ax+2b$$

$$g'(x)=f(x)$$

$\dfrac{d}{dx}\displaystyle\int_0^x f(t)dt=f(x)$

であり，点Pにおける C_1，C_2 の接線が一致するから

$$12a+2b=4$$

$f'(2)=g'(2)$
$(=f(2)=4)$

$$\therefore\ 6a+b=2 \quad\cdots\cdots②$$

①，②より

$$\boldsymbol{a=\frac{1}{2},\ b=-1}$$ ◀◀答

また，$g'(2)=4$ より，接線の方程式は

$$y=4(x-2)+4$$

$$\therefore\ \boldsymbol{y=4x-4}$$ ◀◀答

類題6

問題は147ページ

(1) C_1 と x 軸の交点は

$$x^2-3x=x(x-3)=0$$

$f(x)=0$

$$\therefore\ x=0,\ 3$$

より，原点Oと点(3, 0)であるから

$$S_0=\int_0^3 -(x^2-3x)dx$$

$$=-\int_0^3 x(x-3)dx$$

$$=\frac{1}{6}(3-0)^3=\frac{9}{2}$$ ◀◀答

また，C_2 と x 軸の交点は

$$-x^2+2ax=-x(x-2a)=0$$

$g(x)=0$

$$\therefore\ x=0,\ 2a$$

より，原点Oと点 $(\mathbf{2a},\ \mathbf{0})$ である。 ◀◀答

　さらに，C_1 と C_2 の交点は

$$x^2-3x=-x^2+2ax$$

$$x(2x-2a-3)=0$$

$$\therefore\quad x=0,\ a+\frac{3}{2}$$

より，原点Oと

点 $\left(\boldsymbol{a+\frac{3}{2},\ a^2-\frac{9}{4}}\right)$ ◀◀答

である。

（2）（i）$0<2a\leqq 3$ つまり

$\boldsymbol{0<a\leqq\frac{3}{2}}$ ◀◀答 のとき

　$S(a)$ は右の図の斜線部分の面積の和であり

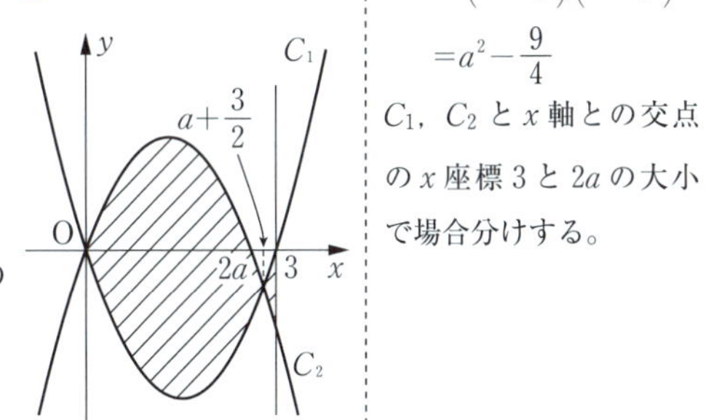

$$S(a)$$

$$=\int_0^{a+\frac{3}{2}}\{g(x)-f(x)\}dx+\int_{a+\frac{3}{2}}^{3}\{f(x)-g(x)\}dx$$

$$=\int_0^{a+\frac{3}{2}}-2x\left\{x-\left(a+\frac{3}{2}\right)\right\}dx$$

$$+\int_{a+\frac{3}{2}}^{3}\{2x^2-(2a+3)x\}dx$$

$$=\frac{2}{6}\left(a+\frac{3}{2}-0\right)^3+\left[\frac{2}{3}x^3-\left(a+\frac{3}{2}\right)x^2\right]_{a+\frac{3}{2}}^{3}$$

$$=\frac{1}{3}\left(a+\frac{3}{2}\right)^3+18-9\left(a+\frac{3}{2}\right)$$

$$-\frac{2}{3}\left(a+\frac{3}{2}\right)^3+\left(a+\frac{3}{2}\right)^3$$

$$=\frac{2}{3}\left(a+\frac{3}{2}\right)^3-9a+\frac{9}{2}$$

$$=\boldsymbol{\frac{2}{3}a^3+3a^2-\frac{9}{2}a+\frac{27}{4}}$$ ◀◀答

$f(x)=g(x)$

$y=f(x)$ に代入して

$$y=\left(a+\frac{3}{2}\right)\left(a-\frac{3}{2}\right)$$

$$=a^2-\frac{9}{4}$$

C_1，C_2 と x 軸との交点の x 座標3と $2a$ の大小で場合分けする。

2つの部分の和となる。

$\left(a+\frac{3}{2}\right)^3$ を1つのまとまりとみる。

（ⅱ）$3<2a$ つまり $a>\frac{3}{2}$ のとき

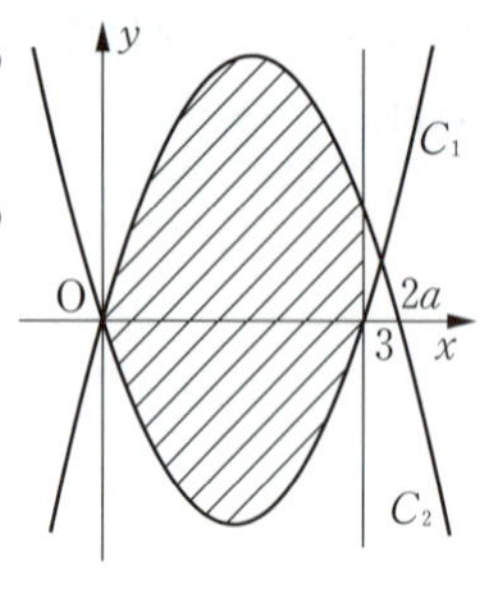

$S(a)$ は右の図の斜線部分の

面積であり

$$S(a)$$
$$=\int_0^3 g(x)dx+S_0$$
$$=\int_0^3(-x^2+2ax)dx+S_0$$
$$=\left[-\frac{1}{3}x^3+ax^2\right]_0^3+\frac{9}{2}$$
$$=\mathbf{9a-\frac{9}{2}}$$ ◀◀答

（1）の S_0 を利用する。

ここで，（ⅰ）について

$$S'(a)=2a^2+6a-\frac{9}{2}$$

であり，$S'(a)=0$ をみたす a の値は，$0<a\leqq\frac{3}{2}$ より $a=\frac{3(\sqrt{2}-1)}{2}$ である。この値を α とおくと，$a>0$ において，$S(a)$ の増減表は次のようになる。

$a=\frac{-3\pm3\sqrt{2}}{2}$

a	(0)	…	α	…	$\frac{3}{2}$	…
$S'(a)$		$-$	0	$+$	$+$	$+$
$S(a)$		↘	最小	↗	9	↗

（ⅱ）のとき
$S'(a)=9$

よって，$S(a)$ は $\mathbf{a=\frac{3(\sqrt{2}-1)}{2}}$ のとき最小となる。

◀◀答

6 数列

類題1

問題は160ページ

（1）数列 $\{a_n\}$ の初項を a，公差を d とすると

$$a_5=a+4d=3$$

$$S_8=\frac{8(2a+7d)}{2}=23 \qquad \therefore \quad 8a+28d=23$$

$a_n=a+(n-1)d$

$S_n=\dfrac{n\{2a+(n-1)d\}}{2}$

にそれぞれ $n=5$，8 を代入する。

これらを解くと

$$a=2,\ d=\frac{1}{4}$$ ◀◀答

となるから

$$S_n=\frac{n}{2}\left\{2\cdot2+(n-1)\cdot\frac{1}{4}\right\}=\frac{n^2+15n}{8}$$

よって

$$S_1+S_2+\cdots+S_8=\sum_{k=1}^{8}\frac{k^2+15k}{8}$$

$$=\frac{1}{8}\cdot\left(\frac{8\cdot9\cdot17}{6}+15\cdot\frac{8\cdot9}{2}\right)$$

$$=93$$ ◀◀答

$\displaystyle\sum_{k=1}^{n}k^2=\frac{1}{6}n(n+1)(2n+1)$

$\displaystyle\sum_{k=1}^{n}k=\frac{1}{2}n(n+1)$

（2）数列 $\{b_n\}$ の初項を b，公比を r とする。$r\neq1$ であるから

$$T_2=b\cdot\frac{r^2-1}{r-1},\quad T_3=b\cdot\frac{r^3-1}{r-1},\quad T_4=b\cdot\frac{r^4-1}{r-1}$$

$T_n=b\cdot\dfrac{r^n-1}{r-1}$ に $n=2$，3，4 を代入する。

となる。$b\neq0$，$r>0$，$r\neq1$ であるから，$5T_2=4T_4$ より

$$5b\cdot\frac{r^2-1}{r-1}=4b\cdot\frac{r^4-1}{r-1}$$

$$5(r^2-1)=4(r^4-1)$$

$$5(r^2-1)=4(r^2+1)(r^2-1)$$

$$r^2+1=\frac{5}{4} \qquad \therefore \quad r^2=\frac{1}{4}$$

$r^2\neq1$ より両辺を r^2-1 で割る。

$r>0$ より　$\boldsymbol{r=\frac{1}{2}}$ ◀◀答

さらに，$T_3=\dfrac{21}{4}$ より

$$b\cdot\frac{\left(\frac{1}{2}\right)^3-1}{\frac{1}{2}-1}=\frac{21}{4}$$

$r=\dfrac{1}{2}$ を代入する。

$$\frac{7}{4}b=\frac{21}{4} \qquad \therefore \quad b=3$$ 答

したがって，$b_n=3\left(\dfrac{1}{2}\right)^{n-1}=\dfrac{3}{2^{n-1}}$ より $\dfrac{1}{b^n}=\dfrac{2^{n-1}}{3}$

となるから

$$\frac{1}{b_1}+\frac{1}{b_2}+\cdots+\frac{1}{b_n}$$

$$=\sum_{k=1}^{n}\frac{2^{k-1}}{3}=\frac{1}{3}\cdot\frac{2^n-1}{2-1}=\frac{2^n-1}{3}$$

初項 $\dfrac{1}{3}$，公比 2 の等比数列の和。

これが 85 に等しいとき

$$\frac{2^n-1}{3}=85$$

$$2^n=256=2^8 \qquad \therefore \quad \boldsymbol{n=8}$$ 答

類題2

問題は163ページ

p，1，q がこの順に等差数列をなすから

$$\boldsymbol{p+q=2} \quad \text{答} \quad \cdots\cdots①$$

同様に，1，p^2，q^2 がこの順に等差数列をなすから

$$2p^2=1+q^2$$

$$\therefore \quad \boldsymbol{2p^2-q^2=1} \quad \text{答} \quad \cdots\cdots②$$

①，②より q を消去して

p を消去してもよい。①より $q=2-p$ を②に代入する。

$$2p^2-(2-p)^2=1$$

$$p^2+4p-5=0$$

$$(p+5)(p-1)=0$$

ここで，$p=1$ とすると①より $q=1$ となり，$p\neq q$ の条件に反する。よって

$$\boldsymbol{p=-5}$$ 答

したがって

$$q=2-(-5)=7$$ 答

$q=2-p$

このとき，p，$q+3$ をこの順に最初の 2 項とする等差

数列は

$-5,\ 10,\ \cdots$

$q+3=7+3=10$

であり，初項 -5，公差 15 の等差数列となるから，初項から第25項までの和は

公差は　$10-(-5)=15$

$$\frac{25\{2\cdot(-5)+24\cdot15\}}{2}=\frac{25\cdot350}{2}=\mathbf{4375}$$ ◀◀答

等差数列の和。

次に，数列 $\{x_n\}$ は

$1,\ -5,\ 7,\ \cdots$

$1,\ p,\ q,\ \cdots$

であるから，階差数列は

$-6,\ 12,\ \cdots$

$-5-1=-6$

となり，公比が

$7-(-5)=12$

$$\frac{12}{-6}=-2$$ ◀◀答

で初項が -6 の等比数列となるので，$n\geqq2$ において

$$\begin{aligned}x_n&=1+\sum_{k=1}^{n-1}(-6)\cdot(-2)^{k-1}\\&=1-6\cdot\frac{(-2)^{n-1}-1}{-2-1}\\&=1+2\{(-2)^{n-1}-1\}\\&=-(-2)^n-1\end{aligned}$$

$x_1=1$

これは，$n=1$ のときも成り立つから

$-(-2)^1-1=1$

$$\boldsymbol{x_n=-(-2)^n-1}$$ ◀◀答

類題3

問題は167ページ

(1) a_n は初項 $a_1=1$，公比 2 の等比数列であるから

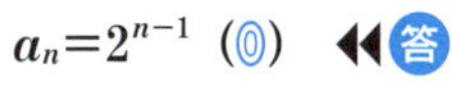

$\boldsymbol{a_n=2^{n-1}}$ (⓪) ◀◀答

上から n 段目には縦 a_n 個，横 n 個のブロックが使われているので

$\boldsymbol{b_n=n\cdot a_n}$ (①) ◀◀答

である。

(2) c_m は初項 $c_1=a_{10}=2^9$，公比 $2^{-1}=\dfrac{1}{2}$，項数 m の等比数列の和であるから

$$c_m=\frac{2^9\left\{1-\left(\dfrac{1}{2}\right)^m\right\}}{1-\dfrac{1}{2}}$$

$=2^{10}\left\{1-\left(\frac{1}{2}\right)^m\right\}$

$=\mathbf{2^{10}-2^{10-m}}$ (ⓘ, ⓐ)

$\left(\frac{1}{2}\right)^m=2^{-m}$

（3）$\sum_{k=1}^{10} b_k=S$ とおくと

$S=1\cdot2^0+2\cdot2^1+3\cdot2^2+\cdots+10\cdot2^9$ ………①

$2S=1\cdot2^1+2\cdot2^2+3\cdot2^3+\cdots+9\cdot2^9+10\cdot2^{10}$

………………………………②

であるから，①−②より

$-S=2^0+2^1+2^2+\cdots+2^9-10\cdot2^{10}$

$=\frac{1\cdot(2^{10}-1)}{2-1}-10\cdot2^{10}$

$=-9\cdot2^{10}-1$

等差数列と r^{k-1} の積の和より。

初項 1，公比 2，項数 10 の等比数列の和より。

であるから

$S=9\cdot2^{10}+1=$ **9217**

別解：$\sum_{k=1}^{10} c_k=10\cdot2^{10}-\frac{2^9\left\{1-\left(\frac{1}{2}\right)^{10}\right\}}{1-\frac{1}{2}}$

$=10\cdot2^{10}-2^{10}\left\{1-\left(\frac{1}{2}\right)^{10}\right\}$

$=9\cdot2^{10}+1$

$=9217$

花子さんの考え方で解いてもよい。

類題4

問題は174ページ

$X=1000$，$Y=5$，$P_1=100$ より

$a_1=\left(1+\frac{5}{100}\right)\cdot1000-100$

$=10\cdot105-100$

$=$ **950** ◀◀答

（1）$a_{n+1}=\frac{21}{20}a_n-100$

$a_{n+1}-2000=\frac{21}{20}(a_n-2000)$

より，数列 $\{a_n-2000\}$ は初項 $a_1-2000=-1050$，公比 $\frac{21}{20}$ の等比数列であるから

特性方程式

$x=\frac{21}{20}x-100$ の解は

$x=2000$

$$a_n-2000=-1050\left(\frac{21}{20}\right)^{n-1}$$

$$\therefore\quad \boldsymbol{a_n=2000-1050\left(\frac{21}{20}\right)^{n-1}}\ (⓪)$$ ◀◀答

である。

（2）$X=1000$，$Y=5$，$P_n=p$（定数）のとき

$$a_1=1050-p,\quad a_{n+1}=\frac{21}{20}a_n-p$$

であり

$$a_{n+1}-20p=\frac{21}{20}(a_n-20p)$$

$$a_n-20p=\left(\frac{21}{20}\right)^{n-1}(a_1-20p)$$

$$\therefore\quad a_n=20p+(1050-21p)\left(\frac{21}{20}\right)^{n-1}$$

である。よって，$p=10$ のとき

$$a_n=200+840\left(\frac{21}{20}\right)^{n-1}$$

であり，$\left(\frac{21}{20}\right)^{n-1}\geqq 1$ より，つねに

$$a_n\geqq 200+840=1040$$

であるから，説明として正しいものは⓪である。◀◀答

（3）$a_{n+1}=\left(1+\frac{Y}{100}\right)a_n-p$

$$\therefore\quad a_{n+1}-a_n=\frac{Y}{100}a_n-p$$

より，$\frac{Y}{100}a_n<p$ であれば

$$a_{n+1}-a_n<0\qquad \therefore\quad a_{n+1}<a_n$$

となり，いずれは返済が終わることがわかる。したがって

$$\frac{Y}{100}X<p\qquad \therefore\quad \boldsymbol{p>\frac{XY}{100}}\ (①)$$ ◀◀答

であればいずれは返済が終わることになる。

（4）$-50\leqq x\leqq 50$ とし

$X=1000$，$Y=5$，$P_1=50-x$，$P_2=50$，$P_3=50+x$

とするとき

特性方程式

$x=\frac{21}{20}x-p$ の解は

$x=20p$

$a_n\geqq 1040$ より，つねに

$a_n>1000$ である。

残りの返済額が毎年減っていけばよい。

$X>a_1>a_2>\cdots$

$>a_n>a_{n+1}>\cdots$

より

$$\frac{Y}{100}a_n<\frac{Y}{100}X<p$$

$$a_1=1050-(50-x)=1000+x$$

$$a_2=\frac{21}{20}(1000+x)-50$$

$$=1000+\frac{21}{20}x$$

$a_2=\frac{21}{20}a_1-P_2$ より。

$$a_3=\frac{21}{20}\left(1000+\frac{21}{20}x\right)-(50+x)$$

$$=1000+\left\{\left(\frac{21}{20}\right)^2-1\right\}x$$

$$=1000+\frac{41}{400}x$$

$a_3=\frac{21}{20}a_2-P_3$ より。

よって，$a_3>1000$ のとき

$$1000+\frac{41}{400}x>1000$$

$$\frac{41}{400}x>0 \qquad \therefore \quad x>0$$

であり

⓪：$x=50$ のとき　①：$x=10$ のとき

②：$x=-10$ のとき　③：$x=-50$ のとき

であるから，$a_3>1000$ となるのは

⓪，①　◀◀答

$x>0$ をみたすのは
⓪と①
である。

類題5

問題は178ページ

(1) $S_{12}=-60$ より

$$\frac{12\{2a+11\cdot(-4)\}}{2}=-60$$

等差数列の和。

$$2a-44=-10 \qquad \therefore \quad \boldsymbol{a=17}$$ ◀◀答

したがって，一般項 a_n は

$$a_n=17-4(n-1)=21-4n$$

であるから

$$\begin{cases} a_n>0 & (n\leqq 5) \\ a_n<0 & (n\geqq 6) \end{cases}$$

$a_n>0$ を解くと

$$n<\frac{21}{4}=5+\frac{1}{4}$$

となる。よって，S_n は $n\leqq 5$ のとき増加，$n\geqq 6$ のとき減少するから，S_n は $\boldsymbol{n=5}$ ◀◀答 のとき最大となり，最大値は

$$S_5=\frac{5\{2\cdot 17+4\cdot(-4)\}}{2}=45$$ ◀◀答

（2）$\dfrac{24}{111}=0.216216216\cdots$

であるから，数列 $\{b_n\}$ は 2，1，6 を繰り返す数列であり，$l=0$，1，2，… とするとき

$$b_1=b_4=\cdots=b_{3l+1}=\cdots=2$$
$$b_2=b_5=\cdots=b_{3l+2}=\cdots=1$$
$$b_3=b_6=\cdots=b_{3l+3}=\cdots=6$$

である。ここで，$50=3\cdot16+2$ であるから

$\boldsymbol{b_{50}=1}$ ◀◀答

である。また，$l=0$，1，2，… に対して

$$b_{3l+1}+b_{3l+2}+b_{3l+3}=2+1+6=9$$

であるから

$$\sum_{k=1}^{50}b_k=(b_1+b_2+b_3)+(b_4+b_5+b_6)+\cdots+(b_{46}+b_{47}+b_{48})+b_{49}+b_{50}$$
$$=9\times16+2+1=\mathbf{147}$$ ◀◀答

次に，$a_n=21-4n$ であるから，$l=0$，1，2，… に対して

$$a_{3l+1}b_{3l+1}+a_{3l+2}b_{3l+2}+a_{3l+3}b_{3l+3}$$
$$=(17-12l)\cdot2+(13-12l)\cdot1+(9-12l)\cdot6$$
$$=101-108l$$

よって

$$\sum_{k=1}^{30}a_kb_k=\sum_{l=0}^{9}(a_{3l+1}b_{3l+1}+a_{3l+2}b_{3l+2}+a_{3l+3}b_{3l+3})$$
$$=\sum_{l=0}^{9}(101-108l)=101\cdot10-108\cdot\frac{9\cdot10}{2}$$
$$=\mathbf{-3850}$$ ◀◀答

216を循環節とする循環小数。

b_n を3項ごとにまとめて考える。

3項ずつ1つのまとまりとして考える。

$a_{3l+1}=21-4(3l+1)$
$=17-12l$
その他も同様。

$\sum_{l=0}^{9}l=0+\sum_{l=1}^{9}l=\sum_{l=1}^{9}l$

別解：（1）の S_n の最大値は

$$S_n=\frac{n\{2\cdot17-4(n-1)\}}{2}=-2n^2+19n$$
$$=-2\left(n-\frac{19}{4}\right)^2+\frac{19^2}{8}$$

より，$\dfrac{19}{4}$ に最も近い整数である $n=5$ のとき最大になることから求めることもできる。

類題6

問題は182ページ

（1）$S_n=\sum_{k=1}^{n} a_k$，$T_n=\sum_{k=1}^{n} b_k$ とおくと，$n \geqq 2$ のとき

$$a_n=S_n-S_{n-1}=n^2-(n-1)^2=2n-1$$

和から一般項を求める。

$n \geqq 2$ に注意。

$$b_n=T_n-T_{n-1}$$
$$=(n^2+n)-\{(n-1)^2+(n-1)\}=2n$$

となり，これらは $n=1$ のときも成り立つ。よって

$a_1=1$，$b_1=2$

$$\sum_{k=1}^{10}(a_k{}^2+b_k{}^2)=\sum_{k=1}^{10}\{(2k-1)^2+(2k)^2\}$$
$$=(1^2+2^2)+(3^2+4^2)+\cdots+(19^2+20^2)$$
$$=\frac{20\cdot 21\cdot 41}{6}=2870$$ ◀◀答

$\sum_{k=1}^{20}k^2$ と等しい。

また

$$\sum_{k=1}^{10}(a_k{}^2-b_k{}^2)=\sum_{k=1}^{10}\{(2k-1)^2-(2k)^2\}$$
$$=\sum_{k=1}^{10}(-4k+1)$$
$$=-4\cdot\frac{10\cdot 11}{2}+1\cdot 10$$
$$=-210$$ ◀◀答

（2）この群数列の第 n 区画は

$$\frac{n}{n+1},\ \frac{n-1}{n+1},\ \cdots,\ \frac{2}{n+1},\ \frac{1}{n+1}$$

の n 個の項を含んでいるから，第1区画から第 n 区画までに含まれている項の個数は

$$\sum_{k=1}^{n}k=\frac{n(n+1)}{2}$$

$(1+2+\cdots+n)$ 個

である。次に

$$\frac{9\cdot 10}{2}<47<\frac{10\cdot 11}{2}$$

より $\frac{n(n+1)}{2}\leqq 47$ をみたす最大の n は9であり，第9区画までに含まれる項の個数は45だから，c_{47} は

$\frac{9\cdot 10}{2}=45$

第10区画の2番目 ◀◀答

の項で

$$c_{47}=\frac{10-1}{10+1}=\frac{9}{11}$$ ◀◀答

である。また，第 n 区画に含まれる項の和は

$$\frac{n+(n+1)+\cdots+2+1}{n+1}=\frac{1}{n+1}\cdot\frac{n(n+1)}{2}$$
$$=\frac{n}{2}$$ ◀◀答

であるから

$$\sum_{k=1}^{47}c_k=\sum_{i=1}^{9}\frac{i}{2}+\frac{10+9}{11}$$
$$=\frac{1}{2}\cdot\frac{9\cdot10}{2}+\frac{19}{11}=\frac{533}{22}$$ ◀◀答

第 9 区画までに含まれる項と第 10 区画の項に分けて考える。

類題7

問題は189ページ

太郎さんの方針において

$$(k+1)^3-k^3=3k^2+3k+1$$
$$=3k(k+1)+1$$ ◀◀答

（1）太郎さんの方針より

$$\sum_{k=1}^{n}\{(k+1)^3-k^3\}=\sum_{k=1}^{n}3k(k+1)+\sum_{k=1}^{n}1$$
$$=3\sum_{k=1}^{n}k(k+1)+n\ (⓪)$$

◀◀答 ……①

であり，①の左辺は

$$\sum_{k=1}^{n}\{(k+1)^3-k^3\}$$
$$=(2^3-1^3)+(3^3-2^3)+\cdots+\{(n+1)^3-n^3\}$$
$$=(n+1)^3-1\ (⑤)$$ ◀◀答

途中の項が消去できる。

であるから

$$3\sum_{k=1}^{n}k(k+1)=(n+1)^3-1-n=n^3+3n^2+2n$$
$$=n(n^2+3n+2)$$
$$=n(n+1)(n+2)$$

より

$$\sum_{k=1}^{n}k(k+1)=\frac{1}{3}n(n+1)(n+2)$$ ◀◀答

$\because$ $3\sum_{k=1}^{n}k(k+1)=n(n+1)(n+2)$ の両辺を3で割った。

（2）$(k+3)-(k-1)=4$ より

$$\frac{1}{4}\{(k+3)-(k-1)\}=1$$ ◀◀答

であり

$$k(k+1)(k+2)$$
$$=\frac{1}{4}\{(k+3)-(k-1)\}\cdot k(k+1)(k+2)$$
$$=\frac{1}{4}\{k(k+1)(k+2)(k+3)$$
$$-(k-1)k(k+1)(k+2)\}\ (⓪,\ ⑥)$$ ◀◀答

連続する4つの整数の積の差の形をつくる。

である。よって

$$\sum_{k=1}^{n}k(k+1)(k+2)$$
$$=\sum_{k=1}^{n}\frac{1}{4}\{k(k+1)(k+2)(k+3)$$
$$-(k-1)k(k+1)(k+2)\}$$
$$=\frac{1}{4}[(1\cdot2\cdot3\cdot4-0\cdot1\cdot2\cdot3)+(2\cdot3\cdot4\cdot5-1\cdot2\cdot3\cdot4)$$
$$+\cdots+\{n(n+1)(n+2)(n+3)$$
$$-(n-1)n(n+1)(n+2)\}]$$

途中の項が消去できる。

より

$$\sum_{k=1}^{n}k(k+1)(k+2)=\frac{1}{4}n(n+1)(n+2)(n+3)$$

と求められる。

（3）　$k(k+1)\cdot\cdots\cdot(k+5)$

$$=\frac{1}{7}\{(k+6)-(k-1)\}\cdot k(k+1)\cdot\cdots\cdot(k+5)$$
$$=\frac{1}{7}\{k(k+1)\cdot\cdots\cdot(k+6)-(k-1)k\cdot\cdots\cdot(k+5)\}$$

（2）と同様にして，連続する6つの整数の積の差の形をつくる。

より

$$\sum_{k=1}^{n}\{k(k+1)\cdot\cdots\cdot(k+5)\}$$
$$=\frac{1}{7}\{n(n+1)\cdot\cdots\cdot(n+6)-0\cdot1\cdot\cdots\cdot6\}$$
$$=\frac{1}{7}n(n+1)\cdot\cdots\cdot(n+6)\ (⓪)$$ ◀◀答

途中の項が消去される。

7 ベクトル

類題1

問題は206ページ

（1）直線 PI と辺 AB との交点を C とすると，角の二等分線の性質より

$$AC : CB = PA : PB$$
$$= 3 : 2 \quad \cdots\cdots①$$

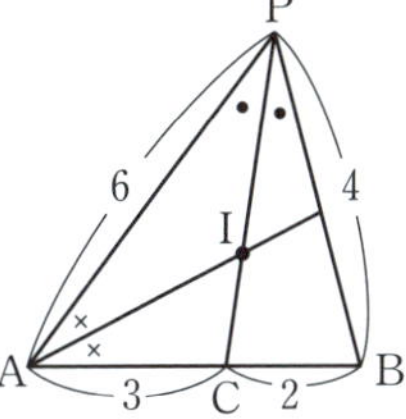

であるから

$$\overrightarrow{PC} = \frac{2}{3+2}\overrightarrow{PA} + \frac{3}{3+2}\overrightarrow{PB}$$
$$= \frac{2}{5}\overrightarrow{PA} + \frac{3}{5}\overrightarrow{PB} \quad \text{◀◀答}$$

点 C は線分 AB を3:2に内分している。

そして，①より

$$AC = \frac{3}{5}AB = 3$$

であるから，角の二等分線の性質より

$$PI : IC = AP : AC = 2 : 1$$

であり

$$\overrightarrow{PI} = \frac{2}{2+1}\overrightarrow{PC}$$
$$= \frac{2}{3}\left(\frac{2}{5}\overrightarrow{PA} + \frac{3}{5}\overrightarrow{PB}\right)$$
$$= \frac{4}{15}\overrightarrow{PA} + \frac{2}{5}\overrightarrow{PB} \quad \text{◀◀答}$$

である。

線分 AC の長さを実際に求め，△PAC に着目して，角の二等分線の性質を利用する。

（2）$\overrightarrow{PQ} = s\overrightarrow{PA}$，$\overrightarrow{PR} = t\overrightarrow{PB}$ より

$$\overrightarrow{PA} = \frac{1}{s}\overrightarrow{PQ}, \quad \overrightarrow{PB} = \frac{1}{t}\overrightarrow{PR}$$

であるから，点 I が線分 QR 上にあるとき

$$\overrightarrow{PI} = \frac{4}{15}\cdot\frac{1}{s}\overrightarrow{PQ} + \frac{2}{5}\cdot\frac{1}{t}\overrightarrow{PR}$$
$$= \frac{4}{15s}\overrightarrow{PQ} + \frac{2}{5t}\overrightarrow{PR} \quad \text{◀◀答}$$

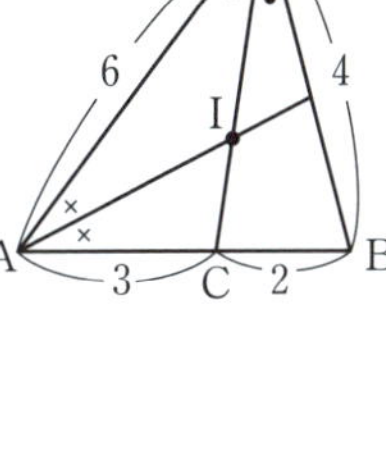

$\overrightarrow{PI} = \frac{4}{15s}\overrightarrow{PQ} + \frac{2}{5t}\overrightarrow{PR}$ だけでは，s，t の値は決められないが，点 I が線分 QR 上にあり

$$\frac{4}{15s} + \frac{2}{5t} = 1$$

を満たすことから，s，t の値の組を決めることができる。

かつ

$$\frac{4}{15s}+\frac{2}{5t}=1$$ 答

である。

（3）（2）より

$$\frac{4}{15s}+\frac{2}{5t}=1$$

のとき，点 I は線分 QR 上にあるので，（i）～（iii）の s，t に対して，$\frac{4}{15s}+\frac{2}{5t}$ の値と 1 との大小を調べる。

$\frac{4}{15s}+\frac{2}{5t}>1$ のとき
点 I は △PQR の外部
$\frac{4}{15s}+\frac{2}{5t}=1$ のとき
点 I は線分 QR 上
$\frac{4}{15s}+\frac{2}{5t}<1$ のとき
点 I は △PQR の内部

（i）$s=\frac{1}{3}$，$t=\frac{2}{3}$ のとき

$$\frac{4}{15s}+\frac{2}{5t}=\frac{4}{5}+\frac{3}{5}=\frac{7}{5}>1$$

であるから，**点 I は △PQR の外部にある。**（②）

（ii）$s=\frac{1}{2}$，$t=\frac{6}{7}$ のとき

$$\frac{4}{15s}+\frac{2}{5t}=\frac{8}{15}+\frac{7}{15}=1$$

であるから，**点 I は線分 QR 上にある。**（⓪） 答

（iii）$s=\frac{8}{15}$，$t=\frac{4}{5}$ のとき

$$\frac{4}{15s}+\frac{2}{5t}=\frac{1}{2}+\frac{1}{2}=1$$

であるから，**点 I は線分 QR 上にある。**（⓪）

類題2

問題は210ページ

（1）$\overrightarrow{AC}=\overrightarrow{AB}+\overrightarrow{BC}$
$=\vec{a}+2\vec{b}$ 答

また

$\overrightarrow{AQ}=\overrightarrow{AB}+\overrightarrow{BQ}$
$=\vec{a}+(1-t)\cdot 2\vec{b}$
$=\vec{a}+(2-2t)\vec{b}$ 答

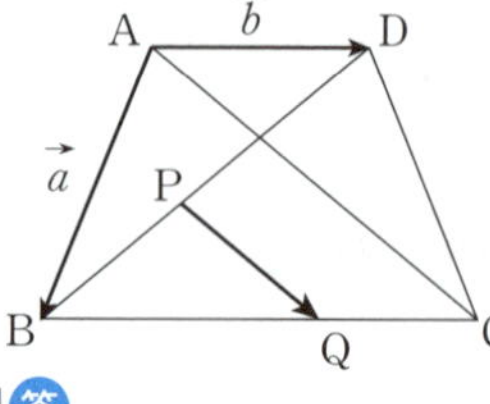

BC∥AD，BC＝2AD より
$\overrightarrow{BC}=2\vec{b}$
$\overrightarrow{AQ}$
$=t\overrightarrow{AB}+(1-t)\overrightarrow{AC}$
から求めてもよい。

さらに

$$\overrightarrow{AP}=(1-t)\overrightarrow{AB}+t\overrightarrow{AD}=(1-t)\vec{a}+t\vec{b}$$

であるから

$$\overrightarrow{PQ}=\overrightarrow{AQ}-\overrightarrow{AP}$$

$$=\boldsymbol{t\,\vec{a}+(2-3t)\vec{b}}$$ ◀◀答

PQ∥AC のとき，$\overrightarrow{PQ}=k\overrightarrow{AC}$（$k$ は実数）と表すことができるから

$$t\,\vec{a}+(2-3t)\vec{b}=k\,\vec{a}+2k\,\vec{b}$$

$\vec{a}$ と $\vec{b}$ は1次独立であるから

$$t=k,\ 2-3t=2k \qquad \therefore\quad t=k=\frac{2}{5}$$ ◀◀答

$k\overrightarrow{AC}=k(\vec{a}+2\vec{b})$

（2）$t=\dfrac{2}{5}$ のとき

$$\overrightarrow{BQ}=\left(2-2\cdot\frac{2}{5}\right)\vec{b}=\frac{6}{5}\vec{b}$$

$\overrightarrow{BQ}=(2-2t)\vec{b}$

であるから，AB＝BQ のとき

$$|\boldsymbol{\vec{a}}|=\frac{6}{5}|\boldsymbol{\vec{b}}|$$ ◀◀答

$|\overrightarrow{AB}|=|\overrightarrow{BQ}|$

また，AC＝BD であるから

$$|\vec{a}+2\vec{b}|=|\vec{b}-\vec{a}|$$

$|\overrightarrow{AC}|=|\overrightarrow{BD}|$

両辺を2乗して

$$|\vec{a}|^2+4\,\vec{a}\cdot\vec{b}+4|\vec{b}|^2=|\vec{b}|^2-2\,\vec{a}\cdot\vec{b}+|\vec{a}|^2$$

$$\therefore\quad \boldsymbol{\vec{a}\cdot\vec{b}=\frac{-1}{2}|\vec{b}|^2}$$ ◀◀答

したがって

$$\cos\angle BAD=\frac{\vec{a}\cdot\vec{b}}{|\vec{a}||\vec{b}|}=\frac{-\dfrac{1}{2}|\vec{b}|^2}{\dfrac{6}{5}|\vec{b}||\vec{b}|}$$

$$=\boldsymbol{\frac{-5}{12}}$$ ◀◀答

類題3

問題は213ページ

（1）$\vec{b}\cdot\vec{c}=4\cdot3\cos60^\circ=6$ ◀◀答

（2）AB⊥BD であるから

$$\overrightarrow{AB}\cdot\overrightarrow{BD}=\vec{b}\cdot(x\vec{b}+y\vec{c}-\vec{b})=0$$

AD は外接円の直径。

$\overrightarrow{BD}=\overrightarrow{AD}-\overrightarrow{AB}$

$=x\,\vec{b}+y\,\vec{c}-\vec{b}$

すなわち

$$x|\vec{b}|^2+y\vec{b}\cdot\vec{c}=|\vec{b}|^2$$

$$16x+6y=16$$

$|\vec{b}|^2=4^2=16$
$\vec{b}\cdot\vec{c}=6$

$\therefore\quad$ **$8x+3y=8$** ◀◀答 ……………………①

また，AC ⊥ CD であるから

$$\overrightarrow{AC}\cdot\overrightarrow{CD}=\vec{c}\cdot(x\vec{b}+y\vec{c}-\vec{c})=0$$

$\overrightarrow{CD}=\overrightarrow{AD}-\overrightarrow{AC}$
$=x\vec{b}+y\vec{c}-\vec{c}$

すなわち

$$x\vec{b}\cdot\vec{c}+y|\vec{c}|^2=|\vec{c}|^2$$

$$6x+9y=9$$

$|\vec{c}|^2=3^2=9$,
$\vec{b}\cdot\vec{c}=6$

$\therefore\quad$ **$2x+3y=3$** ◀◀答 ……………………②

したがって，①，②より

$$x=\frac{5}{6},\ y=\frac{4}{9}$$ ◀◀答

となるから，$\overrightarrow{AD}=\frac{5}{6}\vec{b}+\frac{4}{9}\vec{c}$ である。

(3) $|\overrightarrow{AD}|^2=\frac{25}{36}|\vec{b}|^2+\frac{20}{27}\vec{b}\cdot\vec{c}+\frac{16}{81}|\vec{c}|^2$

$$=\frac{156}{9}$$

$|\vec{b}|^2=16$, $|\vec{c}|^2=9$,
$\vec{b}\cdot\vec{c}=6$

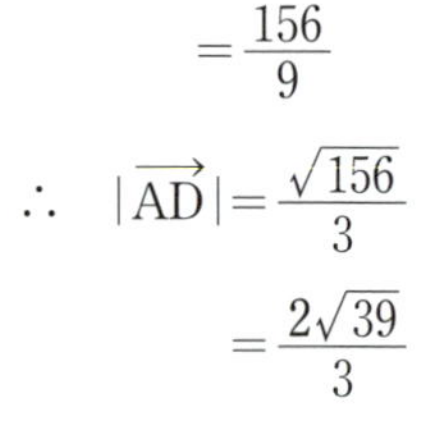

$$\therefore\quad|\overrightarrow{AD}|=\frac{\sqrt{156}}{3}$$

$$=\frac{2\sqrt{39}}{3}$$

AD は外接円の直径。

よって，円の半径は

$$\frac{\sqrt{39}}{3}$$ ◀◀答

$\frac{1}{2}|\overrightarrow{AD}|=\frac{1}{2}\cdot\frac{2\sqrt{39}}{3}$

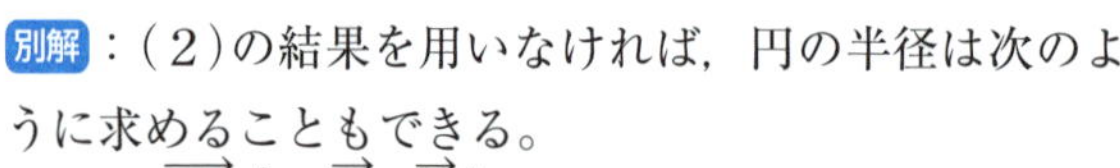

別解：(2)の結果を用いなければ，円の半径は次のようにも求めることもできる。

$$|\overrightarrow{BC}|^2=|\vec{c}-\vec{b}|^2$$

$$=|\vec{c}|^2-2\vec{b}\cdot\vec{c}+|\vec{b}|^2=13$$

$|\vec{c}|^2=9$, $|\vec{b}|^2=16$,
$\vec{b}\cdot\vec{c}=6$

$$\therefore\quad|\overrightarrow{BC}|=\sqrt{13}$$

よって，正弦定理より，円の半径は

$$\frac{\sqrt{13}}{2\sin60^\circ}=\frac{\sqrt{39}}{3}$$

$\frac{BC}{2\sin A}$

類題4

問題は216ページ

（1）Rは線分ABを2：3に内分する点であるから

$$\overrightarrow{OR}=\frac{3\overrightarrow{OA}+2\overrightarrow{OB}}{2+3}=\frac{\mathbf{3\overrightarrow{OA}+2\overrightarrow{OB}}}{\mathbf{5}}$$ 答

$$=\frac{3}{5}(-4,\ 1,\ 0)+\frac{2}{5}(-4,\ 6,\ -5)$$

$$=(-4,\ 3,\ -2)$$

∴ **R(−4, 3, −2)** 答

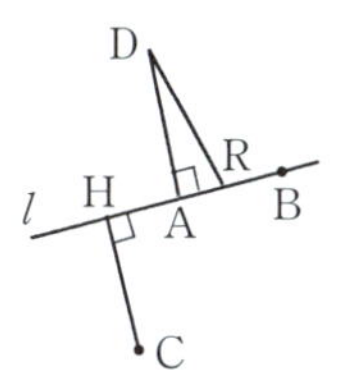

また，$\overrightarrow{AR}=\overrightarrow{OR}-\overrightarrow{OA}=(0,\ 2,\ -2)$ より

$$|\overrightarrow{AR}|=\sqrt{0^2+2^2+(-2)^2}=2\sqrt{2}$$

$\overrightarrow{OR}-\overrightarrow{OA}$
$=(-4,\ 3,\ -2)-(-4,\ 1,\ 0)$
$=(0,\ 2,\ -2)$

したがって，△ADRで三平方の定理より

$$DR=\sqrt{(4\sqrt{3})^2+(2\sqrt{2})^2}=\mathbf{2\sqrt{14}}$$ 答

$DR^2=AD^2+AR^2$

（2）点Cから直線lに下ろした垂線とlの交点Hについて，t'を実数として

$$\overrightarrow{CH}=\overrightarrow{CA}+t'\overrightarrow{AB}$$

$$=\overrightarrow{CA}+t'\cdot5(0,\ 1,\ -1)$$

$\overrightarrow{AB}=\overrightarrow{OB}-\overrightarrow{OA}$
$=(0,\ 5,\ -5)$
$=5(0,\ 1,\ -1)$

ここで

$$5t'=t,\quad \vec{u}=\mathbf{(0,\ 1,\ -1)}$$ 答

とおけば

$$\overrightarrow{CH}=\overrightarrow{CA}+t\vec{u}$$

$$=(-1,\ -6+t,\ 2-t)$$

$\overrightarrow{CA}=\overrightarrow{OA}-\overrightarrow{OC}$
$=(-1,\ -6,\ 2)$

となり，$\overrightarrow{CH}\perp l$ より $\overrightarrow{CH}\cdot\vec{u}=0$ であるから

$$\overrightarrow{CH}\cdot\vec{u}=(-1)\cdot0+(-6+t)\cdot1+(2-t)\cdot(-1)$$

成分による内積の計算。

$$=2t-8=0\qquad\therefore\ \mathbf{t=4}$$ 答

よって，$\overrightarrow{CH}=(-1,\ -2,\ -2)$ であるから

$$\overrightarrow{OH}=\overrightarrow{OC}+\overrightarrow{CH}$$

$$=(-3,\ 7,\ -2)+(-1,\ -2,\ -2)$$

$$=(-4,\ 5,\ -4)$$

∴ **H(−4, 5, −4)** 答

（3）直線lと点Cを含む平面上で条件をみたす点Dのうち，直線lに関して点Cと反対側にある点をD_0とする。また，線分CD_0と直線lの交点をP_0とすると

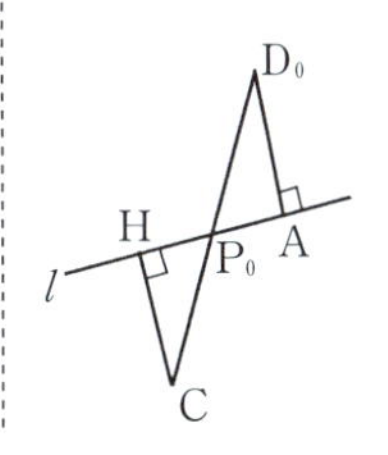

$$CP+PD=CP+PD_0 \geqq CP_0+P_0D_0=CD_0$$

すなわち $P_0=P'$ であり，$\triangle CHP_0 \backsim \triangle D_0AP_0$ であるから

PD=PD_0

$$HP' : AP'=CH : D_0A$$

ここで，$D_0A=4\sqrt{3}$ であり

$$CH=\sqrt{(-1)^2+(-2)^2+(-2)^2}=3$$

$\overrightarrow{CH}=(-1,\ -2,\ -2)$

であるから

$$HP' : P'A=3 : 4\sqrt{3}=\sqrt{3} : 4$$ ◀◀答

類題5

問題は222ページ

（1）点 P は平面 LMN 上の点であるから

$$\overrightarrow{\mathbf{OP}}=\overrightarrow{\mathbf{OL}}+\alpha\overrightarrow{\mathbf{LM}}+\beta\overrightarrow{\mathbf{LN}}$$ （②） ◀◀答

$\overrightarrow{LP}=\alpha\overrightarrow{LM}+\beta\overrightarrow{LN}$ であり
$\overrightarrow{OP}=\overrightarrow{OL}+\overrightarrow{LP}$
である。

であり，点 M が線分 AB の中点であるとき

$$\overrightarrow{OL}=\frac{1}{2}\overrightarrow{OA},\ \overrightarrow{LM}=\frac{1}{2}\overrightarrow{OB}$$

$$\overrightarrow{LN}=\overrightarrow{ON}-\overrightarrow{OL}=-\frac{1}{2}\overrightarrow{OA}+\frac{3}{4}\overrightarrow{OC}$$

L，M はそれぞれ辺 OA，AB の中点であるから
LM // OB，
$LM=\frac{1}{2}OB$
である。

より

$$\overrightarrow{OP}=\frac{1}{2}\overrightarrow{OA}+\frac{\alpha}{2}\overrightarrow{OB}+\beta\left(-\frac{1}{2}\overrightarrow{OA}+\frac{3}{4}\overrightarrow{OC}\right)$$

$$=\frac{1-\beta}{2}\overrightarrow{\mathbf{OA}}+\frac{\alpha}{2}\overrightarrow{\mathbf{OB}}+\frac{3\beta}{4}\overrightarrow{\mathbf{OC}}$$ ◀◀答

となり，点 P が線分 BC 上にもあることから

$$\frac{1-\beta}{2}=0 \text{ かつ } \frac{\alpha}{2}+\frac{3}{4}\beta=1$$

$\overrightarrow{OP}$ は $\overrightarrow{OB}$ と $\overrightarrow{OC}$ だけで表すことができ，$\overrightarrow{OB}$ と $\overrightarrow{OC}$ の係数の和は1である。

となるので

$$\boldsymbol{\alpha}=\frac{1}{2},\ \boldsymbol{\beta}=1$$ ◀◀答

である。このとき

$$\frac{\alpha}{2}=\frac{1}{2}\cdot\frac{1}{2}=\frac{1}{4},\ \frac{3}{4}\beta=\frac{3}{4}\cdot 1=\frac{3}{4}$$

であるから

$$\overrightarrow{OP}=\frac{1}{4}\overrightarrow{OB}+\frac{3}{4}\overrightarrow{OC}$$

となり

BP : PC = 3 : 1 ◀◀答

であるから

$$\overrightarrow{\mathrm{NP}}=\frac{1}{4}\overrightarrow{\mathrm{OB}},\ \overrightarrow{\mathrm{LM}}=\frac{1}{2}\overrightarrow{\mathrm{OB}}$$

より

$$\mathrm{NP}/\!/\mathrm{LM}$$

であり

$$\overrightarrow{\mathrm{LN}}=-\frac{1}{2}\overrightarrow{\mathrm{OA}}+\frac{3}{4}\overrightarrow{\mathrm{OC}}$$

$$\begin{aligned}\overrightarrow{\mathrm{MP}}&=\overrightarrow{\mathrm{OP}}-\overrightarrow{\mathrm{OM}}\\&=\left(\frac{1}{4}\overrightarrow{\mathrm{OB}}+\frac{3}{4}\overrightarrow{\mathrm{OC}}\right)-\left(\frac{1}{2}\overrightarrow{\mathrm{OA}}+\frac{1}{2}\overrightarrow{\mathrm{OB}}\right)\\&=-\frac{1}{2}\overrightarrow{\mathrm{OA}}-\frac{1}{4}\overrightarrow{\mathrm{OB}}+\frac{3}{4}\overrightarrow{\mathrm{OC}}\end{aligned}$$

$\overrightarrow{\mathrm{NP}}=\overrightarrow{\mathrm{OP}}-\overrightarrow{\mathrm{ON}}$

より

LN と MP は平行でない

$\overrightarrow{\mathrm{LN}}=k\overrightarrow{\mathrm{MP}}$ $(k\neq 0)$ を満たす k が存在しないことは明らか。

から，切断面の形は

辺 LM と辺 NP が平行な台形（②） ◀◀答

である。

（**2**）点 Q は直線 LN 上にあることより，s を実数として

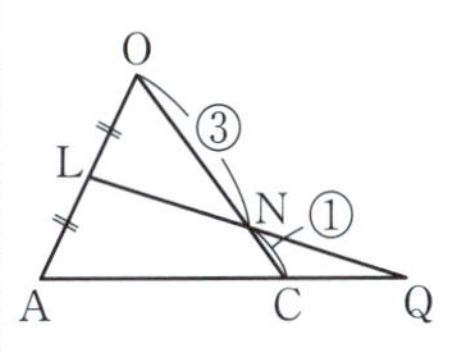

$$\begin{aligned}\overrightarrow{\mathrm{OQ}}&=(1-s)\overrightarrow{\mathrm{OL}}+s\overrightarrow{\mathrm{ON}}\\&=\frac{1-s}{2}\overrightarrow{\mathrm{OA}}+\frac{3s}{4}\overrightarrow{\mathrm{OC}}\end{aligned}$$

と表すことができ，点 Q は直線 AC 上にもあることより

$$\frac{1-s}{2}+\frac{3s}{4}=1 \qquad \therefore\ s=2$$

であるから

$$\overrightarrow{\mathbf{OQ}}=-\frac{1}{2}\overrightarrow{\mathbf{OA}}+\frac{3}{2}\overrightarrow{\mathbf{OC}}$$ ◀◀答

であり，点 P が線分 BC 上にあり，線分 BC を $y:(1-y)$ に内分しているので

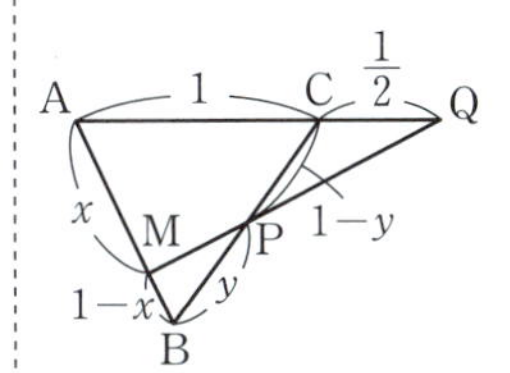

$$\overrightarrow{\mathbf{AP}}=(1-y)\overrightarrow{\mathbf{AB}}+y\overrightarrow{\mathbf{AC}}$$ （④，③） ◀◀答 …①

点 P が線分 MQ を $z:(1-z)$ に内分する点であるとき

$$\begin{aligned}\overrightarrow{\mathrm{AP}}&=(1-z)\overrightarrow{\mathrm{AM}}+z\overrightarrow{\mathrm{AQ}}\\&=x(1-z)\overrightarrow{\mathbf{AB}}+\frac{3}{2}z\overrightarrow{\mathbf{AC}}\end{aligned}$$ （⓪） ◀◀答 …②

である。よって，①，②より

$$1-y=x(1-z) \quad \cdots\cdots③$$

$$y=\frac{3}{2}z \quad \cdots\cdots④$$

であり，④より $z=\frac{2}{3}y$ であるから，これを③に代入して z を消去すると

$$1-y=x\left(1-\frac{2}{3}y\right)$$

$$x+y-\frac{2}{3}xy=1 \qquad \therefore \quad \mathbf{3x+3y-2xy=3}$$ 答

である。

（3）点Pが辺BCの中点となるとき，$y=\frac{1}{2}$ であるから

$$3x+3\cdot\frac{1}{2}-2x\cdot\frac{1}{2}=3$$

$$2x=\frac{3}{2} \qquad \therefore \quad x=\frac{3}{4}$$

である。よって，点Mは辺ABを

$$\frac{3}{4}:\left(1-\frac{3}{4}\right)=\mathbf{3:1}$$ 答

に内分する点である。

類題6

問題は226ページ

（1）$\overrightarrow{CH}=l\vec{a}+m\vec{b}-\vec{c}$

$\overrightarrow{CH}=\overrightarrow{OH}-\overrightarrow{OC}$

と表せる。CH⊥OAより $\overrightarrow{CH}\cdot\vec{a}=0$ であるから

$$\overrightarrow{CH}\cdot\vec{a}=l|\vec{a}|^2+m\vec{b}\cdot\vec{a}-\vec{c}\cdot\vec{a}$$

$$=2l-2m-2=0$$

$(l\vec{a}+m\vec{b}-\vec{c})\cdot\vec{a}$

$|\vec{a}|=\sqrt{2}$，$\vec{b}\cdot\vec{a}=-2$，$\vec{c}\cdot\vec{a}=2$

$$\therefore \quad \mathbf{l-m=1} \quad \text{答} \quad \cdots\cdots①$$

CH⊥OBより $\overrightarrow{CH}\cdot\vec{b}=0$ であるから

$$\overrightarrow{CH}\cdot\vec{b}=l\vec{a}\cdot\vec{b}+m|\vec{b}|^2-\vec{c}\cdot\vec{b}$$

$$=-2l+8m+4=0$$

$(l\vec{a}+m\vec{b}-\vec{c})\cdot\vec{b}$

$|\vec{b}|=2\sqrt{2}$，$\vec{c}\cdot\vec{b}=-4$

$$\therefore \quad \mathbf{l-4m=2} \quad \text{答} \quad \cdots\cdots②$$

①，②を解いて

$l=\frac{2}{3}$, $m=-\frac{1}{3}$ ◀◀答

よって，$\overrightarrow{\mathrm{OH}}=\frac{2}{3}\vec{a}-\frac{1}{3}\vec{b}$ と表せるから

$$|\overrightarrow{\mathrm{OH}}|^2=\frac{1}{9}(4|\vec{a}|^2-4\vec{a}\cdot\vec{b}+|\vec{b}|^2)$$

$$=\frac{8+8+8}{9}=\frac{8}{3}$$

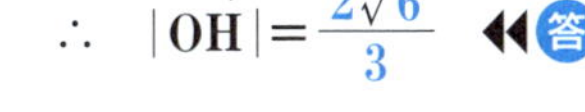

$\therefore\ |\overrightarrow{\mathbf{OH}}|=\frac{2\sqrt{6}}{3}$ ◀◀答

（2）△OAB の面積は

$$\triangle\mathrm{OAB}=\frac{1}{2}\sqrt{2\cdot8-(-2)^2}=\sqrt{3}$$ ◀◀答

$\frac{1}{2}\sqrt{|\vec{a}|^2|\vec{b}|^2-(\vec{a}\cdot\vec{b})^2}$

また，△OCH の面積が $\frac{2\sqrt{2}}{3}$ であるとき

$$\frac{1}{2}\cdot\frac{2\sqrt{6}}{3}\cdot|\overrightarrow{\mathrm{CH}}|=\frac{2\sqrt{2}}{3}$$

$\frac{1}{2}\cdot\mathrm{OH}\cdot\mathrm{CH}$

$\therefore\ |\overrightarrow{\mathbf{CH}}|=\frac{2\sqrt{3}}{3}$ ◀◀答

よって，△OCH で三平方の定理より

$$|\vec{c}|=\sqrt{\left(\frac{2\sqrt{6}}{3}\right)^2+\left(\frac{2\sqrt{3}}{3}\right)^2}=2$$ ◀◀答

$|\vec{c}|=\mathrm{OC}$

したがって，四面体 OABC の体積は

$$\frac{1}{3}\cdot\sqrt{3}\cdot\frac{2\sqrt{3}}{3}=\frac{2}{3}$$ ◀◀答

$\frac{1}{3}\triangle\mathrm{OAB}\cdot\mathrm{CH}$

類題7

問題は231ページ

（1）$\overrightarrow{\mathrm{OA}}=(1,\ 2,\ 3)$，$\overrightarrow{\mathrm{OB}}=(x,\ y,\ 0)$，$\overrightarrow{\mathrm{OC}}=(-x,\ y,\ 1)$ より

$$\overrightarrow{\mathrm{OA}}\cdot\overrightarrow{\mathrm{OB}}=1\cdot x+2\cdot y+3\cdot0=x+2y$$

$$\overrightarrow{\mathrm{OA}}\cdot\overrightarrow{\mathrm{OC}}=1\cdot(-x)+2\cdot y+3\cdot1=-x+2y+3$$

$\vec{x}=(x_1,\ x_2,\ x_3)$，$\vec{y}=(y_1,\ y_2,\ y_3)$ のとき $\vec{x}\cdot\vec{y}=x_1y_1+x_2y_2+x_3y_3$

であり，$\overrightarrow{\mathrm{OA}}\cdot\overrightarrow{\mathrm{OB}}=0$ かつ $\overrightarrow{\mathrm{OA}}\cdot\overrightarrow{\mathrm{OC}}=0$ より

$$x+2y=0 \text{ かつ } -x+2y+3=0$$

であるから，これを解くと

$x=\dfrac{3}{2}$, $y=\dfrac{-3}{4}$ ◀◀答

である。

（**2**）O, A, B, C は四面体 OABC の頂点であることより

$OA \neq 0$, $OB \neq 0$, $OC \neq 0$,

$AB \neq 0$, $BC \neq 0$, $CA \neq 0$

としてよい。

OA⊥(平面 OBC) が成り立つとき, $\overrightarrow{OA}$ と, 平面 OBC 上の一次独立な 2 つのベクトルがそれぞれ垂直であるから, ①, ③ は必要十分条件である。

⓪, ② は, どちらも $\overrightarrow{OA}$ と平面 ABC が垂直となるための必要十分条件であり, 不適である。

④ は, $\overrightarrow{OA}\cdot\overrightarrow{BC}=0$ であるが, $|\overrightarrow{OA}|=|\overrightarrow{OB}|=|\overrightarrow{OC}|$ では $\overrightarrow{OA}\cdot\overrightarrow{OB}=0$ や $\overrightarrow{OA}\cdot\overrightarrow{OC}=0$ が成り立つとは限らないため, 不適である。

⑤ も, $\overrightarrow{OA}\cdot\overrightarrow{BC}=0$ は成り立つが, $\overrightarrow{OA}\cdot\overrightarrow{OB}=0$ や $\overrightarrow{OA}\cdot\overrightarrow{OC}=0$ が成り立つとは限らないため, 不適である。

以上より, OA⊥(平面 OBC) となるための必要十分条件は

①, ③ ◀◀答

である。

「$\overrightarrow{OB}$ と $\overrightarrow{BC}$」, 「$\overrightarrow{OC}$ と $\overrightarrow{BC}$」はそれぞれ平面 OBC 上の一次独立な 2 つのベクトルである。

OB=OC かつ AB=AC より $\overrightarrow{OA}\cdot\overrightarrow{BC}=0$ が成り立つ。

（**3**）⓪, ① は OA⊥BC と面 OAB についての条件が与えられているので

OA⊥OB

が成り立てば

OA⊥(平面 OBC)

である。

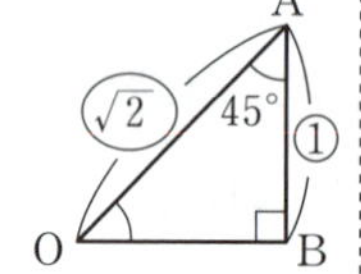

右の図より, ∠OAB=45° のとき

$AB=\sqrt{2}\,OA$

であれば, ∠AOB=90° であり, OA⊥OB が成り立つので, ⓪ は不適で, ① は適している。

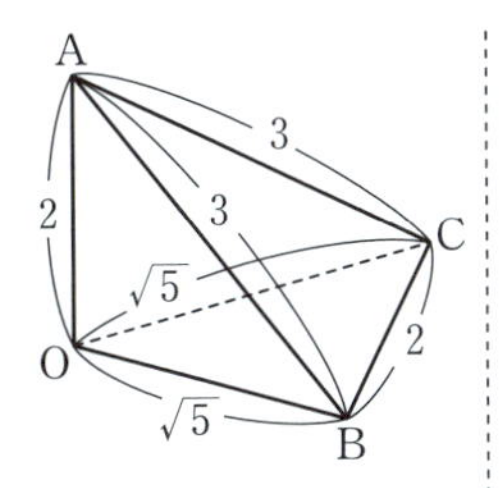

②，③は四面体OABCのすべての辺の長さがわかっており，いずれも$OB=OC$かつ$AB=AC$であるから

$$OA\perp BC$$

が成り立っている。

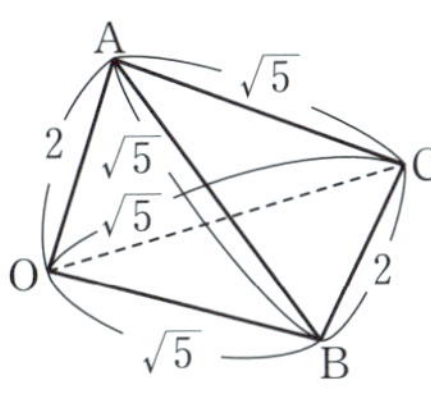

よって，辺OAをもつ三角形に着目すると，右の図より，②の△OABにおいて

$$\angle AOB=90^\circ$$

となるので，②は適していて，③は不適である。

以上より，OA⊥(平面OBC)が成り立つ四面体は

①，② ◀◀答

である。

②は△OACにおいて，$\angle AOC=90^\circ$を示してもよい。

③の△OABや△OACは

$\angle AOB=\angle AOC\neq 90^\circ$

となるので不適。

模擬試験

解　答

問題番号(配点)	解答記号	正解	配点	自己採点
第1問 (30)	ア, イ	⓪, ②	各2	
	ウエ本	60本	3	
	オ	⓪	2	
	カキ本	54本	3	
	クケ−コサcos シ	$21-20\cos\frac{\pi}{6}t$ (④)	2	
	ス$\sqrt{セ}$($\sqrt{ソ}$+タ)	$5\sqrt{2}(\sqrt{3}+1)$	2	
	チ$\sqrt{ツ}$($\sqrt{テ}$+ト)	$5\sqrt{2}(\sqrt{3}+1)$	2	
	ナ	②	4	
	ニ	②	4	
	ヌ	①	4	
第2問 (30)	$\frac{\sqrt{3}}{ア}$(イh^3+ウh^2)	$\frac{\sqrt{3}}{4}(-h^3+2h^2)$	4	
	$\frac{\sqrt{3}}{エオ}x^2\left(1+\sqrt{1-\frac{カ}{キ}x^2}\right)$	$\frac{\sqrt{3}}{12}x^2\left(1+\sqrt{1-\frac{1}{3}x^2}\right)$	3	
	クy^3-y^2+y+ケ	$-y^3-y^2+y+1$	3	
	$\frac{コ\sqrt{サ}}{シス}$	$\frac{8\sqrt{3}}{27}$	2	
	$\frac{セ\sqrt{ソ}}{タ}$	$\frac{2\sqrt{6}}{3}$	3	
	チ, ツテ	9, 12	各2	
	ト	③	3	
	ナ	5	4	
	ニx^2-ヌ$x+$ネ	$2x^2-3x+7$	4	

問題番号(配点)	解答記号	正解	配点	自己採点
第3問 (20)	ア, イ	②, ⑤	各2	
	$\boxed{ウ}^n - \boxed{エ}^n$	3^n-2^n	4	
	$\dfrac{\boxed{オ}}{\boxed{カ}^n}+\dfrac{\boxed{キ}}{\boxed{カ}\cdot\boxed{ク}^{n-1}}$	$\dfrac{5}{2^n}+\dfrac{3}{2\cdot 5^{n-1}}$	4	
	ケ	②	2	
	$\dfrac{\boxed{コ}}{n(n+\boxed{サ})}$	$\dfrac{2}{n(n+1)}$	3	
	$\dfrac{n(n+\boxed{シ})(n+\boxed{ス})}{\boxed{セ}}$	$\dfrac{n(n+1)(n+2)}{6}$	3	
第4問 (20)	$\dfrac{\boxed{ア}}{\boxed{イ}}$	$\dfrac{1}{2}$	2	
	$\dfrac{\sqrt{\boxed{ウ}}}{\boxed{エ}}$	$\dfrac{\sqrt{3}}{2}$	2	
	$\boxed{オ}-\sqrt{\boxed{カ}}$	$2-\sqrt{3}$	2	
	キ	③	3	
	$\dfrac{1}{\boxed{ク}(\boxed{ケ}+\cos\theta)}$	$\dfrac{1}{2(1+\cos\theta)}$	2	
	$\dfrac{\boxed{コ}}{\boxed{サ}}\pi$	$\dfrac{2}{3}\pi$	3	
	$\dfrac{\pi}{\boxed{シ}}$	$\dfrac{\pi}{2}$	3	
	ス	②	3	

合計点	

第1問〔1〕

　ボールペンの代金についての条件は

$$100x+75y \leqq 5000$$

$$\therefore \quad \boldsymbol{4x+3y \leqq 200}\ (⓪) \quad \cdots\cdots ①$$

ボールペンの重さについての条件は

$$10x+20y \leqq 1000$$

$$\therefore \quad \boldsymbol{x+2y \leqq 100}\ (②) \quad \cdots\cdots ②$$

（**1**）箱に詰めるボールペンの本数を k とすると

$$x+y=k$$

$$\therefore \quad y=-x+k$$

であり，①，②を満たす領域は右の図の斜線部分なので，直線 $y=-x+k$ が直線 $x+2y=100$ と $4x+3y=200$ の交点 (20，40) を通るときに k は最大となる。

直線 $y=-x+k$ の y 切片 k が最大となるときを考える。

　よって，箱に詰めるボールペンの本数の最大値は

$$20+40=60\ (本)$$ ◀◀答

（**2**）ボールペンAの本数がボールペンBの本数の2倍以上になるときの条件は

$$\boldsymbol{x \geqq 2y}\ (⓪)$$ ◀◀答

$$\therefore \quad y \leqq \frac{1}{2}x \quad \cdots ③$$

である。

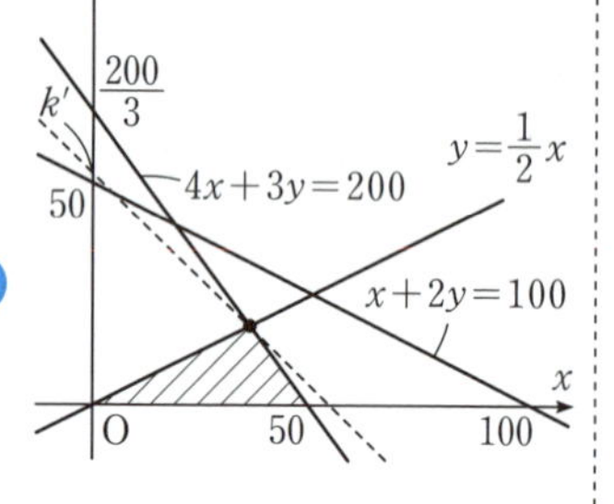

　箱に詰めるボールペンの本数を k' とする。①，②，③を満たす領域は右上の図の斜線部分なので，直線 $x+y=k'$ が直線 $4x+3y=200$ と $y=\frac{1}{2}x$ の交点 $\left(\frac{400}{11},\ \frac{200}{11}\right)$ を通るとき

$$k'=\frac{400}{11}+\frac{200}{11}=54+\frac{6}{11}$$

直線 $y=-x+k'$ の y 切片 k' が最大となるときを考える。

となるが，x，y は 0 以上の整数であり

$$\frac{400}{11}=36+\frac{4}{11},\quad \frac{200}{11}=18+\frac{2}{11}$$

より，点 (36，18) は領域に含まれる点であるから，箱に詰めるボールペンの本数の最大値は

54 (本) ◀◀答

である。

$k'=54$ を満たす (x, y) の値の組を 1 つ見つければよい。(37, 17), (38, 16) も領域に含まれる点である。

第1問〔2〕

（1）右の図のように，観覧車の回転の中心を O，ゴンドラを動点 P として，乗降場を出発してから t 分後のゴンドラの高さを h とすると

$$h=21-20\cos\frac{\pi}{6}t\ (④)$$

である。 ◀◀答

ゴンドラは 12 分間で 1 周するので，1 分間に

$$\frac{2\pi}{12}=\frac{\pi}{6}$$

だけ動く。

（2）1 番のゴンドラと 3 番のゴンドラが同じ高さになるときの高さを

h_1，h_2　$(h_1<h_2)$

とする。右の図のように，1 番のゴンドラについて

$\frac{\pi}{6}t=\frac{\pi}{12}$ のときの高さが h_1

$\frac{\pi}{6}t=\frac{13}{12}\pi$ のときの高さが h_2

であるから

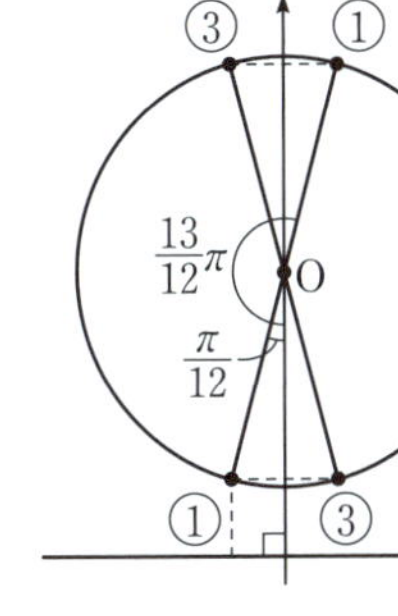

1 番のゴンドラを①，3 番のゴンドラを③として図示した。

$$h_1=21-20\cos\frac{\pi}{12}$$
$$=21-20\cos\left(\frac{\pi}{4}-\frac{\pi}{6}\right)$$
$$=21-20\left(\frac{\sqrt{2}}{2}\cdot\frac{\sqrt{3}}{2}+\frac{\sqrt{2}}{2}\cdot\frac{1}{2}\right)$$

加法定理より。

$$=21-5(\sqrt{6}+\sqrt{2})$$

$$\boldsymbol{=21-5\sqrt{2}(\sqrt{3}+1)\ (\mathrm{m})}$$ ◀◀答

であり

$$h_2=21-20\cos\frac{13}{12}\pi$$

$$=21+20\cos\frac{\pi}{12}$$

$$\boldsymbol{=21+5\sqrt{2}(\sqrt{3}+1)\ (\mathrm{m})}$$ ◀◀答

である。

$\cos(\theta+\pi)=-\cos\theta$

また，ゴンドラが乗降場を出発してから t_1 分後に16mより高くなるとすると，ゴンドラは $(12-t_1)$ 分後に16mより低くなるので

$$T=(12-t_1)-t_1$$

$$=12-2t_1$$

である。ここで

$$16=21-20\cos\frac{\pi}{6}t_1 \qquad \therefore\quad \cos\frac{\pi}{6}t_1=\frac{1}{4}$$

であり

$$\cos\frac{5}{12}\pi=\cos\left(\frac{\pi}{4}+\frac{\pi}{6}\right)$$

$$=\frac{\sqrt{2}}{2}\cdot\frac{\sqrt{3}}{2}-\frac{\sqrt{2}}{2}\cdot\frac{1}{2}$$

$$=\frac{\sqrt{6}-\sqrt{2}}{4}>\frac{1}{4}$$

加法定理より。

$(\sqrt{6}-\sqrt{2})^2=8-4\sqrt{3}$ と $(4\sqrt{3})^2=48$ より，$4\sqrt{3}<7$ であるから

$\sqrt{6}-\sqrt{2}>1$

であるから

$$\cos\frac{5}{12}\pi>\cos\frac{\pi}{6}t_1>\cos\frac{\pi}{2}$$

$$\frac{5}{12}\pi<\frac{\pi}{6}t_1<\frac{\pi}{2} \qquad \therefore\quad 5<2t_1<6$$

$\frac{\pi}{2}=\frac{5}{12}\pi+\frac{\pi}{12}$

であり

$$6<12-2t_1<7 \qquad \therefore\quad \boldsymbol{6<T<7}\ (②)$$

である。

第1問〔3〕

（1）t 時間後に有効成分の体内残量が 25％よりも少なくなるとすると

$$\left(\frac{4}{5}\right)^t<\frac{1}{4}$$

$$t\log_{10}\frac{4}{5}<\log_{10}\frac{1}{4}$$

10を底とする対数をとる。

$$t(\log_{10}4-\log_{10}5)<-\log_{10}4$$

$$t\{2\log_{10}2-(1-\log_{10}2)\}<-2\log_{10}2$$

$$t\{2\cdot0.3010-(1-0.3010)\}<-2\cdot0.3010$$

$\log_{10}5$

$=\log_{10}\dfrac{10}{2}$

$=\log_{10}10-\log_{10}2$

$=1-\log_{10}2$

より。

$$t>\frac{-0.6020}{0.6020-0.6990}$$

$$t>\frac{602}{97}$$

$$t>6+\frac{20}{97}$$

であり

$$60\cdot\frac{20}{97}=12+\frac{36}{97}$$

$\dfrac{20}{97}$ 時間を「分」で表す。

より

$12\leqq x<13$ (②)

（2）24時間後の有効成分の体内残量は $\left(\dfrac{4}{5}\right)^{24}$ より

$$\log_{10}\left(\frac{4}{5}\right)^{24}=24(2\log_{10}2-\log_{10}5)$$
$$=24\cdot(0.6020-0.6990)$$
$$=-2.328$$

であるから，$10^{-3}<\left(\dfrac{4}{5}\right)^{24}<10^{-2}$ より

$$\left(\frac{4}{5}\right)^{24}=10^{-2.328}=10^{-3}\cdot10^{0.672}$$

で，$\log_{10}4=0.6020$，$\log_{10}5=0.6990$ より

（1）で求めた値を利用する。

$$4\cdot10^{-3}<\left(\frac{4}{5}\right)^{24}<5\cdot10^{-3}$$

$$\therefore\quad 0.004<\left(\frac{4}{5}\right)^{24}<0.005$$

$10^{-3}=0.001$ より。

10^{-3} は 0.1％と等しい。

であるから

$0.25\leqq y<0.5$ (①)

第2問〔1〕

（1）正三角錐 P の高さを h とおくと，底面の正三角形の外接円の半径 R は

$$R=\sqrt{1^2-(h-1)^2}=\sqrt{-h^2+2h}$$

であるから，底面の正三角形の面積 S は

$$S=3\cdot\frac{1}{2}R^2\sin\frac{2}{3}\pi$$

$$=\frac{3\sqrt{3}}{4}(-h^2+2h)$$

であり

$$V=\frac{1}{3}Sh$$

$$=\frac{1}{3}\cdot\frac{3\sqrt{3}}{4}(-h^2+2h)h$$

$$=\boldsymbol{\frac{\sqrt{3}}{4}(-h^3+2h^2)}$$ ◀◀答

である。

正三角錐 P の頂点と底面の外接円は図のようになる。

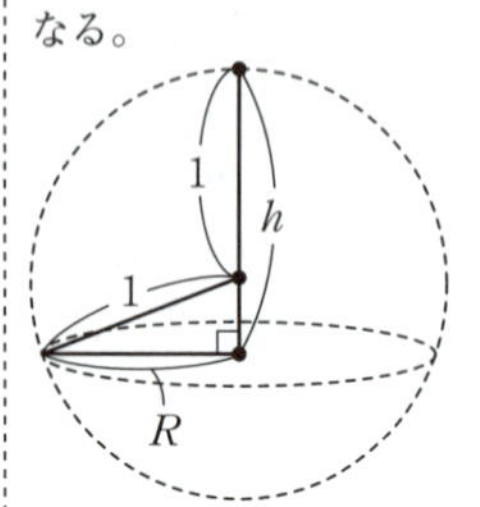

底面の三角形は図のようになる。

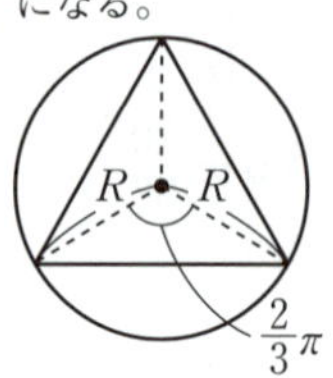

（2）底面の正三角形の1辺の長さを x とおくと，底面の正三角形の面積 S は

$$S=\frac{1}{2}x^2\sin\frac{\pi}{3}=\frac{\sqrt{3}}{4}x^2$$

であり，底面の正三角形の外接円の半径が $\frac{\sqrt{3}}{3}x$ より，正三角錐の高さは

$$1+\sqrt{1^2-\left(\frac{\sqrt{3}}{3}x\right)^2}=1+\sqrt{1-\frac{1}{3}x^2}$$

であるから

$$V=\frac{1}{3}\cdot\frac{\sqrt{3}}{4}x^2\left(1+\sqrt{1-\frac{1}{3}x^2}\right)$$

$$=\boldsymbol{\frac{\sqrt{3}}{12}x^2\left(1+\sqrt{1-\frac{1}{3}x^2}\right)}$$ ◀◀答

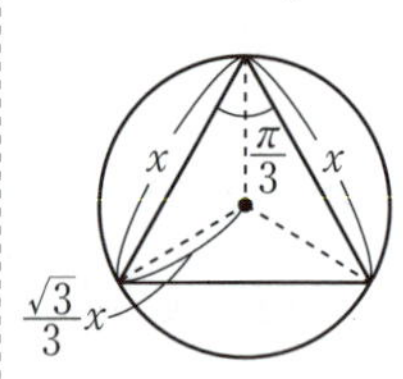

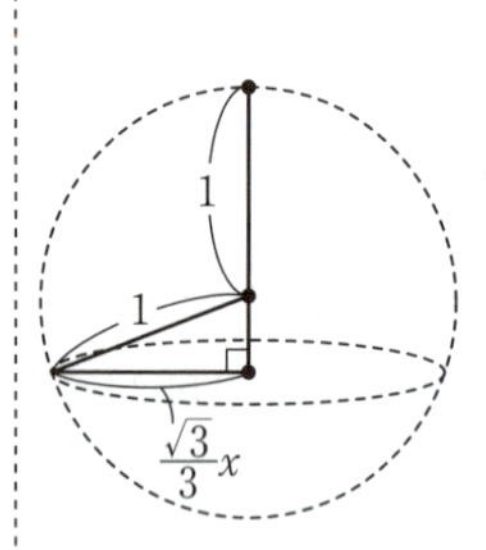

である。よって，$y=\sqrt{1-\frac{1}{3}x^2}$ のとき

$$y^2=1-\frac{1}{3}x^2 \qquad \therefore\quad x^2=3-3y^2$$

であるから

$$V=\frac{\sqrt{3}}{12}(3-3y^2)(1+y)$$

$$=\frac{\sqrt{3}}{4}(-y^3-y^2+y+1) \quad \text{◀◀答}$$

である。

(3) (1)より，$f(h)=-h^3+2h^2$ とおくと

$$f'(h)=-3h^2+4h=-3h\left(h-\frac{4}{3}\right)$$

であるから $f(h)$ の増減は次のようになる。

h	1	…	$\frac{4}{3}$	…
$f'(h)$		$+$	0	$-$
$f(h)$		↗		↘

よって，$h=\frac{4}{3}$ のとき V は最大となるので，V の最大値は

$$\frac{\sqrt{3}}{4}f\left(\frac{4}{3}\right)=\frac{\sqrt{3}}{4}\cdot\frac{32}{27}$$

$$=\frac{8\sqrt{3}}{27} \quad \text{◀◀答}$$

$$-\frac{64}{27}+2\cdot\frac{16}{9}=\frac{32}{27}$$

である。

また，(2)より，$g(y)=-y^3-y^2+y+1$ とおくと，$y\geqq 0$ であり

$$g'(y)=-3y^2-2y+1=-(3y-1)(y+1)$$

であるから $g(y)$ の増減は次のようになる。

y	0	…	$\frac{1}{3}$	…
$g'(y)$		$+$	0	$-$
$g(y)$		↗		↘

よって，$y=\frac{1}{3}$ すなわち

$$x^2=3-3\cdot\left(\frac{1}{3}\right)^2$$

$$x^2=\frac{8}{3} \qquad \therefore\ x=\frac{2\sqrt{6}}{3}$$

のとき V は最大となるので，P の側面の二等辺三角形の等しい 2 辺の長さは

$$\sqrt{\left(\frac{4}{3}\right)^2+\left(\frac{1}{\sqrt{3}}\cdot\frac{2\sqrt{6}}{3}\right)^2}=\frac{2\sqrt{6}}{3}$$ 答

である。

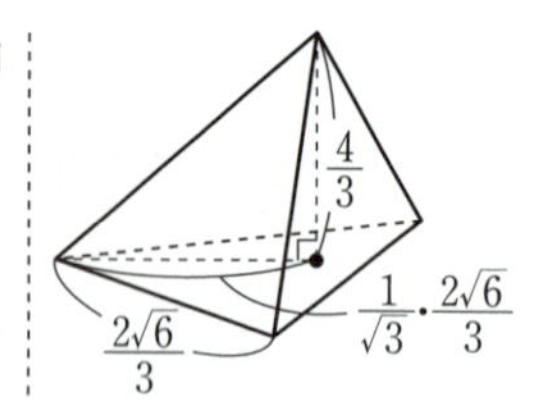

第2問〔2〕

割る式と余りの式から

$P(2)=5\cdot2-1=9$ 答

$P(-1)=12$ 答

剰余の定理。

であり，$P(x)$ を $(x-2)^2(x+1)$ で割ったときの商は 1 であるから

$P(x)$ は x^3 の係数が 1 である。

$$P(x)=(x-2)^2(x+1)+ax^2+bx+c$$

より

$$P(2)=a\cdot2^2+b\cdot2+c=4a+2b+c$$

$$P(-1)=a\cdot(-1)^2+b\cdot(-1)+c=a-b+c$$

すなわち

$4a+2b+c=9$ ……………………………①

$a-b+c=12$ ……………………………②

である。

（1）$P(x)=(x-2)^2(x+1)+ax^2+bx+c$ において，$(x-2)^2(x+1)$ は $(x-2)^2$ で割り切れるので，ax^2+bx+c を $(x-2)^2$ で割ったときの余りが

$5x-1$ (③)

となる。よって

$ax^2+bx+c=a(x-2)^2+5x-1$ ……………③

（2）$P(x)$ は x^3 の係数が 1 である x の 3 次式であるから，$P(x)$ を $(x-2)^2$ で割ったときの商は $x+n$ とおくことができ

3 次式を 2 次式で割ったときの商は 1 次式である。

$$P(x)=(x-2)^2(x+n)+5x-1$$
$$=x^3+(n-4)x^2+(9-4n)x+4n-1$$

より，$P(x)=x^3+(n-4)x^2+(9-4n)x+4n-1$ の両辺を x で微分すると

$$P'(x)=3x^2+2(n-4)x+9-4n$$

であるから

$$P'(2)=3\cdot 2^2+2(n-4)\cdot 2+9-4n$$
$$=12+4n-16+9-4n$$
$$=\mathbf{5}$$ ◀◀答 ……………………④

(3) (1)の③より

$$ax^2+bx+c=ax^2+(-4a+5)x+4a-1$$

であり，①，②より

$$b=-a-1,\ c=-2a+11$$

であるから

$$ax^2+(-a-1)x+(-2a+11)$$
$$=ax^2+(-4a+5)x+(4a-1)$$

すなわち

$-a-1=-4a+5$ かつ $-2a+11=4a-1$

であるから

$$a=2$$

$a=2$ は $-a-1=-4a+5$ と $-2a+11=4a-1$ の両方を満たす。

よって

$$b=-2-1=-3,\ c=-2\cdot 2+11=7$$

であり，$P(x)$ を $(x-2)^2(x+1)$ で割ったときの余りは

$$\mathbf{2x^2-3x+7}$$ ◀◀答

別解：

$$P(x)=(x-2)^2(x+1)+ax^2+bx+c$$
$$=x^3+(a-3)x^2+bx+c+4$$

となるので

$$P(x)=x^3+(a-3)x^2+bx+c+4$$

の両辺を x で微分すると

$$P'(x)=3x^2+2(a-3)x+b$$

である。よって，④より

$$P'(2)=3\cdot 2^2+2(a-3)\cdot 2+b=5$$
$$\therefore\ 4a+b=5$$

となるので，①，②と合わせて，a，b，c を求めることができる。

第3問

（1）$a_{n+1}=2a_n+3^n$ の両辺を2^{n+1}で割ると

$$\frac{a_{n+1}}{2^{n+1}}=\frac{a_n}{2^n}+\frac{1}{2}\cdot\left(\frac{3}{2}\right)^n$$

であり，$b_n=\frac{a_n}{2^n}$ とおくと

$$b_{n+1}=b_n+\frac{1}{2}\cdot\left(\frac{3}{2}\right)^n \quad\cdots\cdots①$$

となる。

よって，$b_{n+1}=b_n+f(n)$ の形になるのは，両辺を$\mathbf{2^{n+1}}$で割ったときである。（②） ◀◀答

また，$a_{n+1}=2a_n+3^n$ の両辺を3^{n+1}で割ると

$$\frac{a_{n+1}}{3^{n+1}}=\frac{2}{3}\cdot\frac{a_n}{3^n}+\frac{1}{3}$$

であり，$c_n=\frac{a_n}{3^n}$ とおくと

$$c_{n+1}=\frac{2}{3}c_n+\frac{1}{3} \quad\cdots\cdots②$$

となる。

よって，$c_{n+1}=pc_n+q$（p，qは実数）の形になるのは，両辺を$\mathbf{3^{n+1}}$で割ったときである。（⑤） ◀◀答

そして，②から数列 $\{a_n\}$ の一般項を求めると

$$x=\frac{2}{3}x+\frac{1}{3} \qquad \therefore\ x=1$$

より

$$c_{n+1}-1=\frac{2}{3}(c_n-1)$$

であり

$$c_1=\frac{a_1}{3^1}=\frac{1}{3}$$

より $\{c_n-1\}$ は初項 $c_1-1=-\frac{2}{3}$，公比 $\frac{2}{3}$ の等比数列であるから

$$c_n-1=-\left(\frac{2}{3}\right)^n \qquad \therefore\ c_n=1-\left(\frac{2}{3}\right)^n$$

よって

①から数列 $\{a_n\}$ の一般項を求めてもよい。
$n\geqq 2$ のとき

$$b_n=b_1+\sum_{k=1}^{n-1}\left\{\frac{1}{2}\cdot\left(\frac{3}{2}\right)^k\right\}$$

となることから b_n を求めて，$n=1$のときも成り立つことを確認すればよい。

$$a_n = 3^n\left\{1-\left(\frac{2}{3}\right)^n\right\} \qquad \therefore \quad \boldsymbol{a_n = 3^n - 2^n}$$ ◀◀答

$a_n = 3^n c_n$

である。

(**2**) $d_{n+1} = \frac{1}{5}d_n + \frac{3}{2^{n+1}}$ の両辺を2^{n+1}倍すると

$$2^{n+1}d_{n+1} = \frac{2}{5}\cdot 2^n d_n + 3$$

であり，$p_n = 2^n d_n$ とおくと

$$p_{n+1} = \frac{2}{5}p_n + 3$$

である。よって

$$x = \frac{2}{5}x + 3 \qquad \therefore \quad x = 5$$

より

$$p_{n+1} - 5 = \frac{2}{5}(p_n - 5)$$

であり

$$p_1 = 2^1 \cdot d_1 = 2\cdot 4 = 8$$

より，数列 $\{p_n - 5\}$ は，初項 $p_1 - 5 = 8 - 5 = 3$，公比 $\frac{2}{5}$ の等比数列であるから

$$p_n - 5 = 3\cdot\left(\frac{2}{5}\right)^{n-1}$$

$$\therefore \quad p_n = 5 + 3\cdot\left(\frac{2}{5}\right)^{n-1}$$

である。したがって

$$\boldsymbol{d_n = \frac{5}{2^n} + \frac{3}{2\cdot 5^{n-1}}}$$ ◀◀答

$d_n = \frac{p_n}{2^n}$

$d_{n+1} = \frac{1}{5}d_n + \frac{3}{2^{n+1}}$ の両辺を 5^{n+1} 倍すると

$5^{n+1}d_{n+1}$
$= 5^n d_n + 3\left(\frac{5}{2}\right)^{n+1}$

であり，$q_n = 5^n d_n$ とおくと，$n \geqq 2$ のとき

$$q_n = q_1 + \frac{15}{2}\sum_{k=1}^{n-1}\left(\frac{5}{2}\right)^k$$

となることから q_n を求めて，$n = 1$ のときも成り立つことを確認してもよい。

(**3**) $(n+2)e_{n+1} = ne_n$ の両辺に $n+1$ をかけると

$$(n+2)(n+1)e_{n+1} = (n+1)ne_n$$

であり，$f_n = (n+1)ne_n$ とおくと

$$f_{n+1} = f_n$$

となる。

よって，$f_{n+1} = f_n$ の形になるのは，両辺に $\boldsymbol{n+1}$ をかけたときである。(②)

そして，$f_1=(1+1)\cdot1\cdot1=2$ であるから

$$f_n=(n+1)ne_n=2$$

$$\therefore\quad e_n=\frac{2}{n(n+1)}$$ ◀◀答

である。

$f_1=f_2=\cdots=f_n=2$

（4）$ng_{n+1}=(n+3)g_n$ の両辺に

$\dfrac{1}{n(n+1)(n+2)(n+3)}$ をかけると

$$\frac{ng_{n+1}}{n(n+1)(n+2)(n+3)}=\frac{(n+3)g_n}{n(n+1)(n+2)(n+3)}$$

$$\frac{g_{n+1}}{(n+1)(n+2)(n+3)}=\frac{g_n}{n(n+1)(n+2)}$$

であり，$h_n=\dfrac{g_n}{n(n+1)(n+2)}$ とおくと

$$h_{n+1}=h_n$$

である。そして，$h_1=\dfrac{g_1}{1\cdot(1+1)\cdot(1+2)}=\dfrac{1}{6}$ である

から

$$h_n=\frac{g_n}{n(n+1)(n+2)}=\frac{1}{6}$$

$h_1=h_2=\cdots=h_n=\dfrac{1}{6}$

$$\therefore\quad g_n=\frac{n(n+1)(n+2)}{6}$$ ◀◀答

第4問

（1）$|\overrightarrow{OA}|=|\overrightarrow{OB}|=|\overrightarrow{OC}|=1$，$\angle AOB=\angle AOC=\dfrac{\pi}{3}$

であるから

$$\overrightarrow{OA}\cdot\overrightarrow{OB}=\overrightarrow{OA}\cdot\overrightarrow{OC}=1\cdot1\cdot\cos\frac{\pi}{3}$$

$$=\frac{1}{2}$$ ◀◀答

△OAB，△OAC は1辺の長さが1の正三角形。

であり，$\angle BOC=\theta=\dfrac{\pi}{6}$ であるから

$$\overrightarrow{OB}\cdot\overrightarrow{OC}=1\cdot1\cdot\cos\frac{\pi}{6}$$

$$=\frac{\sqrt{3}}{2}$$ ◀◀答

である。$\overrightarrow{OP}=\alpha\overrightarrow{OB}+\beta\overrightarrow{OC}$ とおくと

$$\overrightarrow{AP}=\overrightarrow{OP}-\overrightarrow{OA}$$
$$=-\overrightarrow{OA}+\alpha\overrightarrow{OB}+\beta\overrightarrow{OC}$$

であり

$$\overrightarrow{OB}\cdot\overrightarrow{AP}=\overrightarrow{OB}\cdot(-\overrightarrow{OA}+\alpha\overrightarrow{OB}+\beta\overrightarrow{OC})$$
$$=-\frac{1}{2}+\alpha+\frac{\sqrt{3}}{2}\beta$$
$$\overrightarrow{OC}\cdot\overrightarrow{AP}=\overrightarrow{OC}\cdot(-\overrightarrow{OA}+\alpha\overrightarrow{OB}+\beta\overrightarrow{OC})$$
$$=-\frac{1}{2}+\frac{\sqrt{3}}{2}\alpha+\beta$$

点 P は平面 OBC 上にあるので
$\overrightarrow{OP}=\alpha\overrightarrow{OB}+\beta\overrightarrow{OC}$
とおくことができる。

より

$$-\frac{1}{2}+\alpha+\frac{\sqrt{3}}{2}\beta=0$$

$$-\frac{1}{2}+\frac{\sqrt{3}}{2}\alpha+\beta=0$$

$$\therefore\quad \alpha=\beta=2-\sqrt{3}$$

$\overrightarrow{OB}\cdot\overrightarrow{AP}=0$

$\overrightarrow{OC}\cdot\overrightarrow{AP}=0$

OB=OC, AB=AC から
$\alpha=\beta$
として解いてもよい。

であるから

$$\boldsymbol{\overrightarrow{OP}=(2-\sqrt{3})(\overrightarrow{OB}+\overrightarrow{OC})}$$ 

である。また

$$\overrightarrow{OD}=k\overrightarrow{OP}$$
$$=(2-\sqrt{3})k(\overrightarrow{OB}+\overrightarrow{OC})$$

とおくと，点 D が線分 BC 上にあることより

$$(2-\sqrt{3})k+(2-\sqrt{3})k=1$$

$$\therefore\quad (2-\sqrt{3})k=\frac{1}{2}$$

$\overrightarrow{OB}$ と $\overrightarrow{OC}$ の係数の和が 1 である。

であるから

$$\overrightarrow{OD}=\frac{1}{2}(\overrightarrow{OB}+\overrightarrow{OC})$$

$$\therefore\quad \overrightarrow{OM}=\frac{1}{4}(\overrightarrow{OB}+\overrightarrow{OC})$$

であり

$$\overrightarrow{OG}=\frac{1}{3}(\overrightarrow{OB}+\overrightarrow{OC})$$

であるから，5点O，P，M，G，Dは

O → M → P → G → D (③) ◀◀答

の順に並ぶ。

△OBCはOB=OCの二等辺三角形であり，5点O，P，M，G，Dは同一直線上にあるので，$\overrightarrow{OB}+\overrightarrow{OC}$の係数の大小を比べることで位置関係がわかる。

（**2**）$\overrightarrow{OA}\cdot\overrightarrow{OB}=\overrightarrow{OA}\cdot\overrightarrow{OC}=\frac{1}{2}$

$\overrightarrow{OB}\cdot\overrightarrow{OC}=1\cdot 1\cdot\cos\theta=\cos\theta$

より，$\overrightarrow{OP}=l(\overrightarrow{OB}+\overrightarrow{OC})$ とおくと

$$-\frac{1}{2}+l+l\cos\theta=0 \qquad \therefore\quad l=\frac{1}{2(1+\cos\theta)}$$

であるから

$$\boldsymbol{\overrightarrow{OP}=\frac{1}{2(1+\cos\theta)}(\overrightarrow{OB}+\overrightarrow{OC})}$$ ◀◀答

$\overrightarrow{OB}\cdot\overrightarrow{AP}=-\frac{1}{2}+\alpha+\frac{\sqrt{3}}{2}\beta$

$\overrightarrow{OC}\cdot\overrightarrow{AP}=-\frac{1}{2}+\frac{\sqrt{3}}{2}\alpha+\beta$

のいずれかの式で

$\alpha=\beta=l$とし，$\frac{\sqrt{3}}{2}$を$\cos\theta$に替えることで，lについての式が得られる。

また

$$\begin{aligned}\overrightarrow{AP}&=\overrightarrow{OP}-\overrightarrow{OA}\\&=-\overrightarrow{OA}+\frac{1}{2(1+\cos\theta)}(\overrightarrow{OB}+\overrightarrow{OC})\end{aligned}$$

であり，四面体OABCがつくられるのは $|\overrightarrow{AP}|^2>0$ のときで

$$\begin{aligned}|\overrightarrow{AP}|^2&=|-\overrightarrow{OA}+l(\overrightarrow{OB}+\overrightarrow{OC})|^2\\&=|\overrightarrow{OA}|^2+l^2|\overrightarrow{OB}|^2+l^2|\overrightarrow{OC}|^2\\&\quad-2l\overrightarrow{OA}\cdot\overrightarrow{OB}-2l\overrightarrow{OA}\cdot\overrightarrow{OC}+2l^2\overrightarrow{OB}\cdot\overrightarrow{OC}\\&=1+2l^2-2l+2l^2\cos\theta\\&=2(1+\cos\theta)l^2-2l+1\\&=\frac{1}{l}\cdot l^2-2l+1\\&=-l+1\end{aligned}$$

lを消去せず式を変形していく方が整理しやすい。

であるから，$-l+1>0$ すなわち

$$\frac{1}{2(1+\cos\theta)}<1$$

$$1+\cos\theta>\frac{1}{2} \qquad \therefore\quad \boldsymbol{0<\theta<\frac{2}{3}\pi}$$ ◀◀答

がθのとり得る値の範囲である。

（3）OP＝AP のとき

$$|\overrightarrow{OP}|^2=|\overrightarrow{AP}|^2$$

$$|l(\overrightarrow{OB}+\overrightarrow{OC})|^2=-l+1$$

$$2l^2(1+\cos\theta)=-l+1$$

$$l=-l+1 \qquad \therefore \quad l=\frac{1}{2}$$

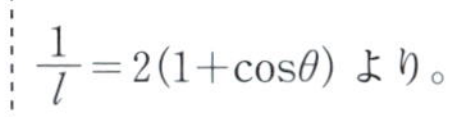

$\frac{1}{l}=2(1+\cos\theta)$ より。

よって，$l=\frac{1}{2(1+\cos\theta)}$ より

$$\frac{1}{2(1+\cos\theta)}=\frac{1}{2} \qquad \therefore \quad \boldsymbol{\theta=\frac{\pi}{2}}$$ ◀◀答

のときである。

（4）⓪は，$\overrightarrow{OD}=\frac{1}{2}(\overrightarrow{OB}+\overrightarrow{OC})$ より正しい。

①は，$\overrightarrow{OP}=\frac{1}{2(1+\cos\theta)}(\overrightarrow{OB}+\overrightarrow{OC})$ で，$0<\theta<\frac{2}{3}\pi$ のとき

$$\frac{1}{4}<\frac{1}{2(1+\cos\theta)}<1$$

$$\therefore \quad \frac{1}{4}<l<1$$

であるから，三角形 OBC の外部にある場合もあり，正しい。

$\frac{1}{2}<l<1$ のとき，点 P は三角形 OBC の外部にある。

②は，（2）で考えた $\theta=\frac{\pi}{2}$ のとき

$$\overrightarrow{OP}=\frac{1}{2}(\overrightarrow{OB}+\overrightarrow{OC})$$

であり，このとき

$$OP=BP=CP$$

も同時に成り立つため，$\theta=\frac{\pi}{2}$ のときも点 P が三角形 OBC の外接円の中心になるので，誤り。

③は，$\overrightarrow{OP}=\frac{1}{2(1+\cos\theta)}(\overrightarrow{OB}+\overrightarrow{OC})$ で，

$\frac{1}{2(1+\cos\theta)}$ は $0<\theta<\frac{2}{3}\pi$ において単調増加であるから，正しい。

以上より，誤っているものは ② である。◀◀答

【MEMO】

Z-KAI